Ein Handbuch zum Ausbessern und Reparieren

Reparieren

mit Diagrammen

Charles Godfrey Leland

Writat

Diese Ausgabe erschien im Jahr 2023

ISBN: 9789359253688

Herausgegeben von
Writat
E-Mail: info@writat.com

Inhalt

EINFÜHRUNG

Der Autor dieses Werks vertraut bescheiden darauf, dass alle, die es sorgfältig lesen, zugeben werden, dass er darin deutlich gezeigt hat, dass das Ausbessern oder Reparieren, das bisher als bloße Ergänzung zu anderen Künsten angesehen wurde, in Wirklichkeit eine Kunst für sich ist, wenn nicht eine Wissenschaft, da sie auf chemischen und anderen Prinzipien basiert, die eine umfassende Anwendung und allgemeine Kombination zulassen. Es hat seine *Gesetze* – eine Tatsache, die von keinem Autor angedeutet wurde, da alle existierenden Rezepte zur Wiederherstellung jeweils einzeln erfunden wurden, um für bestimmte Fälle geeignet zu sein. Diese Arbeit ist nach einem anderen Prinzip konzipiert.

Eine gründliche Kenntnis dieser Kunst des Reparierens, Ausbesserns oder Restaurierens verschiedener Gegenstände ist von sehr großem Wert, da es keinen Haushalt gibt, in dem sie nicht oft zur Requirierung herangezogen wird. In der Küche oder im Wohnzimmer, in der Bibliothek und im Kinderzimmer kommt es täglich zu Ausfällen, von denen ein großer und unnötiger Anteil Verluste sind, einfach weil ein Mann wie ein Generalreparaturmann, der sich in *allen* Bereichen der Kunst auskennt, dies tut nicht existieren. Und darüber hinaus ist es genauso wahr, dass niemand jemals erkannt hat, in welchem Ausmaß ein intelligenter Mensch, der sich ernsthaft damit beschäftigt, mit ein wenig Zeit-, Übungs- und Geldaufwand Heilung und Einsparungen erreichen kann Es. Innerhalb verhältnismäßig weniger Jahre haben Entdeckungen in der Wissenschaft oder in der Natur die Fähigkeiten des Ausbesserers in außerordentlichem Maße erweitert – ich brauche nur die Anwendungen zu erwähnen, die jetzt mit Silikat von Soda, Zelluloid, Guttapercha und Glycerin durchgeführt werden , um zu bestätigen, was ich sage – also Tatsächlich ist es weitgehend so, dass nur der versierte Techniker und Chemiker wirklich weiß, was bei allgemeinen Reparaturen möglich ist, verglichen mit dem, was noch vor ein paar Jahren möglich war. Ich glaube, dass es nur wenige durch und durch praktisch veranlagte Personen gibt (und, wie ich hinzufügen darf, nur wenige, die sich für Kunst in irgendeiner Form oder auch nur für Bücher interessieren), die dieses Werk ohne tiefes Interesse lesen und ohne Informationen von so wertvollem Wert zu erwerben, dass in Im Vergleich dazu scheinen die Kosten für das Buch eine Kleinigkeit zu sein.

Obwohl das Ausbessern oder Wiederherstellen ein Thema ist, das in irgendeiner Form jedem zu Hause ist und es betrifft und dessen Verständnis sicherlich im Interesse jedes Einzelnen liegt, ist dies meines Erachtens das erste Buch, in dem es auf eine *große* Vielfalt von Bedürfnissen angewendet wird , und das auf so klar koordinierte Weise und nach einem so einfachen

Prinzip, dass es dem Leser keine Schwierigkeiten bereiten wird, irgendein Objekt zu reparieren, auch wenn es hier nicht beschrieben wird. In allen Werken der Art, die ich gesehen habe, wurden die Rezepte für die Reparatur einfach ihrem *Thema entsprechend angegeben* , ohne Rücksicht auf allgemeine Anwendungsprinzipien, und ein großer Teil davon wurde wiederum einfach aus alten Büchern mit verschiedenen „Rezepten" kopiert „oder Zeitungen, in denen jede sogenannte Neuentdeckung als unfehlbar oder als perfekt erprobt verkündet wird." Dass ich auf diese Weise nicht leichtsinnig *Rezepte* aller Art angehäuft habe , um meine Seiten zu füllen, wird jedem Chemiker oder Technologen klar auffallen, der das auf der Grundlage einer umfassenden Tabelle allgemein anerkannter und lang erprobter Zementgrundlagen erkennen wird gegebene Schlussfolgerungen und Kombinationen, die wissenschaftlich mit ihren Gesetzen und dem Experiment übereinstimmen. Der eigentliche Zweck einer Vielzahl von Rezepten besteht nicht nur darin, der Haushälterin oder dem Mechaniker Anweisungen für bestimmte Reparaturen zu geben, sondern auch darin, dem Techniker und Erfinder neue Ideen und Anwendungen vorzuschlagen. Wenn wir also wissen, dass bestimmte Verhältnisse von Zink in Pulver, Sodasilikat und Kreide einen starken Zement bilden, der Zink ähnelt, ist es gut, anzunehmen, dass dies durch die Verwendung anderer Metalle und Substanzen, wie z. B. Bronzepulver, variiert werden kann und Mineraloxide, denen immer ein kleines Experiment vorausgehen sollte. Ich wage zu behaupten, dass jeder intelligente Mensch, der diese Arbeit beherrscht, auf diesen Hinweis hin unzählige Erfindungen machen kann; und ich bin sicher, dass es keinen Herausgeber einer einzigen technischen Fachzeitschrift gibt, der nicht bezeugen würde, dass jedes Jahr sehr viele Patente angemeldet und Vermögen mit Rezepten gemacht werden, die weder so wissenschaftlich kombiniert noch praktisch nützlich sind wie die, die ich habe hier geben. Dass es immer noch ein Vermögen zu machen gibt, wird durch die Tatsache deutlich, dass es verhältnismäßig nur sehr wenige Menschen gibt, die wissen, wo man wasserfesten Kleber bekommt oder wie man ihn herstellt oder wie man damit Schuhe und Regenschirme sauber und dauerhaft repariert und viele Kleiderrisse; wie man einen gebrochenen Riemen wieder zusammenfügt; zerrissene Hüte durch Filzen reparieren; rehabilitieren Sie perfekt wurmstichiges und zerrissenes Papier; verfallenes, zerbrochenes Holz restaurieren; oder eigentlich alles reparieren, außer mit gewöhnlichem Leim oder Schleim – beides gibt bald nach und reißt oder schmilzt. Solange diese allgemeine Unwissenheit vorherrscht, wird es für den Erfinder nur so lange eine Möglichkeit geben, Zemente herzustellen und zu verkaufen, und für den Reparateur, eine Anstellung zu finden.

Ich möchte besonders darauf hinweisen, dass dieses Buch nicht nur traditionelle, ungetestete Rezepte enthält, die über Generationen hinweg einfach von einem Haushälterinnenhandbuch auf ein anderes übertragen wurden. Wo ich mich nicht von meinen persönlichen Erfahrungen leiten ließ – die, wie ich sagen darf, nicht sehr begrenzt sind –, habe ich mich entweder an wirklich wissenschaftlichen Werken orientiert, etwa an den dreihundert Bänden der Chemisch-Technischen Bibliothek von A. HARTLEBEN ; oder, wenn sie ältere Autoren zitieren, haben sie ausnahmslos Rezepte angegeben, die mit den Prinzipien moderner Analytiker und Erfinder übereinstimmen. Und obwohl ich kein Professor für Chemie bin, vertraue ich dennoch darauf, dass ich ausreichend qualifiziert bin, um Fehler in dem, was ich geschrieben habe, zu vermeiden, da ich in meiner Jugend Chemie und Naturphilosophie bei LEOPOLD GMELIN , L. PASSELT und Professor JOSEPH HENRY studiert habe. Kurz gesagt, dass ich *nicht* alle Rezepte, die ich finden konnte, leichtsinnig zusammengetragen habe und dass das, was ich gebe, wirklich vertrauenswürdig ist, wird dem Chemiker oder Technologen klar auffallen, der dies erkennen wird, ausgehend von einer gegebenen Tabelle allgemein anerkannter und langjähriger Erfahrung. Nachdem ich die Grundlagen von Zementen usw. getestet habe, habe ich dann Schlussfolgerungen und Kombinationen gegeben, die wissenschaftlich mit ihren Gesetzen und Experimenten übereinstimmen. Mein Buch ist kein Einzelstück oder eine *Kleinarbeit , sondern eines, das* das Ergebnis langjähriger praktischer Erfahrung in den kleineren Künsten und Industrien ist. Allein zu diesem Thema habe ich zweiundzwanzig Werke veröffentlicht, Broschüren nicht eingeschlossen. Vorträge und mindestens hundert Briefe oder Artikel in führenden Zeitschriften und Zeitungen. Kurz gesagt, in diesem Buch werden nur sehr wenige Reparaturen oder Anfertigungen beschrieben, die ich nicht schon einmal persönlich durchgeführt habe, da ich mein ganzes Leben lang eine Leidenschaft für das Ausbessern und Restaurieren aller Arten von Objekten hatte, und zwar wissenschaftlich und gründlich.

Wie ich beobachtet habe, kommt es in jedem Haushalt ständig zu Brüchen verschiedenster Art – „ oder zu Brüchen, die nach Besserung schreien" – und es ist von einiger Wichtigkeit, dass jemand in der Familie solchen Angelegenheiten besondere Aufmerksamkeit schenkt. Wie oft habe ich gesehen, wie sehr wertvolle Gegenstände zusammengeklebt wurden – irgendwie und unbeholfen – mit Kitt, Waffeln, Siegellack, Leim, Mehlpaste oder irgendetwas anderem, das eine Zeit lang „hält", während eine perfekte Aushärtung genauso gut hätte sein können Dies wäre nur dann möglich gewesen , wenn dem ersten Apotheker das richtige Rezept vorgelegt worden wäre. Dies gilt gleichermaßen für das Entfernen von Tinte oder Flecken aus Kleidungsstücken oder für deren perfekte Ausbesserung, für das Ausbessern von Schuhen oder Kautschukstoffen oder für das Filzen abgenutzter Hüte und vieler anderer Gegenstände, die alle in diesem Werk behandelt werden.

Es ist wahr, dass nicht jeder von Natur aus genial, klug oder begabt ist, aber jeder kann ein *geschickter Flicker werden* , wenn er sich gebührend mit dem

Thema auseinandersetzt (was kein hartes Studium erfordert) und ein wenig damit experimentiert. Und hier möchte ich im Ernst ein paar Worte an alle richten, die sich für Bildung interessieren. Es gibt eine gewisse Fähigkeit, die man Konstruktivität nennen kann, die fast mit Erfindungsreichtum verwandt ist und bei allen Kindern eine wunderbare Entwicklung der Schnelligkeit der Wahrnehmung, des Denkens oder des Intellekts bewirkt. Es ist die Kunst, mit den Fingern etwas zu machen oder zu manipulieren; Es existiert in jedem Menschen und kann, wie vollständig getestet und bewiesen wurde, bei jungen Menschen in außerordentlichem Maße zum Vorschein kommen. Nehmen wir nun zwei Kinder gleichen Alters, Geschlechts und gleicher Leistungsfähigkeit, die beide die gleiche Schule besuchen und die gleichen Studien absolvieren, und wenn eines der beiden zwei bis vier Stunden pro Woche einem Unterricht in industrieller Kunst widmet (d. *h* (Beim Studium einfacher origineller *Designs*, einfacher Holzschnitzereien, Repousséarbeiten, Stickereien usw.) wird sich herausstellen, dass das letztere Kind am Ende des Jahres das erstere in *allen* Bereichen übertreffen wird vom Lernen; Das heißt, in der Arithmetik oder Geographie geht der Einfallsreichtum so stark von den Fingern zum Gehirn über. Nun ist das Ausbessern so eng mit allen kleineren oder mechanischen Künsten verbunden, dass es so eng in sie eindringt, dass es in gewisser Weise zu ihnen allen gehört und eine Einführung in sie alle darstellt. Wie sie regt es Erfindungsreichtum oder Einfallsreichtum an und ist möglicherweise von weitaus größerem praktischen Nutzen oder direktem Nutzen. Jungen und Mädchen lernen sehr gerne, wie man repariert, und aufgrund meiner langen Erfahrung im Unterrichten sollte ich sagen, dass ein Kurs mit Experimenten und praktischem Unterricht in dem, was in diesem Buch gegeben wird, Vorrang vor allen Tischler-, Metall- und Verbindungsarbeiten haben sollte , Lederverarbeitung oder andere Branchen. Denn es ist *einfacher* als alle anderen und von weitaus allgemeinerem Nutzen, wie die folgenden Seiten deutlich zeigen. Ein solcher Unterricht würde so gut wie nichts für die Ausrüstung kosten und wäre die beste Einführung in die technische Ausbildung aller Art.

Es gibt auf dieser Welt eine immense Menge an Brüchen, doch wie ein französischer Autor zu diesem Thema anmerkt, gibt es mehr große Künstler als gute *Reparateure* ; Letzteres ist so extrem selten, dass Beweise dafür in den verpfuschten Restaurierungsarbeiten in jedem Museum Europas und in der nahezu unmöglichen Tatsache zu sehen sind, (außerhalb Italiens) Männer zu finden, die erstklassige Keramikwaren perfekt reparieren können. Wir sehen diese Ignoranz an Reproduktionen empfindlicher Elfenbeinwaren, die grob in Gips gegossen wurden, und an einer umfassenden Ablehnung und Zerstörung von Antiquitäten aus Holz, Stein oder Keramik, einfach weil sie ganz unwissend als irreparabel angesehen werden, wenn sie es könnten, mit den richtigen *Mitteln Wissen* kann sehr einfach und kostengünstig mit großem Gewinn wiederhergestellt werden. Und wenn der Leser die „toten Räume" eines Museums in Europa besucht und dann dieses Buch studiert, wird er eine reichliche Bestätigung meiner Aussagen finden.

möchte ich erwähnen, dass jeder Sammler oder Besitzer von Kunstwerken jeglicher Art, von *Trödel* oder Kuriositäten, der die Kunst des Ausbesserns beherrscht, in fast jedem Geschäft von ein grenzenloses Feld zum Ergattern von Schnäppchen finden *kann* Antiquitäten in Europa, insbesondere in der kleineren oder bescheideneren Art. Denn es ist alles andere als wahr, dass diese Händler wüssten, „wie man alles repariert"; im Gegenteil, ich fand sie oft sehr unwissend über das Ausbessern und habe sie oft darin unterwiesen. So habe ich jetzt eine „Heilige Familie" aus dem frühen 16. Jahrhundert vor mir, ein Flachrelief aus geprägtem Leder, zwölf mal acht Zoll groß, für das ich zwei Francs bezahlt habe, das ich aber für einen hätte haben können, da es völlig baufällig war. und offenbar wertlos. In zwei oder drei Stunden habe ich es perfekt restauriert und es würde jetzt für vielleicht hundert Franken verkauft werden. Daneben hängt eine auf Goldgrund gemalte „Madonna mit Kind" aus dem 14. Jahrhundert, die ich, einschließlich eines sehr breiten und bemerkenswerten alten Rahmens, für zwölf Francs gekauft habe. Die Tafel war säbelartig verzogen , die ⸺Farbe und der *Gessogrund* waren an vielen Stellen stark abgeblättert. Es war in zwei Teile geteilt; kurz gesagt, es schien nahezu wertlos zu sein. Jetzt ist es in sehr gutem Zustand und würde eine Zierde für jede Galerie sein. Bei der Reparatur von Keramikwaren , Porzellan , Glas und Porzellan hat die Kunst in den letzten Jahren bemerkenswerte Fortschritte gemacht, wobei diese Art der Reparatur am häufigsten nachgefragt wird. Was altes geschnitztes Holz anbelangt, so kann es *ganz einfach* repariert oder in seinem Originalzustand wiederhergestellt werden, ganz gleich, wie stark es zerbrochen, von Würmern zerfressen oder verfault ist oder sogar wie große Teile fehlen. Solange seine ursprüngliche Form erkennbar ist Schönheit und Integrität, wie ich ausführlich erläutern werde. Allein hierin liegt ein riesiges Feld für Investitionen oder Geldverdienen, da jedes Jahr fast überall große Mengen an alten Holzschnitzereien zerstört werden; denn da sie stark von Würmern zerfressen sind, wird unwissentlich angenommen, dass sie irreparabel seien. Das Gleiche gilt für antike Elfenbeinschnitzereien, die bei einer Berührung schnell in Staub zerfallen, wie die aus Ninive im Britischen Museum, die aber jetzt fest und klar sind. Dies gilt auch für die Einbände alter Bücher, viele von wunderbarer Schönheit, ob aus geprägtem Leder, Pergament oder geschnitzt. Noch interessanter und merkwürdiger ist das Reparieren oder Restaurieren von wurmstichigen Manuskripten oder Papieren jeglicher Art oder von Pergament, wobei der einfache Vorgang, die Löcher zu füllen, vielen Bibliophilen nicht bekannt ist. Diese Kunst wird in Deutschland bekannt, wo es nicht ungewöhnlich ist, ein altes Buch für eine Mark zu kaufen, es in hartes altes Pergament umzubinden, es in der Regel für zwei oder drei zu reparieren und es dann, je nach Thema, für mehrere Hundert zu verkaufen oder tausend Prozent. profitieren.

Es ist sehr bedauerlich, dass es, insbesondere in England, so wenig bekannt ist, dass es nicht unbedingt notwendig ist, eine ganze gotische Kirche abzureißen und eine neue zu bauen, um ein paar Löcher zu reparieren oder ein wenig kaputte, bröckelnde Schnitzerei wiederherzustellen ist also ganz allgemein der Fall. Es gibt kein Steinwerk, so baufällig es auch sein mag, das nicht perfekt repariert werden kann, und das in fast allen Fällen mit einem Material, das noch härter als das Original aushärtet, wie auf der Pariser Ausstellung von 1889 perfekt gezeigt wurde. Verfallener Stein Schnitzwerke jeden Alters und jeder Art, die in einem Ausmaß perfekt restauriert werden konnten, das selbst nur wenige Künstler vermuten, gibt es in Italien in Hülle und Fülle, wo man sie für ein Lied kaufen kann. Das Lied wird zwar im Allgemeinen zu einer kleinen silbernen Begleitung gesungen, aber der Käufer kann es für sich selbst golden machen. Denn nur sehr wenige wissen, wie man eine abgeschlagene Nase so wiederherstellt, dass die Verbindungslinie nicht sichtbar ist; doch selbst das ist möglich, wie ich zeigen werde. Und ich möchte an dieser Stelle anmerken, dass es in allen ersten Galerien und Museen Europas, ohne Ausnahme, reichlich Beweise dafür gibt, dass von allen Künsten die Kunst des Reparierens und Restaurierens am wenigsten verstanden und seltsamerweise vernachlässigt wird.

Es gibt kaum ein Dorf, das so klein ist, dass ein Mann oder eine Frau nicht darin Geld verdienen oder mit der Reparatur verschiedener Gegenstände seinen Lebensunterhalt bestreiten könnte. In Städten und Großstädten ist die Nachfrage nach solchen Arbeiten viel größer, denn dort zerstören Damen teure Fächer und Schmuck und Kinder ihre Puppen und Spielsachen, für deren Reparatur die „Rehabilitatoren" „viel Geld" verlangen, insbesondere in den Vereinigten Staaten, wo Die Preise für alles, was nicht im Weg ist, sind entsetzlich.

Ich möchte daher alle Menschen, die über ein wenig „Einfallsreichtum", Taktgefühl, Kunst oder gesunden Menschenverstand verfügen, bitten, zu bedenken, dass das Ausbessern oder Wiederherstellen eine Berufung ist, die durch ein wenig Übung sehr leicht zu erlernen ist und die ein Lebender ausüben kann selbst in seinen bescheidensten Zweigen gemacht werden, wie die Regenschirmflicker und Stuhlhändler auf den Straßen zeigen. Aber der gesunde Menschenverstand lehrt, dass jeder , der alles beherrscht, was in diesem Buch ausdrücklich dargelegt wird, sicherlich in der Lage sein sollte, Geld zu verdienen, und sei es auch nur in großem Umfang; Denn wie gesagt, die Möglichkeiten, verfallene Kunstwerke zu kaufen, sie zu reparieren und zu verkaufen, sind unzählig, und die Restaurierung findet noch überall in ihren Anfängen statt und wird nur sehr wenig praktiziert . Das, was eine sehr große allgemeine Industrie von enormem Nutzen sein könnte, in der viele

Tausende jetzt untätig sind, existiert nur auf zufällige, zufällige Weise, abhängig von anderen Arten von Arbeit. Aber für mich erscheint es als eine große Kunst für sich, die auf bestimmten Prinzipien allgemeiner Anwendbarkeit beruht. Und wenn wir bedenken, was im Allgemeinen aus Mangel an angemessenen Kenntnissen dieser großartigen Kunst verschwendet wird, erscheint es mir nur vernünftig, wenn wir in London eine Schule hätten, in der das Ausbessern und Restaurieren in allen seinen Zweigen als Gewerbe gelehrt wird, mit einem Museum Es wäre für das ganze Land von großem Nutzen, der Öffentlichkeit zu zeigen, was für Wunder durch die Erneuerung des Alten bewirkt werden können, und das wahrscheinlich zu ihrem großen Erstaunen. Eine kleine Überlegung wird den am wenigsten visionären oder praktisch veranlagten Leser davon überzeugen, dass das, was an wertvollen alten Werken, die nicht mehr ersetzt werden können, weil sie nicht mehr hergestellt werden, verschwendet oder jährlich zerstört wird, bei einer Restaurierung die Grundlage einer großen nationalen Industrie bilden würde. Es ist jedoch noch niemandem in den Sinn gekommen, sich das auszudenken, einfach weil niemand jemals eine Ausbildung zum allgemeinen Restaurator gemacht hat, sondern nur in einer sekundären, ergänzenden, kleinen Weise zum Spezialisten, im Allgemeinen zum Pfuscher . Und ich behaupte aufgrund nicht unerheblicher Fachkenntnisse, dass die besten Ausbesserer und Restauratoren bei weitem diejenigen sind, die die meisten Bereiche ihrer Berufung verstehen. Der Grund dafür ist klar; Dies liegt daran, dass ein Reparateur, wenn er auf unvorhergesehene Schwierigkeiten stößt – zum Beispiel beim Ausbessern von Porzellan – und feststellt, dass die verwendeten Zemente nicht genau anwendbar sind, er, wenn sinnvoll, an einen anderen Klebstoff denkt, der bei anderen Arbeiten verwendet wird, oder andere Kombinationen oder Geräte.

Ich gehe sogar so weit zu sagen, dass eine Ausstellung von Exemplaren, die alles zeigen, was bei der Ausbesserung und Restaurierung von Keramikkunst, Leder, geschnitztem Stein, Büchern, geschnitztem und bearbeitetem Holz, Gussteilen, Metall, Möbeln, Ventilatoren und Spielzeug möglich ist, dies tun würde dürften als ausreichender Anfang für die Gründung von Klassen und einer Schule dienen. Den Objekten sollte, wenn möglich, ein Duplikat oder ein Foto beiliegen, das den Zustand vor der Restaurierung zeigt, ganz nach dem Prinzip der Bildreiniger, die das Publikum mit so verblüffenden Kontrasten von Schmutz und Pracht in Erstaunen versetzen .

Wie dies alles bewerkstelligt werden kann, erfahren Sie in diesem Buch, das meiner Meinung nach in jeder Familie oder überall dort, wo „Dinge" kaputt und abgenutzt sind, oft nützlich sein wird. Für den Kuriositätensammler, der bereitwillig Schnäppchen machen würde, empfehle ich es ernsthaft und aufrichtig als ein *Vademekum* , mit dem er buchstäblich in jedem Geschäft Geld verdienen kann. Denn wie ich bereits sagte, so seltsam es auch klingen mag, sind die kleinen Trödelhändler *im Allgemeinen sehr unwissend über alle seltsamen Geheimnisse der Restaurierung* , oder sie haben weder Zeit noch Mittel, sich um solche Arbeiten zu kümmern. Nochmals: Wenn der Sammler gelernt hat, was ich hier lehre, wird er bei teuren Antiquitäten, die garantiert perfekt sind, häufig Restaurierungen entdecken, die mit Fälschungen einhergehen. M. RIS- PAQUOT HAT in seinem wertvollen Werk „ *L'Art de restaurer soi- même les Faïences et Porcelaines* " gut darauf hingewiesen , dass es leider oft vorkommt, dass kostbare Relikte von immensem Wert, wie die italienische *Die Fayencen* und die von Palissy oder Heinrich II. gelangen in einem solchen Zustand in die Sammlungen, dass sie *devisu so erbärmlich beschädigt sind* , dass wir sie nicht kaufen können, weil wir niemanden kennen, der sie tatsächlich restaurieren kann, und weil diese heikle Arbeit so viel Spezialwissen erfordert . Hinzu kommt, dass ihr großer Wert und ihre Seltenheit uns davon abhalten, dem Erstankömmling oder allgemeinen Arbeiter Schätze anzuvertrauen, die er durch Ungeschicklichkeit oder Unwissenheit völlig ruinieren könnte.

Ich möchte hinzufügen, dass ich selten durch Florenz gehe, ohne alte, abgenutzte *Fayencen zu sehen* , die für eine Kleinigkeit zum Verkauf stehen und mit ein wenig Retusche, Vergoldung und Brennen sehr wertvoll gemacht werden könnten. In solchen Fällen braucht man sich nicht über die Zerstörung der ehrwürdigen Wirkung und des Wertes der Antike zu beschweren. In ihnen kann antikes Material durchaus als Grundlage für neuere Arbeiten verwendet werden, insbesondere wenn es abgebrochen, bis auf den Kern abgenutzt oder voller Löcher ist. Nun, mit dem, was dieses Buch lehrt, wird der Künstler oder Tourist sehr bald erkennen , dass er es kann, wenn er überhaupt genial ist oder die Hilfe eines Freundes in Anspruch nehmen kann, der auch nur ein ganz geringes Kunstwissen hat Mit geringem Aufwand Gegenstände erwerben, die später bei der Restaurierung zu Hause sehr wertvoll werden.

Da ich mir kein Familienoberhaupt und keinen Händler für verschiedene Kunstwerke oder Kleinwaren, keinen Möbellieferanten oder Einrichter vorstellen kann, für den dieses Werk nicht ein höchst akzeptables Geschenk wäre, bin ich sehr zuversichtlich, dass dies für jeden Reisenden der Fall sein wird Wer Stämme reparieren oder gebrochene Gurte verbinden muss, und jeder Auswanderer, der in den Wäldern oder im Busch Australiens oder Kanadas damit beschäftigt ist, kann daraus viele nützliche Geräte lernen, und zwar mit nichts weiter als einer kleinen Dose flüssigen Klebers und Mit einem anderen aus Kautschuk kann er mehr bewirken, als sich irgendjemand vorstellen kann, der sich nicht mit diesem Thema beschäftigt hat. Darüber spreche ich nicht ohne Erfahrung, da ich sowohl als Soldat als auch als Reisender im Wilden Westen Amerikas festgestellt habe, dass mein Wissen über Reparaturen sowohl für meine Freunde als auch für mich von großem Nutzen war. Eine Lektüre des Index dessen, was hier gegeben wird, wird den

Leser davon überzeugen, dass dieses Handbuch tatsächlich ein *Leitfaden* für fast alle Arten und Zustände von Männern und Frauen ist und dass es niemanden gibt, der dafür nicht dankbar wäre.

Ein Freund fügt zu diesen Bemerkungen den Vorschlag hinzu, dass dieses Werk durchaus zu den Geschenken an eine Braut als Hilfe bei der Haushaltsführung gehören könne; und es wird wahrscheinlich zugegeben, dass es sich als ebenso nützlich erweisen würde wie viele der Geschenke, die normalerweise bei solchen Anlässen überreicht werden.

Ich habe wirklich gesagt, dass Bruch und Verfall zwar universell sind, es aber buchstäblich nirgendwo allgemein versierte Reparateure gibt – das heißt Experten, die wissen und auch nur das in die Tat umsetzen können , was in diesem Buch dargelegt wird. Es gibt gewisse Reparatoren zerbrochenen Porzellans , von denen der große Experte für fiktive Restaurierung, RIS-PASQUOT , erklärt, dass man niemandem etwas Wertvolles anvertrauen kann. Es gibt so wenige Näherinnen, die eine Miete perfekt nähen können, dass eine in Rom „im Herrenhaus geborene" Dame *zwei Pfund* oder *fünfzig Lire* dafür bezahlte, dass sie den in diesem Buch beschriebenen Stich lernte, mit dem dies möglich ist . Dass es ein großes Geheimnis für eine Expertin und versierte Näherin war, beweist, dass es nicht allgemein bekannt sein kann. Ein Hausausstatter in London, der ein großes Unternehmen betreibt, erklärte mir einmal mit offensichtlichem Stolz, wie er durch Überredung und Behandlung von einem anderen eines der einfachsten Rezepte zur Wiederherstellung eines braunen Flecks erhalten hatte. Wenn dies alles wahr ist, ist es offensichtlich genug, dass jeder erfahrene Reparateur und Restaurator, ob Dame oder Herr, kaum umhin kann, seinen Lebensunterhalt mit der Kunst zu verdienen; und ich glaube aufrichtig, dass es die einfache Wahrheit ist, die auf den folgenden Seiten so vollständig und klar dargelegt wird, dass jeder , der das Experiment macht, daraus lernen kann, wie man seinen Lebensunterhalt verdient. Dies ist tatsächlich in seiner ganzen Fülle eine neue Kunst und eine neue Berufung, und es ist an der Zeit, sie zu etablieren .

Es ist ein großer Fehler anzunehmen, dass Hersteller zwangsläufig gute Reparateure ihrer Produkte sind. Ich habe ebenso wie meine Leser herausgefunden, dass es nicht der große Uhrmacher ist, der die Produktion von Tausenden von Uhren überwacht, dem man am sichersten eine Uhr für die Rehabilitation anvertrauen kann. Denn in neun von zehn Fällen ist es ein äußerst bescheidener Bruder des Handwerks, der nichts anderes tut, als in einer kleinen Werkstatt zu reparieren, der Ihren Chronometer auf bewundernswerte Weise restauriert. Das Gleiche gilt auch für Koffer außerhalb Englands, denn in Deutschland und Frankreich wird alles der Art ausnahmslos mit unglaublichem Mangel an Geschick verpfuscht. Dies zieht sich durch die meisten Trades; Aus diesem Grund glaube ich, dass ein wirklich versierter Generalreparaturmann , der sich bis ins kleinste Detail seinem Beruf widmet und sich dazu entschlossen hat, darin perfekt zu sein, auf lange Sicht bessere Reparaturen durchführen könnte als die meisten Hersteller, da letztere heutzutage alle nach Maß arbeiten Maschinerie oder durch umfangreiche Arbeitsteilung und nicht sozusagen von Hand. Aber alle Reparaturen *müssen* von Hand erfolgen. Wir können jedes Detail einer Uhr oder einer Waffe maschinell herstellen, aber die Maschine kann sie nicht reparieren, wenn sie kaputt ist, geschweige denn eine Uhr oder eine Pistole!

Der Wert dieses Buches wird jedem klar, der weiß, wie wenig wirklich gute Reparaturen es in Europa gibt. Seitdem ich die vorstehenden Seiten geschrieben habe, bin ich durch die Galerien des Vatikans und vieler anderer Museen gegangen und war erstaunt über die grobe , unwissende und stümperhafte Art und Weise, in der die *große Mehrheit* antiker Statuen und anderer Gegenstände von immensem Wert repariert wurden. In den meisten Fällen gibt es überhaupt keinen Vorwand , die Reparaturlinien zu verbergen, und wenn dies versucht wurde, scheiterte es an der Unkenntnis der Rezepte und Anweisungen, die in diesem Werk zu finden sind.

MATERIALIEN, DIE BEI DER REPARATUR VERWENDET WERDEN

„ Es gibt viele bewundernswerte und praktische Rezepte (Hausmittel), *die oft nur in bestimmten Familien bekannt sind* .*"* – Die Natürliche Magie. Von JOHANN C. WIEGLEB , 1782.

Die Kunst des Ausbesserns oder Reparierens lässt sich grob so beschreiben , dass sie erstens durch mechanische Vorgänge erfolgt , wie sie Tischler beim Nageln und Verbinden, beim Sticken mit der Nadel und bei der Metallbearbeitung mit Klumpen oder beim Löten anwenden; und zweitens auf chemischem Wege. Letztere bestehen aus *Zementen* und *Klebstoffen* , die jedoch im Grunde dasselbe sind. Dieser Kleber oder Gummi ist ein Kleber oder *Aufkleber* ; das heißt, eine einfache Substanz, die dazu führt, dass zwei Objekte aneinander haften. Dasselbe würde in Kombination mit Kreide- oder Glaspulver einen ZEMENT ERGEBEN . Dieser letztere Begriff wird von vielen wiederum etwas allgemeiner und lockerer verwendet, nicht nur für alle Klebstoffe, sondern korrekter auch für alle weichen Substanzen, die aushärten, wie Portlandzement, Mörtel und Kitt, und die oft allein zum Formen von Gegenständen verwendet werden , wie „Ziegel" und Gussteile; aber diese letzteren haben auch die Eigenschaft, als Klebstoffe oder Aufkleber zu wirken, und werden natürlich als dieselben angesehen.

Wie aus der großen Anzahl an Reparaturrezepten, die in diesem Buch gegeben werden, schnell hervorgeht, gibt es viele davon, die häufig in unterschiedlichen Kombinationen vorkommen; Daher wird es für diejenigen, die das Ausbessern als Kunst erlernen wollen, ratsam und unerlässlich sein, diese als Grundlage anzugeben.

Wie SIGMUND LEHNER in seinem wertvollen Werk „ *Die Kitte- und Klebemittel" festgestellt* hat, wurden in den letzten Jahren in verschiedenen technischen Werken so viele Rezepturen für Klebstoffe veröffentlicht, dass die Kombination der üblichen Materialien fast vom Urteil des Experimentators abhängt , und jeder praktische Bediener wird bald lernen, eigene Erfindungen zu machen. Diese Materialien können laut STOHMANN WIE folgt klassifiziert werden:

ICH. Diejenigen, bei denen ÖL die Basis ist.

II. Harz oder Pech.

III. Kautschuk (Kautschuk) oder Guttapercha.

IV. Gummi oder Stärke.

V. Kalk und Kreide.

LEHNER erweitert die Liste wie folgt um Klebstoffe oder Zemente:

ICH. Für Glas und Porzellan in jeder Form.

II. Für Metalle, die keinen Temperaturschwankungen ausgesetzt sind.

III. Für Öfen und Öfen oder Gegenstände, die Hitze ausgesetzt sind.

IV. Für chemische Geräte und Gegenstände, die korrosiven Flüssigkeiten ausgesetzt sind.

V. Befestigungen oder Zemente, um Glas- oder Porzellangefäße vor der Einwirkung von Feuer zu schützen.

VI. Zemente für mikroskopische Präparationen, zum Füllen von Zähnen und ähnlichen Arbeiten.

VII. Diejenigen für besondere Gegenstände, wie z. B. aus Schildpatt, Meerschaum (Elfenbein) usw.

Man unterscheidet Öle (z. B. Oliven), die nie hart werden, und Leinsamenöle, die mit der Zeit zu einer Substanz wie Gummi austrocknen . Letztere bilden in Verbindung mit den unterschiedlichsten mineralischen Stoffen wie Plumbago, gebranntem Kalk, Magnesia, Kreide, rotem Eisenoxid, Speckstein oder mit Lacken unlösliche „Seifen", die als Zement wasserbeständig sind. Es dauert lange, bis sie *fest werden* bzw. hart werden.

HARZE und GUMMIS umfassen eine Vielzahl von Substanzen, wie z. B. Harz oder hartes Pech, das aus Kiefernbäumen destilliert wird; Schellack, Mastix, Elemi, Kopal, Kaurigummi, Bernstein, Gummi arabicum , Dextrin aus Mehl, das Gummi von Pfirsich und Kirsche und von vielen anderen Bäumen. Dazu können Weihrauch und Traganth hinzugefügt werden, die weniger klebend als vielmehr versteifend und verschönernd wirken. Zahnfleisch ist im Allgemeinen eher spröde; Abhilfe schafft die Kombination mit öligen Substanzen, ätherischen Ölen oder Kautschuk. Zu diesen Gummis zählt LEHNER Asphaltum . Der Nachteil solcher Klebstoffe besteht, wie er auch bemerkt, darin, dass sie *hohen Temperaturen* nicht standhalten . Dies gilt jedoch für die meisten Objekte.

LACK. — Dies gehört eigentlich zum Zahnfleisch, wird aber technisch gesehen als separates Material betrachtet. Es handelt sich um in Terpentin oder Spiritus gelöstes Kaugummi. Einzelheiten siehe *Die Fabrikation der*

Copal- Terpentinöl und Spiritus-Lacke von LE Andés ; Leipzig, Preis 5 Mio. 40 Pf.

KAUTSCHUK und GUTTAPERCHA sind Gummis, die im harten Zustand noch elastisch sind und der Einwirkung von Wasser widerstehen. Ich habe gelesen, dass eine perfekte Nachahmung oder ein perfekter Ersatz dafür aus Terpentin hergestellt wurde, habe es aber nicht gesehen, obwohl ich auf Leim aus Öl und Terpentin gestoßen bin, der ihnen in seiner Elastizität oder Flexibilität sehr ähnelte. Mit Äther, Benzin usw. in eine flüssige Form reduziert, können diese Gummis lange Zeit in flüssigem Zustand gehalten und dann in jeder Form durch Einwirkung von Luft ausgehärtet werden. Sie kommen in einer Vielzahl von Zementen vor, die zäh oder wasserfest sein sollen. Kautschuk ist im Großen und Ganzen der beste und Guttapercha der billigste für Zemente.

KLEBER. – Dies wird durch Kochen aus Hörnern und Knochen hergestellt; Es ist im Wesentlichen dasselbe wie Gelatine. Es ist der bekannteste aller Klebstoffe und kann durch bestimmte Zusätze an nahezu jeden Stoff angepasst werden. Es hat die Besonderheit, dass es immer in einem *Balneum* gekocht werden muss *mariæ* oder in einem Wasserkocher in heißem Wasser in einem anderen Wasserkocher. Seine Stärke wird durch die Beimischung von Salpetersäure oder *starkem* Essig deutlich erhöht. Zum Thema Leim in all seinen Zusammenhängen kann der Leser *Die Leim- und Gelatine- Fabrikation* von F. Dawidowsky konsultieren; Wien, Preis 3s.

MEHLPASTE UND STÄRKEPASTE . – Obwohl diese Mischungen im Allgemeinen für schwache Arbeiten verwendet werden, z. B. zum Kleben von Papieren, können sie durch Beimischung von Leim und Gummi sehr stark verstärkt werden. In Kombination mit bestimmten Substanzen wie Papier, Mineralpulvern und *Alaun* werden sie, wenn sie Druck ausgesetzt werden, äußerst hart und widerstehen nicht nur Wasser, sondern auch Hitze, wenn diese nicht übermäßig ist. Auch in Kombination mit Lacken sind sie ausgesprochen beständig . LEHNER spricht von ihnen, als wären sie in jedem Zustand vergänglich.

STÖRBLASE . — Hiermit werden die Blasen verschiedener Fischarten klassifiziert. In kleine Stücke geschnitten und in Spiritus aufgelöst ergibt es einen sehr starken Klebstoff, der mit vielen anderen vermischt werden kann.

KALK ist der am häufigsten verwendete Zement der Welt. Mit Wasser vermischt entsteht Mörtel. Es wird mit vielen Substanzen, wie Kasein oder Käse, dem Eiweiß von Eiern und Silikat von Natron, zu kraftvollen Nebenzementen vereint. Zum Thema Kalk sollte der praktische Technologe *Kalk und Luftmortel* von Dr. Herrmann Zwick konsultieren; Wien, A. Hartleben, Preis 3 S., in dem alle Einzelheiten zum Thema vollständig wiedergegeben sind.

EIER. — Das Eigelb und insbesondere das Eiweiß von Eiern wird manchmal als Klebstoff verwendet und ist in vielen sehr hervorragenden Zementen enthalten. Einzelheiten zur Chemie und Technologie dieses Materials finden Sie in „ *Die* Fabrikationen von Albumin- und Eierkonserven" von Karl Ruprecht *;* Wien, A. Hartleben, Preis 2s. 3d.

NEUTRALE SUBSTANZEN ODER BINDEMITTEL . - Fast jede Substanz, die in Wasser nicht leicht löslich ist, und viele davon bilden aus gewöhnlichem Staub oder Erde oder Ton, Sand, Kreide, pulverisierten Eierschalen, Sägemehl, Muschelpulver usw. in Kombination mit bestimmten Klebstoffen Zemente . Dies ist manchmal auf eine chemische Verbindung zurückzuführen, häufiger jedoch auf eine mechanische Verbindung. Im letzteren Fall hat der Kleber, der an jedem einzelnen Korn haftet, mehr Haftpunkte , so wie ein Mann, der sich mit beiden Händen an zwei Pfosten festklammert, schwerer zu entfernen ist, als wenn er sich an einem festhält.

KASEIN ODER KÄSE. — Dieser besteht in verschiedenen Formen, hauptsächlich aus Quark, in Verbindung mit mehreren Substanzen, meist jedoch mit Kalk oder Borax, und bildet einen sehr wertvollen Zement. Es wird auch mit starker *Lauge* und Sodasilikat kombiniert. Es darf jedoch nicht zu sehr darauf vertraut werden, dass es wasser- oder hitzebeständig ist.

BLUT , im Allgemeinen von Ochsen oder Kühen, bildet zusammen mit Kalk, Alaun und Kohleasche einen festen und haltbaren Zement.

GLYCERIN bildet zusammen mit Plumbago usw. die Basis mehrerer Zemente. Wie Öl macht es Leim flexibel und teilweise wasserfest. Für chemische Details zu diesem Thema siehe *Das Glycerin* von JW Koppe, Leipzig.

GIPS wird mit vielen Stoffen zu Zementen verbunden, von denen einige von großem und besonderem Wert sind.

EISEN Pulverisiert ist die Grundlage für eine Vielzahl sehr langlebiger und hochbeständiger Zemente.

ALAUN gehören, da es in verschiedenen Zusammensetzungen sehr wichtig ist und ein starkes chemisches Hilfsmittel darstellt. Es eignet sich hervorragend zur Widerstandsfähigkeit gegen Feuchtigkeit und Hitze. Für eine ausführliche Arbeit über Alaun konsultieren Sie *Die Fabrikation des Alauns* usw. von Frederic Junemann, die von allen, die mit Zement arbeiten, sorgfältig studiert werden sollte.

Hierzu gibt es eine sehr große Zahl „indifferenter" oder geringfügiger Hilfsstoffe wie Zucker, Milch, Honig, Weingeist , Wasser, Ocker, Galbanum, Tannin, Ammoniak, Feldspat, Bleilot, Schwefel, Essig , Salz, Zink (Weiß),

Umbra, Wismut, Zinn, Cadmium, Ton, Asche usw., die in bestimmten Kombinationen wesentlich sind.

DEXTRIN , der Gummi aus Mehl oder Stärke oder *Leiokom* , ähnelt stark Gummi arabicum , ist jedoch spröder. Seine Haftfähigkeit hängt etwas von der Art und Weise ab, wie es gelöst wird. „Es wird", sagt LEHNER , „durch Erhitzen von mit Salpetersäure angefeuchteter Stärke hergestellt; auch durch Erhitzen der Paste mit sehr stark verdünnter Schwefelsäure ."

WACHS , einschließlich Bienenwachs und Paraffin, wird bei Reparaturen verwendet und ist Bestandteil verschiedener Zemente. Konsultieren Sie zu diesem Thema „ *Das Wachs* " oder „Wachs und seine technischen Anwendungen" von Ludwig Sedna; Leipzig, 2s. 6d.

SILIKAT AUS SODA ODER FLÜSSIGEM GLAS. — Dies wird im Allgemeinen in Form einer sehr dichten Flüssigkeit verkauft. Es wird durch Mischen von Quarz- oder Feuersteinsand mit Soda, seltener auch mit Kali hergestellt. „Es ist", sagt LEHNER , „ein Glas, das sich von anderen Gläsern durch seine gute Wasserlöslichkeit auszeichnet." Es wird angenommen, dass es sich um eine sehr moderne Erfindung handelt; aber ich habe venezianische Gläser aus dem fünfzehnten Jahrhundert gesehen, die anscheinend damit bemalt waren oder etwas sehr Ähnliches; und ich habe bei zwei Schriftstellern des 16. Jahrhunderts, WOLFGANG HILDEBRAND und VAN HELMONT , EINDEUTIGE HINWEISE AUF EINE KENNTNIS DAVON GEFUNDEN . Laut Wagner gibt es drei Arten von Flüssigglas. Flüssiges Glas allein kann nur zum Ausbessern von Glas verwendet werden; aber wenn es mit anderen Substanzen wie Zement, gebranntem Kalk oder Ton oder Glas in Pulverform verbunden wird, bildet es einen steinharten Körper oder ein Doppelsilikat, das gegen chemische Einflüsse stark beständig ist." Als Klebstoff für Glas steht es an erster Stelle und wird auch als Zement in fester Form nicht übertroffen. Zu diesem Thema siehe *Wasserglas und Infusorienerde* usw. von Hermann Krätzer ; Wien, 3s.

NATURZEMENT ODER HYDRAULISCHER KALK. — Dies ist allen Lesern allgemein als Portlandzement bekannt, aber es gibt ihn in vielen Ländern in unterschiedlichen Qualitäten und er wird auch künstlich hergestellt. Bestimmte mineralische Substanzen haben die Eigenschaft, in Pulverform und in Verbindung mit Wasser steinhart zu werden; daher der Name *hydraulisch* . Ich habe in Budapest in Ungarn hergestellte Produkte aus Portlandzement gesehen, die optisch feinem schwarzem Schiefer oder Marmor entsprachen und, obwohl sie viel weniger spröde waren, in der Tat in jeder Hinsicht haltbarer und widerstandsfähiger gegen Witterungseinflüsse waren. Diese künstlichen Zemente können weitgehend mit indifferenten Stoffen wie Sand eingearbeitet werden; Sie erfordern jedoch ein intensives Backen und können daher als eine Art fiktive Ware angesehen werden.

Portlandzement wird in „ *Hydraulischer Kalk und Portlandzement* (in allen ihren Beziehungen)" von Dr. H. Zwick sehr ausführlich behandelt.

TRAGANTH als Gummi bezeichnet wird, ist es eigentlich nichts dergleichen, da es sich nicht um einen echten Klebstoff handelt. Es ist das Produkt des *Astragalus verus* , eines in Asien vorkommenden Baumes. Es quillt in Wasser auf und wird weich, löst sich jedoch nicht auf. Es ist eher eine Glasur als eine Paste; Daher wird es häufig von Konditoren, Buchbindern oder zur Versteifung von Schnürsenkeln verwendet. Es ist jedoch Bestandteil mehrerer Zemente.

BROT kann als eigenständiges Material eingestuft werden, da es bestimmte besondere Eigenschaften aus der Hefe erhält, die seine Gärung bewirkt. In bestimmten Kombinationen wird es wachsartig bzw. hart und kann bei vielen Reparaturen sowie zum Modellieren vorteilhaft eingesetzt werden. Es hat den großen Vorteil, dass es leicht zu handhaben und immer griffbereit ist.

ZELLULOID wird in dieser Arbeit unter der Überschrift Künstliches Elfenbein behandelt. Es besteht aus Schießbaumwolle und Kampfer. Ausführliche Informationen zu diesem Thema finden Sie in *Das Celluloid* oder „Celluloid, seine Rohstoffe, Herstellung, Besonderheiten und technischen Anwendungen usw." von Dr. Fr. Böckmann , Wien und Leipzig.

KARTOFFELN , geschält und zerstampft, sechsunddreißig Stunden lang in einer Mischung aus acht Teilen Schwefelsäure und einhundert Teilen Wasser aufbewahrt und dann getrocknet und gepresst, bilden eine weiße, harte Substanz, die Elfenbein sehr ähnlich ist, oder wie man es nennen könnte sagen wir, wie weißer Buchsbaum. LEHNER äußert seine Zweifel, ob jemals künstliche Meerschaumpfeifen aus dieser Substanz hergestellt wurden, aber ich habe sie gesehen und kann bezeugen, dass sie wie Meerschaum aussahen und sicherlich viel härter waren als *Bruyere* oder Bruyere-Holz. Ob sie „ färben " werden, kann ich nicht sagen.

Kurios ist das Prinzip, nach dem Kartoffeln, Papier und viele andere Stoffe wie Pergament oder Horn gehärtet werden können. Kartoffeln bestehen zu etwa siebzig Prozent aus. Wasser und fünfundzwanzig Prozent. Stärke, der Rest sind Salze und *Zellulose* , die von den Stärkekörnern umgebene Zellen bildet. „Wenn eine solche Substanz längere Zeit mit verdünnter Schwefelsäure in Kontakt gebracht wird , kommt es lediglich zu einer Kontraktion der Zellen" (*d. h* . einer Verhärtung) „oder einer Art Pergamentierung ." Dadurch wird weiches Papier in Pergament umgewandelt.

Es ist offensichtlich, dass die Chemie bei der Umwandlung von Cellulose durch Säure in Hartstoffe noch in den Kinderschuhen steckt. Da Baumwolle, Papier und Kartoffeln durch diesen Prozess alle unterschiedliche Substanzen produzieren, ist es wahrscheinlich, dass Hunderte von organischen oder zumindest pflanzlichen Substanzen alle neue Formen hervorbringen.

Es gibt einen deutlichen Unterschied zwischen Teig aus *Stärke* oder *Mehl* , wobei jeder Teig seine besonderen Vorzüge hat. Ersteres wird hauptsächlich aus Kartoffeln zubereitet. Um den Zement herzustellen, mischen wir ihn mit sehr wenig Wasser und rühren ihn gründlich um, bis er ein bläuliches Aussehen annimmt. Dann wird noch etwas heißes Wasser hinzugefügt und die Masse stehen gelassen, bis eine opalartige Färbung anzeigt, dass sie sich gebildet hat. Fügen Sie dann *nach Belieben heißes Wasser hinzu* . Da es in sehr dünnen Schichten fast farblos ist, wird es hauptsächlich zum Glasieren und Verleihen von Fülle oder Gewicht verwendet, oft auch zum Verfälschen von gewebten Stoffen, die dadurch schwerer erscheinen. Um dieses Gewicht zu erhöhen, werden Bleiweiß und andere Stoffe verwendet.

Um die beste Mehlpaste herzustellen, sollte das Mehl in einem Beutel unter Wasser geknetet werden, bis die gesamte Stärke ausgewaschen ist. Was übrig bleibt, ist eine Substanz, die eng mit Kasein , dem Eiweiß des Eiweißes, verwandt ist. Zusammen mit Kalk entsteht ein harter Zement. Eine ganz geringe Beimischung von Karbolsäure (auch Nelkenöl) verhindert, dass die Paste sauer wird oder verfällt. Diese Säure hat die Eigenschaft, das Wachstum der winzigen Vegetation, die die Gärung ausmacht, zu zerstören, so wie andere starke Duftstoffe oder Parfüme Räume desinfizieren sollen usw.

Eine sehr große Anzahl anderer Zutaten, wie Blei- oder Zinkoxide, Mangan, Baryt, Schwefel , Salmiak , Feuersteinsand, Ton, Salz, Ocker, Lack, Galbanum oder Weihrauch, fließen in bestimmte Rezepte ein, aber diese Die bereits angegebenen Mengen können als bei weitem der Hauptanteil aller im normalen Gebrauch befindlichen Zemente angesehen werden.

REPARATUR VON KAPUTTEM CHINA, PORZELLAN, GESCHIRR, MAJOLIKA, TERRAKOTTE, ZIEGEL UND FLIESEN.

Fiktive oder keramische Waren umfassen grob gesagt alles, was aus Ton, mineralischen Grundstoffen oder Materialien besteht und anschließend gebrannt wird, um ihm Härte zu verleihen. Je besser das Material und je intensiver die Hitze bzw. je mehr Backvorgänge die meisten Sorten durchlaufen, desto härter und haltbarer sind sie. Das alte Porzellangeschirr , das dem Porzellan vorausging, viele Exemplare alter römischer Gefäße und, um ein moderneres Beispiel zu nennen, alte italienische Majolika und ungarische Weinkrüge, die alle innerhalb eines Jahrhunderts hergestellt wurden, sind hart wie Stein. Sie splittern stark ab, bevor sie zerbrechen, genau wie es bei Achat der Fall sein könnte.

TERRAKOTTA ist einfach „gebackene" Erde oder Ton. In den meisten als Terrakotta bekannten Beispielen überwiegt die Erde. Reiner, feiner, gut gebrannter Ton ist dem, was allgemein als Terrakotta bezeichnet wird, überlegen. Auch Artikel aus hochwertigem Portlandzement, von denen ich, wie gesagt, viele in Budapest hergestellte Produkte gesehen habe, die wie feinster harter Schiefer waren, können wir nicht wirklich damit in Verbindung bringen.

Viele Autoren verwechseln Majolika mit Fayence; andere betrachten Letzteres als das, was wir als Geschirr bezeichnen sollten, oder als ein solches Geschirr, das zwischen glasierter Terrakotta und Porzellan liegt.

MAJOLIKA besteht im Allgemeinen aus Terrakotta, die mit einer Glasur überzogen ist. Eine Glasur ist eine schmelzbare Substanz, man könnte sagen eine Art Glas, gemischt mit Farbstoff , der gleichzeitig Schutz und Schmuck ist. Emaille ist geschmolzenes Glas in Form eines feinen Pulvers, das im Allgemeinen auf Metall oder allein verwendet wird. Die Basis der Farbe ist eine durch Hitze schmelzbare Substanz, die mit ebenfalls schmelzbaren Farben vermischt wird . Wenn das Gemälde daher erhitzt wird, schmilzt es, haftet und ist dauerhaft. Glasieren, Emaillieren und Porzellanmalerei sind im Wesentlichen dasselbe.

Terrakotta ist nicht schwer zu reparieren. Ich kann dies am besten anhand eines Beispiels veranschaulichen. Ein Freund schenkte mir einmal eine Terrakottavase aus der Pyramide von Cholula in Mexiko. Diese sollen von sehr großem Alter sein. Darin befand sich ein Keramikfragment, wahrscheinlich eine heilige Reliquie von gröberem Stil und vermutlich aus weitaus früherer Zeit. Die Vase war jedoch in Scherben zerbrochen und der Besitzer war kurz davor, sie als wertlos wegzuwerfen. Ich habe ihn darum gebeten. Zuerst habe ich die Hauptteile zusammengefügt und sie mit Salpetersäure verklebt, damit sie haften. Für feinere Arbeiten hätte ich türkischen Zement oder den besten in Spiritus oder Fischleim gelösten Gummimastix verwenden sollen. Stück für Stück habe ich das Ganze sorgfältig rekonstruiert.

Es fehlte jedoch ein Stück von etwa drei Zoll im Quadrat. Ich habe mit großer Sorgfalt ein Stück Papier als Rückseite in die Vase geklebt *und* dann mit Wasser verflüssigten Gips darauf gegossen. Um dieses *Aushärten zu gewährleisten*, sollte der Gips oder *das Gesso* aus gebranntem Alaunwasser und gelöstem Gummi arabicum hergestellt werden. Damit wurde genau das fehlende Teil geliefert.

Als es fertig war, füllte ich alle gebrochenen Kanten und sonstigen Hohlräume mit der Gipsmasse auf, die noch härter aushärtete als die Terrakotta. Die äußere Farbe der Vase war rötliches Rostschwarz. Ich habe das Ganze mit einer entsprechenden Farbe übermalt ; das heißt, ich habe es mit dem Daumen eingerieben, was sich stark vom bloßen Malen unterscheidet. Durch Zementieren und Reiben stellte ich das Ganze so wieder her, dass die Reparatur kaum wahrnehmbar war. Dieser Prozess wird in Italien mit zerbrochener etruskischer Ware in großer Perfektion durchgeführt.

das Einreiben mit Öl- oder Wasserfarben anbelangt , möchte ich hier anmerken , dass es kaum bekannt ist oder praktiziert wird , aber bei der Restaurierung von großem Wert ist, wenn wir bestimmte seltsame, antik wirkende Effekte erzielen möchten. Ich kannte einmal in Rom einen Künstler, der für eine Kleinigkeit eine alte geschnitzte *Kugel oder Truhe* gekauft hatte . Durch sorgfältiges Einreiben in neapolitanischen Gelb- und Brauntönen und anschließendes Reiben hatte er dafür gesorgt, dass es seltsam wie altes Elfenbein aussah. Eine bloße Bemalung, wie geschickt sie auch ausgeführt wurde, hätte ihm nicht sein antikes Elfenbein-Aussehen verliehen. Derselbe Künstler hatte ein oder zwei gewöhnliche, große, gelbliche Weinkrüge aus Terrakotta erworben. Er zeichnete darauf klassische Figuren, schnitt die Umrisse mit Meißel und Feile ein wenig aus, glättete die Figuren mit Sandpapier und elfenbeinfarben das Ganze auch durch *Einreiben* Farbe . Das war zwar nur ein paar Stunden Arbeit, aber die Wirkung war verblüffend. Was nur ein paar Franken gekostet hätte, wäre für Hunderte verkauft worden. Ich sollte hinzufügen, dass dieser Vorgang mit Hilfe von feinem Retusche-Flexfirnis sehr erleichtert werden könnte. Jeder , der überhaupt zeichnen oder malen kann, kann dieses Experiment an jeder alten Holzschnitzerei oder an einem gewöhnlichen gelben groben Steingut versuchen. Letzteres zuerst mit Schleifpapier glätten, dann einreiben Farben . Das Gleiche gilt für alte Marmorschnitzereien.

Alle diese Geräte sind für den Restaurator von Nutzen. Was die Restaurierung von Terrakotta angeht, ist das Feld breit und gewinnbringend. Nicht nur in Italien, sondern sogar in London können wir zerbrochene etruskische Vasen oder ähnliche Gegenstände für eine Kleinigkeit zum Verkauf finden, die sich äußerst leicht restaurieren lassen. Diese bestehen im Allgemeinen aus rotem oder hellgelbem gebranntem Ton. Wenn Sie beispielsweise eine zerbrochene Vase haben, besorgen Sie sich Ton der gleichen Farbe – wenn Sie ihn nicht ohne weiteres bekommen können, nehmen Sie Pfeifenton – und färben Sie ihn mit einem kräftigen Aufguss von Rot oder Gelb, obwohl dies nicht notwendig ist, wenn das Äußere beschädigt ist Schwarz. Mischen Sie den Ton gut mit Leim oder Gummi arabicum und Alaunwasser, geben Sie die fehlenden Portionen hinzu und lassen Sie sie aushärten. Mit ein wenig Sorgfalt und Übung lassen sich so bemerkenswerte Restaurierungen anfertigen. Ich möchte hier hinzufügen, dass mit dieser Zusammensetzung Flaschen, Dekanter und Tassen beschichtet werden können, die, wenn sie bemalt oder eingerieben werden, genau etruskischen oder anderen antiken Töpferwaren ähneln. Um Rissbildung zu vermeiden, sollten sie zunächst mit dicker, grober Ölfarbe angestrichen werden, die mit Sand oder Umbra vermischt ist und so einen Grund bildet. Lassen Sie es trocknen – je länger desto besser – und reiben Sie dann das Kaugummi und die Tonerde dünn ein. Es gibt eine andere Zusammensetzung von *Blanc d'Espagne* oder Wittling und Sodasilikat, das noch härter aushärtet, aber anfangs etwas schwieriger zu bearbeiten ist und für eine solche Wiederherstellung verwendet werden kann. Dies kann als Grundierung direkt auf Glas gemalt werden.

Majolika oder *Fayence* lassen sich im Allgemeinen mit angesäuertem Leim ausreichend gut ausbessern, da letzterer jedoch oft einen dunklen Fleck hinterlässt, ist es besser, für feines Geschirr oder alles, was verwendet werden soll, den sogenannten türkischen Zement zu verwenden. Die beste Qualität besteht aus in Spiritus aufgelöstem Gummimastix höchster Qualität. Es ist so hartnäckig, dass Edelsteine im Osten häufig damit direkt an Metall befestigt werden und oft eher brechen, als dass sie sich davon lösen. Die meisten Apotheken haben etwas davon zum Verkauf oder bereiten es für Sie vor. Auch das Kali- und Wittlingssilikat ist in der Apotheke erhältlich; Sie sollten mit großer Sorgfalt gemischt werden, sodass eine mittelstarke Paste entsteht, und dann schnell und fachmännisch verwendet werden, da dieser Zement sehr schnell aushärtet. Es ist jedoch ein sehr starkes Bindemittel und härtet so hart wie Glas aus.

Nachdem die zerbrochenen Teile einer Tasse oder Vase zusammengesetzt und zementiert wurden, müssen sie an Ort und Stelle gehalten werden, bis der Zement trocknet. Dies wird durch viele Vorrichtungen erreicht , bei denen der Bediener *einen gewissen* originellen Erfindungsreichtum an den Tag legen muss. Erstens können die Stücke oft einfach zusammengebunden oder mit Klebeband, Pergament oder aufgeklebtem Papier befestigt werden. In anderen Fällen Indien – Gummibänder sind nützlich. Auch hier sind Holzstücke oder Stöcke und Drähte die nützlichen Dinge. Ein Wachsbett ist im Allgemeinen ein sicherer Schutz. Es ist am besten, dies mit großer Sorgfalt zu tun und sich nicht ungeduldig darauf zu verlassen, die Teile mit den Fingern zusammenzuhalten, bis sie zusammenkleben. Dies ist oft der schwierigste Teil der gesamten Operation; deshalb sollte es gut und bewusst gemacht werden. Und hier sei angemerkt, dass, wie in der Chirurgie, die kompliziertesten Fälle von Brüchen untersucht und angepasst werden können; Aus diesem Grund wage ich zu behaupten, dass geschickte Chirurgen gute Geschirrreparaturen wären, so wie gute Astronomen immer gute Schützen sind.

Wenn die zerbrochenen Stücke ausgerichtet sind und alles trocken ist, bleiben die Späne, Hohlräume, ausgefransten Kanten und „Haare", wie die Franzosen sie nennen, oder Verbindungslinien übrig, die gefüllt und geglättet werden müssen. Dies geschieht mit dem Zement, den Sie je nach Materialqualität verwenden: entweder Gips und Gummi arabicum , Silikat und Schlämme oder Kreidepulver. Einigen Experten gelingt dies mit Eiweiß und fein gemahlenem Branntkalk, der fest hält, dessen Verschmelzung jedoch Übung erfordert. Füllen Sie die Hohlräume sorgfältig aus und drücken Sie den Zement wie die Römer mit einem Stock oder einer Spitze gut hinein. Wenn alles glatt ist, übermalen Sie die leeren Stellen und lackieren Sie sie mit Sohnée Nr. 3 oder mit einer leichten Schicht Silikat. Feiner Copal-Lack ist eher zäher bzw. weniger spröde.

Der gründlichste Prozess von allen besteht darin, die Fragmente mit einem glasartigen oder metallischen *Flussmittel* wie dem Silikat – davon gibt es mehrere – zu vereinen und das Werk dann zu backen oder zu brennen. Anschließend kann es mit Porzellanfarben unter Glasur bemalt und erneut gebrannt werden. Da dies sehr heikel, schwierig und teuer ist, werden nur wenige Amateure Lust haben, es auszuprobieren. Es ist jedoch vollkommen, und durch es kann die vollständigste Wiedergutmachung erfolgen . Die Japaner tun dies einfach mit dem Blasrohr, mit dem sie Emailpulver auch auf Holz fixieren. Diese Verwendung der Pfeife ist ebenfalls schwierig, aber die alten Römer sollen das Verfahren mit den meisten geringfügigen Arbeiten angewendet haben. Da ein Glasfaden in einer Kerze schmilzt und feines Glaspulver gleichermaßen schmelzbar ist, kann man verstehen, dass letzteres oft unter der Flamme eines Blasrohrs geschmolzen werden kann, um bei der Wiederherstellung von Nutzen zu sein.

Geschirr oder Fayence und Porzellan. – „Geschirr", worunter wir üblicherweise Geschirr wie die blauen Weidenteller verstehen, ist Terrakotta weit überlegen, da sein *Kern* oder seine Basis dünn und sehr hart ist und sein

Glanz eine andere Art hat und mehr in den Körper integriert; oder es handelt sich um ein einziges übergeordnetes Organ.

PORZELLAN unterscheidet sich völlig von den beiden anderen Arten von fiktiver Ware, da es eine aufwändige mineralogische Verbindung ist, deren Basis *Kaolin ist* , eine bröckelige, weiße, erdige Substanz, die große Sorgfalt bei der Herstellung erfordert, und *Petuns oder Feldspat, der mit dem Kaolin* verbunden ist . Das Ergebnis ist eine sehr zarte und schöne durchsichtige Ware oder eine, durch die Licht in begrenztem Maße durchdringt. Sowohl Geschirr als auch Porzellan sind weitaus schwieriger zu reparieren, da es – insbesondere bei letzterem – nicht möglich ist, Brüche verschwinden zu lassen.

Der erste und einfachste Vorgang zur Reparatur beider Arten von Gegenständen besteht darin, mit einem Bohrer kleine Löcher entlang der Ränder des Bruchs zu bohren und dann die Fragmente anzupassen und sie mit Draht zusammenzubinden. M. RIS- PAQUOT behauptet, dass „die Ehre dieser Entdeckung eigentlich einem bescheidenen und bescheidenen Arbeiter namens DELILLE aus dem kleinen Dorf Montjoye in der Normandie gebührt." Aber der Archäologe wird zu dieser Behauptung sagen, wie es der englische Richter zu einer ähnlichen Behauptung getan hat, dass der Kläger genauso gut ein Patent dafür beantragen könnte, dass er die Kunst entdeckt hat, Brandy mit Wasser zu mischen, da es wahrscheinlich noch nie einen Wilden gegeben hat, der dies getan hat Draht oder sogar Schnur, die nicht genug wussten, um zerbrochene Kalebassen, Gläser und Pfeifen mit dieser soliden Nähmethode zu reparieren. Aus der Zeit, als in Europa erstmals große irdene Punschschalen verwendet wurden, finden wir sie mit Silberdraht geflickt. Es ist unnötig, ganze Seiten mit Illustrationen zu belegen, wie es M. RIS- PAQUOT GETAN hat , um zu zeigen, wie eine solche Reparatur durchgeführt werden kann. Die Löcher werden entweder mit einer Bohrmaschine oder einer Handbohrmaschine hergestellt, wie sie in jedem Werkzeugladen erhältlich sind. Wenn der Leser sich eines besorgt und damit auf einem Penny-Teller oder einem zerbrochenen Fragment experimentiert, wird er bald das ganze Rätsel lösen. Der Draht wird durch eine Drehung mit einer Zange befestigt. Vor dem Befestigen waschen Sie die Ränder des Geschirrs mit Eiweiß, in das sehr wenig Eiweiß oder fein gemahlener Kalk oder Gips gemischt wurde.

Ich möchte hier bemerken, dass der Draht zum Bohren von Porzellan halbrund oder auf einer Seite flach sein sollte. Um dies vorzubereiten, nehmen Sie einen Messingdraht von etwa zwei Fuß Länge und ziehen Sie den Draht mit einem alten Messer fest und gleichmäßig dagegen.

Es gibt unzählige Zemente, die von Chemikern zum Verkauf angeboten werden und die garantiert perfekt sind, um Glas und Porzellan zu reparieren

, und die meisten von ihnen erfüllen ihren Zweck tatsächlich sehr gut, denn die Natur hat uns nicht wenige Materialien gegeben, mit denen wir Unfälle reparieren können. Daher reicht oft schon das Aufkochen in Milch aus, um gebrochene Kanten wieder zu verbinden. Aber ich glaube, dass es vor allem der bereits beschriebene türkische Zement ist, der aus MASTIK-Gummi besteht (ein Begriff, der in Frankreich fälschlicherweise für Kitt, in den Amerikanern für Kalkputz an Häusern und in der Levantiner für Spiritus mit darin enthaltenem Harz verwendet wird). am stärksten haftend und beständig gegen Hitze, Kälte oder Feuchtigkeit.

Die Kunst des Ausbesserns besteht nicht so sehr darin, zu wissen, was man als KLEBSTOFF verwenden soll (da es, wie gesagt, in jeder Apotheke reichlich davon gibt), sondern vielmehr in der Geschicklichkeit und dem Fingerspitzengefühl, mit denen Fragmente zusammengebracht und zusammengehalten werden, fehlende Teile ergänzt werden, und im Wissen um die Substanz, mit der man eine Lücke füllen kann. Es gibt Fälle, in denen, wenn ein Loch in eine Porzellan- oder Glasplatte geschlagen wurde , dieses rund aufgebohrt und eine Scheibe derselben Substanz oder Farbe oder sogar einer anderen eingesetzt werden kann. Dies ist fast eine Kunst für sich, und mit ihr können sehr einzigartige und rätselhafte Effekte erzielt werden; wie zum Beispiel, wenn in einen weißen Porzellanteller mehrere Löcher gebohrt und dann mit farbigen Scheiben gefüllt werden Porzellan , Achat, Koralle usw. Im Osten werden auf diese Weise neben Holz auch Türkis- und Korallenperlen häufig in Porzellan eingefasst. Um den eingelegten Gegenständen einen festen Halt zu geben, wird Mastix oder Sauerleim verwendet.

So wie der Raucher, wenn er seine Pfeife am Stiel zerbricht, diese mit einem kurzen silbernen Schieber oder Röhrchen reparieren lässt, so kann die Reparatur, wenn ein Porzellangefäß am Hals zerbrochen ist, durch einen silbernen Kragen verdeckt werden, was manchmal von großem Nutzen ist Verbesserung; wie zum Beispiel, wenn einem Porzellanhund oder sogar einem Porzellanmann der Kopf abgenommen wird . Aber in sehr vielen Fällen oder überall dort, wo diese Art der Verschleierung ratsam ist, kann sie, wie bei Cäsars Frau, über jeden Verdacht hinaus dadurch hergestellt werden, dass der Kragen oder die Verzierung oder das Blatt oder die Blume aus Silikat und Schlämmerlei hergestellt werden, um so zu wirken der Ware selbst ähneln, was sehr schön gemacht werden kann.

SODASILIKAT wird manchmal in Form eines trockenen Feststoffs verkauft, der in etwas Essig gegeben und erwärmt wird. Im aufgelösten Zustand kann es *ad libitum verwendet werden* . Es wird oft als Glasur für Stein verwendet.

Es gibt eine merkwürdige alte Geschichte über das Reparieren zerbrochenen Geschirrs mittels Magie – oder besser gesagt durch Täuschung –, die zwar nicht praktischer Natur ist, aber zumindest amüsant. Es wird teilweise in einem um 1670 veröffentlichten Buch mit dem Titel *Joco- Seriorum erzählt Naturæ et Artis Magiæ Naturales Centuriæ Tres* . In Mergentheim fand einmal ein großer Jahrmarkt statt, bei dem der ganze Hof des Schlosses voller irdener Gefäße war, die *ab assidentibus zum Verkauf standen muliebibus* (von begleitenden Frauen). Als der Fürst von Mergentheim dies sah, ging er unter diesen Frauen umher und arrangierte es so, dass sie ihren gesamten Bestand in zwei Teile oder exakte Duplikate teilten, von denen sie die Hälfte versteckten, während die andere Hälfte zum Verkauf angeboten wurde. Während des Abendessens sprach der Prinz viel über Magie und behauptete, er sei in der Lage, in den Köpfen der Menschen ein solches Delirium hervorzurufen, dass sie sich wie Wahnsinnige verhalten würden. „So zum Beispiel“, sagte er und zeigte beiläufig aus dem Fenster, „sehen Sie all diese Frauen. Ich kann sie sofort in den Wahnsinn treiben.“ Daraufhin wettete einer der Anwesenden mit einer schönen Kutsche und vier Pferden, dass der Prinz es nicht schaffen könne. Letzterer lächelte, wedelte mit der Hand und sprach einen Zauberspruch, als siehe! Plötzlich begannen die Marktfrauen, *Bacchanten eher* – wie wütende Bacchanten –, ihr Geschirr mit Stöcken und Stühlen anzugreifen, es herumzuschleudern und in Stücke zu zerschmettern.

Derjenige, der den Streitwagen gewettet hatte, beteuerte, dass es sich um einen im Voraus arrangierten Trick gehandelt habe. Der Prinz antwortete: „Nun, die Töpfe sind alle kaputt. Wenn ich sie durch einen Zauber wieder heilen kann, wirst du dann glauben?“ Der andere sagte: „Mit Sicherheit.“ Dann schwenkte der Prinz seinen Zauberstab und sagte: „Es ist vollbracht. Lasst uns in den Hof hinuntergehen und nachsehen.“ Und als sie dort waren, fanden sie tatsächlich alle Töpfe wieder ganz vor – zumindest entdeckten sie an ihrer Stelle andere, die genau so waren wie sie.

Die Legende besagt weiter, dass der Prinz , obwohl er die Kutsche und die Pferde als Trophäe behielt, großzügig dafür bezahlte. Der Autor der *Tres Centuriæ* , der das Geheimnis der kleinen Vereinbarung nicht preisgibt, erklärt, dass er nicht wisse, ob alles durch Betrug oder durch Zauberei zustande gekommen sei. Wenn es letzteres war, bedauere ich, dass der Zauberspruch, mit dem zerbrochenes Geschirr repariert wird, jetzt verloren geht. Der mächtigste Zauberspruch, den ich kenne, ist *Rezept Gummæ Mastichæ duæ unciæ cum Spirito Vini fiat mixtio* – das heißt Mastixzement. Es wird im Allgemeinen mit Störblasenkleber kombiniert.

Dieser Zement eignet sich sehr gut für Glas. Eines der alten Rezepte, das in der Tat sehr gut war, stammt von JOHANNES WALLBURGER (1760): „Nimm fein geschnittene und etwas pulverisierte Störblase“ (wird noch immer in allen Apotheken verkauft), „weiche sie die ganze Nacht in Spirituosen ein, Fügen Sie dazu etwas sauberen und pulverisierten Mastix hinzu und kochen Sie ihn in einer Messingpfanne ein wenig. Sollte es zu dick werden, etwas

Spiritus dazugeben ." Dies kann auch für viele andere Zwecke verwendet werden.

Ein starker, aber gröberer Kleber, insbesondere für Geschirr und Steine, kann wie folgt hergestellt werden: Nehmen Sie alten und harten Ziegenmilchkäse und erwärmen Sie ihn in heißem Wasser, bis durch Stampfen eine terpentinähnliche Masse entsteht. Fügen Sie fein gemahlenen Branntkalk und das gut geschüttelte Eiweiß hinzu und mahlen Sie es .

Ich zögere nicht, eine Vielzahl solcher Rezepte zu nennen, denn in jedem einzelnen findet der Künstler wertvolle Anregungen für andere Zwecke als das bloße Zusammenkleben zerbrochener Gegenstände. Letzteres ist für viele Zwecke ein wertvoller „Füllstoff". Früher wurde Leim zu einem starken Zement verarbeitet, indem man ihn eine Zeit lang in Wasser kochte, aber bevor er sich mit dem Wasser vermischte, wurde letzteres abgegossen und durch starken Spiritus ersetzt und gut eingerührt.

Ein sehr beliebter alter Zement für Geschirr, von dem es mehrere Variationen gab, wurde durch Mischen von Leim, Terpentin, Ochsengalle, dem Saft von Knoblauch und Störblase, Traganth und Mastix hergestellt. All diese einzigartig riechende Mischung wurde in eine Pfanne gegeben und in starken Spirituosen wie Whisky gekocht, dann auf einem Brett unter einer Walze geknetet, erneut mit mehr Spirituosen gekocht, noch einmal gerollt, und dies wurde ein drittes Mal wiederholt, und dann abgekühlt, bis es in Kuchen geschnitten werden konnte. Als diese verwendet werden sollten, wurden sie erneut in Stimmung getaucht. Aber mit diesem Zement ließen sich Glas oder Metall am besten mit Holz verbinden. Ich muss gestehen, dass ich es noch nie ausprobiert habe, aber es war offensichtlich ein sehr starker Zement.

Ein weiteres dieser etwas komplizierten Rezepte für Geschirr, Glas und Porzellan, das ich im *Tausandkünstler* von 1782 finde, lautet wie folgt: – Eine halbe Unze fein geschnittene Störblase, zwei Teelöffel Alabasterpulver oder Gips, eine viertel Unze … Traganth, ein Teelöffel Silberglätt , zwei gemahlener Mastix, zwei Weihrauch, zwei Gummi arabicum , ein Marienglas , ein Esslöffel Weinbrand, ein Bieressig. Aufkochen, umrühren und auftragen. Eventuell am reparierten Artikel haftende Tropfen können mit Essig entfernt werden. Wenn es erneut verwendet werden soll, erhitzen Sie es und geben Sie Weingeist und Bieressig hinzu. Erwähnenswert ist hier der Gummi-Weihrauch.

Ein üblicher Zement zum Ausbessern von zerbrochenem Glas oder Porzellan wird wie folgt hergestellt : Zu zwei Teilen Gummi-Schellack einen Teil Terpentin hinzufügen; Kochen Sie sie über einem langsamen Feuer und formen Sie die Masse zu kleinen Kuchen, bevor sie trocknet. Um es zu verwenden, erwärmen Sie es mit einer Lampe. Um Elfenbein oder Holz zu reparieren, nehmen Sie einen Kuchen und lassen Sie ihn in Weingeist auflösen.

Ein sehr starker Zement wird wie folgt hergestellt: Man nehme eine Unze fein gemahlenen Mastix, aufgelöst in sechs Spirituosen Wein, und zwei Unzen zerkleinerte Störblase, aufgelöst in zwei Unzen gewöhnlichem Alkohol; Fügen Sie eine halbe Unze *Ammoniak hinzu* , während es aushärtet. Erwärmen Sie es, wenn Sie es verwenden möchten. Dies ist der haltbarste Zement, der hergestellt werden kann.

Defekte, Risse und Reparaturen in Porzellan usw. lassen sich oft wie folgt verbergen: – Streichen Sie die Stelle mit nicht zu stark verdünntem Sodasilikat an und bestäuben Sie es, bevor es mit Bronzepulver trocknet. Dies wird so hart, dass es mit einem Achatpolierer poliert werden kann.

Es ist auch möglich, dass viele meiner Leser von *der Gesso-Malerei gehört haben* , einer Kunst, die von Herrn WALTER CRANE PERFEKTIONIERT WURDE . Dabei wird Gips in Lösung mit der Spitze eines Pinsels bemalt und die weiche Paste als Relief aufgetragen. Das gleiche Prinzip gilt für die Silikat- und Schlämmlackierung auf Glasoberflächen. Damit kann jeder Glasflasche oder anderem Gegenstand eine Dekoration verliehen werden .

KALK ist Bestandteil vieler Zemente, der einfachste ist der Mörtel, der durch die Beimischung von Wasser entsteht. Die Qualität wird aber maßgeblich von der des Kalks bestimmt. Der *Chunam* Indiens, der weißem Marmor oder einem feinen weißen Stein ähnelt, besteht aus zu Kalk gebrannten Muscheln. Ein wunderbar harter, feiner, weißer Zement, den die Römer für ihre besten Mosaikarbeiten verwendeten und der sehr schnell aushärtete, bestand aus Muschelkalk mit dem Eiweiß von Eiern. Ich habe festgestellt, dass dieselbe Zusammensetzung wertlos ist, wenn sie mit minderwertigem Steinkalk hergestellt wird.

Ein guter, günstiger Zement für Porzellan und Glas wird wie folgt kombiniert:

Stärke- oder Weizenmehl   8

Kleber   4

Gereinigte Kreide   12

Terpentin   4

Spirituosen aus Wein   24

Wasser   24

Gießen Sie einen Teil der Mischung aus Spiritus und Wasser auf das Mehl und die Kreide, fügen Sie den Leim hinzu, kochen Sie ihn ein, bis sich dieser auflöst, und rühren Sie das Terpentin unter das Ganze. Daraus lässt sich aus Hobelspänen oder Sägespänen Kunstholz herstellen.

Ein sehr guter Zement für Porzellan, der farblos ist , wird hergestellt, indem man die feinste klare Gelatine in Stücke schneidet, sie in Essig von 50° auflöst und in einem Porzellangefäß rührt, bis sie gut vermischt ist. Im kalten Zustand härtet es aus, wird aber unter Hitzeeinwirkung weicher, wenn es auf die Bruchkanten des Porzellans aufgetragen werden kann, die zusammengepresst werden sollen. Innerhalb von vierundzwanzig Stunden wird es vollkommen hart sein. Es ist zu beachten, dass die Kunst, solche verbundenen Teile zusammenzuhalten, das schwierigste Problem bei der Reparatur darstellt. Dieser Zement ist auf viele Objekte anwendbar und lässt, wie alle Zemente, erhebliche Modifikationen und Ergänzungen zu. Da es farblos ist , kann es mit Elfenbeinstaub oder weißen Pulvern aus Baryt, Magnesia, Wittling usw. kombiniert werden, um mit Glycerin künstliches Elfenbein zu bilden . Mit der Blase des Störs entsteht ein noch festerer Zement.

LEHNER stellt fest, dass Leim in Verbindung mit saurem Chromsalz (*sauren Chromsalze*), ihre Löslichkeit unter Lichteinwirkung zu verlieren , so dass sie als Kitt für zerbrochenes Porzellan und Glas verwendet werden können. Wenn die Verbindungsstelle unsichtbar sein soll, nehmen Sie reinste weiße Gelatine; andernfalls reicht der billigere Vergolderleim. Um den Chromleim herzustellen, lösen Sie die Gelatine oder den Leim in kochendem Wasser auf, fügen dann die Lösung von doppeltem Chromsäurealkali oder dem handelsüblichen roten Chromalkali hinzu, rühren alles gut um und geben es in Blechdosen.

Die Formel lautet:

Gelatine oder Vergolderleim 5-10

Wasser   90

Rotes Chromalkali   1-2

In Wasser gelöst   10

Zur Verwendung erwärmen Sie den Zement, tragen ihn auf das zerbrochene Glas auf und setzen es anschließend mehrere Stunden lang der Sonne aus.

Zerbrochene Flaschen werden durch ein sehr raffiniertes Verfahren repariert, das von LEHNER BESCHRIEBEN WIRD . Die Flasche wird verkorkt, aber nicht fest, und dann einer Hitze von etwa 100° Celsius ausgesetzt.

Anschließend wird der Kork fest eingetrieben, wodurch sich die Risse ausdehnen und diese sofort mit einer feinen Bürste mit dem Silikat aufgefüllt werden. An einen kühleren Ort gebracht, zieht sich das Glas auf dem noch flüssigen Silikat zusammen und die Brüche werden repariert.

EIN SEHR STARKER, SAUBERER ZEMENT FÜR PORZELLAN ODER GLAS wird wie folgt hergestellt :

Gut gereinigt Glaspulver   10

      ″   Fluorspatpulver 20

Silikatlösung aus Soda   60

Dieses muss sehr schnell aufgerührt und aufgetragen werden. Dies ist einer der *härtesten* und besten Zemente und er widersteht Hitze und anderen Einflüssen so gut, dass er, wenn er sehr sorgfältig vermischt wird, zur Herstellung vieler nützlicher Gegenstände verwendet werden kann. Das Gleiche kann durch Ersetzen von Fluorspat durch weißen Pfeifenton oder durch die Zugabe desselben in etwas größerem Anteil hergestellt werden. Pipeclay oder jeder andere gute Ton kann auch mit Glycerin kombiniert werden, um ein Austrocknen zu verhindern. Mit Gelatine und *etwas* Glyzerin wird aushärten und nicht reißen.

Dies erfordert eine sorgfältige Abstimmung und schnelles Arbeiten.

Um sehr feines Glaspulver für diesen Zement herzustellen, erhitzen Sie ein beliebiges Glas, bis es rotglühend ist, und lassen Sie es dann in kaltes Wasser fallen. Anschließend kann es in einem Mörser zu einem unfühlbaren Pulver zerkleinert werden.

Tonrohre oder Rohre, die starker Hitze ausgesetzt werden, können mit folgendem Zement befestigt oder verbunden werden:

Manganperoxid   80

Weißes Zinkoxid 100

Silikat von Soda   20

„Das *schmilzt nicht* , außer bei sehr hoher Temperatur; und wenn es geschmolzen wird, bildet es eine glasige Substanz, die mit äußerster Zähigkeit hält" (LEHNER).

Kaseinzement für Geschirr oder Marmor herzustellen , sollten wir immer *frischen* Weißkäse nehmen und ihn gründlich mazerieren oder kneten, bis nur noch reines KASEIN übrig ist, zu diesem Drittel pulverisierter Branntkalk hinzufügen und die beiden Zutaten gründlich vermischen sehr starker Kleber . Eine Beimischung von 10 Teilen Sodasilikat ergibt ebenfalls einen kraftvollen Zement.

LEHNER lobt Folgendes für Fliesenarbeiten und gewöhnliches Backsteingeschirr, Terrakotta oder Porzellan sehr und sagt, dass alles, was damit repariert wird, an einer anderen Stelle eher kaputt geht als dort, wo es zementiert ist:

Getrockneter Kalk 10

Borax   10

Litharge   5

Der Zement wird mit Wasser vermischt und die Fliesen oder das Geschirr usw. werden kurz vor dem Ausbessern erhitzt.

Darauf kann ich nicht genug beharren – dass niemand erwarten darf, dass man schon beim ersten Versuch ein erfolgreiches Ergebnis erzielen wird, indem man einfach die Rezepte, wie sie geschrieben sind, anwendet, zusammenstellt und anwendet. Wir müssen immer das beste Material haben, oft frisch, und die Anwendung im Allgemeinen mehr als einmal versuchen. *Beharrlich Vinces* – „ Durch Ausdauer wirst du siegen." Nicht nur die *Qualität* der verwendeten Zutaten muss von höchster Qualität sein , auch die Zusammensetzung muss genau in der Reihenfolge erfolgen, in der sie angegeben werden. Dieselben Substanzen führen oft zu sehr unterschiedlichen Ergebnissen, einfach weil die Reihenfolge der Kombination bei beiden unterschiedlich war.

SO REPARIEREN SIE GEHWEGE :—

Kalzinierter Kalk   10

Gereinigte Kreide 100

Silikat von Soda   25

Dies härtet langsam aus. Wenn es mit kleinen scharfkantigen Bruchstücken vermischt wird, kann es zur Herstellung von Gehwegen oder als Unterlage für Mosaike verwendet werden. Für die gleichen Zwecke oder zum Zementieren von Marmorplatten kann ein Zement namens BÖTTGER verwendet werden. Es wird so gemacht: –

Gereinigte Kreide 100

Dickflüssige Silikatlösung aus Soda   25

Dieses wird (LEHNER) in wenigen Stunden so hart, dass es poliert werden kann. Es ist der wichtigste und fast einzige Zement, den M. RIS- PACQUOT VERWENDET oder in seiner Arbeit über die Reparatur von Geschirr lobt. Es lässt eine große Vielfalt an Modifikationen zu. Es eignet sich sehr gut als Unterlage für Mosaike aller Art. Es bildet, wie das vorhergehende, auch ein gutes Beet für Scagliola und Ceresa. [1] Zum Letzteren möchte ich hier sagen, dass ich mir wünschen würde, dass es allgemeiner für Wandgemälde oder Wandverzierungen verwendet wird, da es jedem sehr leicht fallen wird, der ein Gesicht oder eine Dekoration kräftig und größtenteils mit Öl- oder Wasserfarben malen kann . Es lässt sich schnell ausführen und besticht durch seine Brillanz. Alles darin hängt davon ab, dass es ein gutes Bett gibt, an dem es leicht haften kann. An dieser Stelle möchte ich anmerken, dass Bettungen wie diese, die hart und *fein aushärten* , auch für die Freskenmalerei geeignet sind, bei der die Schwierigkeit darin besteht, Farben auszuwählen , die, wenn sie absorbiert und getrocknet sind, nicht verblassen. Die meisten Farben aus mineralischen Stoffen verbinden sich mit Sodasilikat.

Ich möchte an dieser Stelle anmerken, dass eine merkwürdige und einfache Kunst, die sehr wenig bekannt ist, darin besteht, Flachreliefs auf Fliesen, Terrakotta oder ziegelähnlichen Waren zu schnitzen oder zu schneiden, die, wenn sie umrissen oder als Relief dargestellt sind, mit Silikat farbig glasiert werden können Limonade; auch mit vielen anderen Zementen.

Ein üblicher und guter ZEMENT FÜR PORZELLAN ODER GLAS wird wie folgt hergestellt:

Kalzinierter Gips oder Gips 50

Kalzinierter Kalk 10

Eiweiß 20

Dieses muss schnell vermischt und zügig verwendet werden, da es sehr schnell aushärtet und extrem hart wird. Es eignet sich hervorragend als Unterlage für Mosaike oder Ceresa .

Wenn Gips einfach mit gebranntem Alaun in Wasser kombiniert wird, dauert es mehrere Wochen, bis die damit reparierten Gegenstände aushärten oder haften. Gips in Kombination mit Gummi allein hält fest, widersteht aber nicht Wasser (siehe *Allgemeine Rezepte*).

ZEMENTE ZUM BEFESTIGEN oder Verschließen chemischer Apparate:—

Getrockneter Ton 10

Leinsamenöl   1

Dies hält Hitze bis zum Siedepunkt von Quecksilber stand.

Ein widerstandsfähigerer Feuerschutz ist wie folgt:

Mangan   10

Graues Zinkoxid 20

Ton   40

Leinölfirnis   7

Von dem Öl wird nur so viel benötigt, dass sich die Masse zu einer Paste verbindet.

Eine Lösung für sehr hohe Temperaturen:—

Ton   100

Glaspulver   2

Noch ein ZEMENT:—

Ton   100

Kreide   2

Borsäure   3

LEHNER hat in seiner Arbeit über Zemente viele wertvolle Vorschläge zur Reparatur von Porzellan gemacht. *Erstens*, dass bei solchen Ausbesserungen der Klebstoff sorgfältig und in einer möglichst gleichmäßigen und dünnen Schicht aufgetragen werden muss; Ich möchte hinzufügen, dass der ungeschickte Amateur dazu neigt, es unregelmäßig und nachlässig aufzutragen, mit dem Eindruck, je mehr Zement vorhanden ist, desto besser wird es haften, was einfach so falsch ist, dass jedes überflüssige Körnchen nur so viel davon ist ein Hindernis für eine gute Trocknung oder Haftung. Auch hier tupft der Unerfahrene es mit einem Stift oder „irgendetwas" auf, während ein Pinsel mit feiner Spitze oder ein Haarstift verwendet werden sollte.

ZERBROCHENES PORZELLAN , DAS REPARIERT WERDEN SOLL, sollte sorgfältig abgedeckt werden, um es vor schwer zu entfernendem Staub zu schützen. Achten Sie darauf, dass die Teile nicht immer wieder zusammengefügt werden, wie es oft der Fall ist.

Wenn das zerbrochene Porzellan zur Aufbewahrung von Milch, Suppe usw. verwendet wurde, sollte es in Lauge gelegt werden, um die gesamte Fettsubstanz aufzulösen, und dann mit klarem Wasser gewaschen werden. Bemaltes Porzellan kann jedoch nicht in Lauge gelegt werden, da dies alle Farben zerstören würde ; Wischen Sie sie in diesem Fall mit verdünnter Säure sauber.

Die große Schwierigkeit beim Ausbessern besteht darin, die Teile zusammenzufügen und so zu halten, bis der Kleber trocknet. LEHNER empfiehlt, bei kleinen und teuren Objekten eine Gipsform um sie herum anzufertigen. In den meisten Fällen ist Spachtelmasse oder Wachs weitaus besser zu handhaben. Wie bereits erwähnt, Indiarubber Auf Bands kann man sich vor allem verlassen; Auch wenn sie nicht dauerhaft halten können, helfen sie beim Binden mit Kordel sehr.

Im Handbuch von F. GOUPIL , umgeschrieben von FREDERICK DILLAYE , wird die folgende Methode zur Restaurierung zerbrochener Vasen usw. empfohlen:

„Bilden Sie eine feste Tonmasse in der Form des ursprünglichen Objekts. Legen Sie dann die Fragmente einzeln darauf und halten Sie den Ton feucht. Wenn dies erledigt ist, kleben Sie die äußeren Papierstreifen in ausreichender Menge über, um das Ganze fest zusammenzuhalten. Entfernen Sie dann den feuchten Ton und kleben Sie starke Papierstreifen (oder dünnes Pergament) über die Innenseite, um das Ganze zu halten. Anschließend“ (nach dem Trocknen) „sorgfältig anfeuchten und die Außenschicht entfernen.“

Der Autor erwähnt, dass dies nur für Vasen gilt, deren Öffnung breit genug ist, um das Einführen der Hand zu ermöglichen. Ich möchte hier jedoch hinzufügen, dass die Restaurierung auch dann gut durchgeführt werden kann, wenn sie für diesen Zweck zu klein ist : – Machen Sie den Kern aus feuchtem Ton, oder besser, aus Bienenwachs, und kleben Sie ihn dann dünn und zäh darüber Papier. Bedecken Sie dies mit Gummiarabikumlösung und legen Sie die Stücke darauf. Nach dem Trocknen das Wachs oder den Ton ausschmelzen.

Fischgummi, *colle de poisson* – das heißt, was allgemein als *Störblase bezeichnet* wird und die aufgelösten Blasen verschiedener Fischarten umfasst – eignet sich am besten für Glas, Marmor, Porzellan und alle Arten von Ausbesserungen, bei denen der Zement nicht angebracht werden sollte zeigen. In Kombination mit Öl soll *sich dieses* , wenn es mit Stoffstaub und Woll-, Seiden- oder Baumwollfasern vermischt wird , zu einem Faden verspinnen.

REPARATUR VON GLAS
MIT MEHREREN VERWANDTEN PROZESSEN
ZUGELASSENEN ZEMENTEN – SODA-SILIKAT

„ Glück und Glas
Wie bald bricht dass. ”

„ Viel Glück, wie Glas, das
leider bald zerbricht!“
Doch Geschicklichkeit kann es so bewerkstelligen,
dass man ein Vermögen oder ein Glas repariert. „ –
Altes deutsches Sprichwort.

Kitt ist natürlich der erste Kitt, der sich im Zusammenhang mit der Reparatur von Glas anbietet, da dieses letztere Material der Welt am bekanntesten ist in Form von Fenstern, wenn auch an vielen Orten – zum Beispiel in Florenz, wo es *Mastico genannt wird* und *Nudeln* – es wird kaum verwendet oder ist wenig bekannt. Das Wort stammt vom französischen *Wort „potée“* , was ebenfalls „Topf voll“ bedeutet. Es ist nicht nur zum Einsetzen von Glasscheiben sehr nützlich, sondern auch zum Füllen von Löchern in Holz und ist Bestandteil bestimmter Mischungen als Zement zum Formen von Ornamenten. Je nach Art der Zubereitung kann es schwach und spröde, aber auch stark und sehr hart sein. Es wird üblicherweise durch Mischen von Kreidepaste, Wasser und Leinöl hergestellt. Es werden auch andere Pulver verwendet. In Amerika wird es aus pulverisiertem Seifenstein und Öl hergestellt . Seine Exzellenz hängt von der Qualität des Öls und der Sorgfalt ab, mit der es geknetet wird. Es sollte in einem feuchten Keller, in einem feuchten Tuch oder unter Wasser aufbewahrt werden. Sollte es trocknen und spröde werden, muss frisches Öl hinzugefügt werden.

„ Um harten alten Kitt von Glasfensterscheiben zu entfernen , bedecken Sie ihn mit einer Mischung aus einem Teil gebranntem Kalk, zwei Teilen Soda und zwei Teilen Wasser“ (LEHNER). Bleioxid ergibt in Kombination mit Öl einen hervorragenden, aber gelben Kitt. Es härtet sehr hart aus.

Das weiße oder graue Zinkoxid ergibt in Kombination mit Leinöl oder Leinölfirnis einen Kitt, der für die Haftung von Glas auf Holz oder Metall verwendet wird.

Dicklacke wie Kopal oder Bernstein können anstelle von herkömmlichem Lack mit besserer Wirkung verwendet werden, und die Zusammensetzung ist besser, wenn kalzinierter Kalk oder Bleioxid hinzugefügt werden. Die Qualität des Zements hängt vom Grad der Verschmelzung oder Verreibung der Bestandteile ab; und diese Regel gilt für alle ähnlichen Mischungen.

Lack oder schwerer oder „flacher" Lack aus Kopal oder Bernstein bildet von selbst einen starken Klebstoff, mit dem einzigen Nachteil, dass er lange zum Trocknen braucht.

EIN SEHR GUTER KITT FÜR GLAS (LEHNER) ist wie folgt:

Guttapercha   100

Schwarzes Pech (Asphalt) 100

Terpentinöl   15

Dies ist ein allgemein anwendbarer Kleber, der sich besonders für Leder und das Ausbessern von Schuhen eignet.

Der Leser, der sich gründlich mit dem Thema Glas befassen möchte, kann *Die Glas-Fabrikation zu Rate ziehen* , ein sehr bewundernswertes Werk von Raimund Gerner, Glashersteller; A. Hartleben, Wien und Leipzig, Preis 4s. 6d.

Zur Befestigung von Scheiben werden häufig kleine Dreiecke aus Blech oder Eisen verwendet.

Die Reparatur von Glasscherben erfolgt in den meisten Fällen auf die gleiche Weise wie die Reparatur von zerbrochenem Geschirr oder Porzellan. Der richtige Kleber ist der Zement aus Mastix oder aus Mastix mit Störblase oder allgemein aus Silikat mit Wittling. Da Natronsilikat einfach flüssiges Glas ist, kann es zum Füllen von Räumen oder zur Herstellung von Glas verwendet werden; aber aufgrund seiner klebrigen Natur ist es schwer zu handhaben. Dies kann oft dadurch erreicht werden , dass zunächst eine Schicht weiches Papier vorbereitet wird, auf die dann mehrere Silikatschichten aufgetragen werden. Nach dem Trocknen kann das Papier abgewaschen werden.

SODA-SILIKAT ist von so großer Bedeutung geworden, dass sich ein französisches Werk über die Reparatur fiktiver Ware fast ausschließlich auf seine Verwendung als Bindemittel in Kombination mit Wittling beschränkt. *Wasserglas* galt lange Zeit als eine moderne Erfindung, bis jemand es 1610 *n . Chr.* in Van Helmonts Werken beschrieben fand. Aber ich habe es auch im *Jocoseriorum gefunden Naturæ* , 1545; in der zeitgleichen *Magia Naturalis von Wolfgang Hildebrand;* und schließlich von *Paracelsus* (*Liber de Præparationibus*), wo er es als *Destillatio beschreibt Kristalli* . Und der *Autor* des *Jocoseriorum* spricht von weichem Glas als einer Sache, die von mehreren Autoren behandelt wurde.

Nach WAGNER gibt es drei Arten von löslichem Glas – (i .) das lösliche Kaliglas, 45 Silex, 3 Holzkohle, 34 Kohlenhydrat. Kali .; (ii.) lösliches Sodaglas, 100 Teile. Quarz, 60 Kal. sulp . Soda, 15 Kohle; (iii.) doppelt lösliches Glas, 100 Quarz, 22 Kal. Limonade, 28 Kohlenhydrate. Kali , 6 Holzkohle. Wasserglas lässt sich gut mit jedem „indifferenten" Pulver, wie z. B. Glaspulver, kombinieren, um einen starken Zement herzustellen. Um Glas zu pulverisieren, erhitzen Sie es glühend heiß, lassen Sie es in kaltes Wasser fallen und pulverisieren Sie es. Es wird so fein wie Mehl und verbindet sich in diesem Zustand mit Gummi arabicum , Leim oder Gummi zu einem leistungsstarken Glasausbesserer. Gemischt mit Glaspulver, Zinkoxid oder Weißkalk, Marmorpulver, kalziniertem Knochen, Gips, Holzasche usw. kann es wie Kitt verarbeitet werden. Mit Farben vermischt wird es zur stereochromen Malerei, einer Art Fresko, verwendet.

Fehlende Glasstücke, beispielsweise Blätter eines Kronleuchters, können problemlos durch Wasserglas ersetzt und alle Risse oder Defekte damit überglast werden.

Diese Ausbesserung hängt jedoch mit bestimmten Vorgängen in der Kunst zusammen, die so interessant sind, dass ich mich an ihre Beschreibung wage.

Viele Reparatur- und Restaurierungsarbeiten an Glas können mit dem Blasrohr, einer Spirituslampe oder einer Gasflamme durchgeführt werden. So schwierig das auch klingen mag, es ist nicht nur eine einfache, sondern auch eine sehr interessante und unterhaltsame Beschäftigung. In jeder Stadt kann man einen Experten oder Handwerker finden, der ein paar Lektionen geben würde. Ich war schon oft davon beeindruckt, dass Glasarbeiten so wenig künstlerischen Einfallsreichtum oder Originalität aufweisen. Sogar das weithin berühmte venezianische Werk ist im Vergleich zu dem, was es sein könnte, äußerst begrenzt und „manierhaft" oder konventionell.

Das Folgende ist ein altes Rezept zur Glasreparatur: Nehmen Sie feinstes Glaspulver, besten Mastix, mit gleichen Teilen weißem Harz und destilliertem Terpentin. Alles gut zusammenschmelzen. Zur Anwendung nach und nach erwärmen und dann auftragen.

Gebrannter Kalk und Eiweiß, die auf einer ebenen Fläche gründlich miteinander verrieben werden, ergeben einen guten Kitt für gewöhnliches Glas oder Töpferwaren.

Der Zement von *Gummi arabicum* ist viel stärker, wenn er wie folgt hergestellt wird: – Nehmen Sie Gummi arabicum und lösen Sie es in Essigsäure (Essig) anstelle von Wasser auf. Es muss an einem heißen Ort geschmolzen werden, da es dann viel besser wird. Blattgelatine von höchster Qualität ergibt einen transparenten Kleber, der überall dort von unschätzbarem Wert ist, wo Farbe vermieden werden soll.

ZUM REPARIEREN EINER ZERBROCHENEN GLASFLASCHE ODER EINES DEKANTERS. — Erhitzen Sie die Flasche und drücken Sie den Korken hinein, bis die heiße Luft im Inneren die Risse ausdehnt, die sofort mit dem flüssigen Glas gefüllt werden müssen. Wenn dann das Wasserglas durch den Druck der Außenluft hineingetrieben wird und die Flasche abkühlt, werden die Risse geschlossen.

Man kann einen zerbrochenen Spiegel nicht gut reparieren, aber mit den großen Stücken kann man etwas anfangen. Lackieren oder bekleben Sie ein Stück Papier und legen Sie es auf das Quecksilber. Dann teilen Sie sie mit einem amerikanischen Glasschneider zum Preis von einem Schilling oder einem Diamantschneider in Quadrate für kleine Spiegel. Zwei davon gleicher Größe können leicht in ein faltbares Kaleidoskop umgewandelt werden (von BREWSTER in seiner Arbeit über das Kaleidoskop nicht beschrieben). Legen Sie die beiden Stücke einander gegenüber und kleben Sie auf der Quecksilberseite ein Stück dünnes Leder oder Musselin über das Ganze. Nach dem Trocknen mit einem Taschenmesser an drei Seiten einen Schlitz zwischen die beiden schneiden. Es öffnet und schließt sich dann wie ein Portfolio. Dies kann als Reise-, Spiegel- oder Rasierglas dienen, ist aber für Musterdesigner sehr nützlich. Stellen Sie das Glas im rechten Winkel oder mehr oder weniger aufrecht auf einen Tisch und legen Sie zwischen die Spiegel einen beliebigen Gegenstand oder ein Muster, und Sie werden sehen, wie es sich je nach Winkel um das Drei- bis Zwölffache vervielfacht. Auf diese Weise können *bis ins Unendliche* wunderschöne Variationen von Designs erstellt werden . Sie können als Reflektoren verwendet werden, wenn sie hinter einer Leuchte angebracht werden.

Nehmen Sie ein solches Stück Spiegel, legen Sie ein Stück Papier auf die Rückseite und schreiben oder zeichnen Sie dann mit einer Achat- oder Elfenbeinspitze darauf, aber nicht so fest, dass die Versilberung zerbricht. Drehen Sie es dann in die Sonne oder in ein starkes Licht und lassen Sie die Reflexion auf eine weiße Oberfläche fallen. Obwohl auf der Oberfläche des Spiegels nichts erkennbar ist, wird die Schrift im Spiegelbild erscheinen.

Glas wird graviert, während Metall geätzt wird; mit der Ausnahme, dass anstelle von Schwefel- oder Salpetersäure Fluorsäure verwendet wird. Sowohl Glas als auch *Porzellan* können auch direkt mit einer Stahlspitze und Schmirgelpulver geätzt werden; Diese letztere Kunst habe ich nie beschrieben gesehen, die ich aber erfolgreich praktiziert habe . Es wird in meiner bevorstehenden Arbeit über „One Hundred Arts" ausführlich dargelegt.

Formbares Glas oder zumindest Glas, das beim Fallen nicht so leicht zerbricht, wird hergestellt, indem man die daraus hergestellten Gegenstände in ziemlich heißes Öl taucht. Ich vermute, dass auf diese Weise vorbereitete Fensterglasscheiben nicht durch Hagel zerbrochen würden, wie ich beobachtet habe, was bei Flachglas nicht der Fall ist.

Es kommt manchmal vor , dass Kelche aus dünnem Glas – insbesondere solche, die einer besonderen Art des Glühens oder Härtens unterzogen wurden – beim Aufblasen so schön klingen, dass sie vibrieren. Der Effekt ist fast magisch für den, der ihn zum ersten Mal hört. Ich erwähne es , damit der Leser, wenn er alte venezianische oder andere dünne Glaskelche zum Verkauf findet, nachsehen kann, ob sich darunter nicht ein fein klingendes Exemplar befindet. Auf diese Weise könnte eine Orgel dazu gebracht werden, durch Wind zu spielen. Was Musik auf Glas angeht, nehmen Sie eine gewöhnliche Flasche und reiben Sie mit einem leicht angefeuchteten Korken daran, um mit ein wenig Übung eine verblüffende Nachahmung des Zwitscherns und sogar Trällerns von Vögeln zu erzeugen. Ich kannte jemanden, der auf diese Weise Nachtigallen perfekt nachahmen und ansprechende Lieder hervorrufen konnte. Die Wirkung hängt in gewissem Maße von der Qualität des Korkens und auch der Qualität des Glases ab. Mit einem Geigenbogen lassen sich sehr musikalische Klänge vom Rand einer Glasscheibe entlocken. Es scheint, als könnten diese Methoden auch in Musikinstrumenten weiterentwickelt werden. Es ist bekannt, dass hängende Glasröhren, wenn eine Kerze darunter platziert wird, musikalische Klänge erzeugen, die oft von großer Fülle und Kraft sind. Es gibt auch Musikgläser, die auf zwei Arten gespielt werden können: entweder durch Reiben der Ränder mit einem nassen Finger oder indem man die Gläser mehr oder weniger mit Wasser füllt, bis eine Oktave entsteht, und dann mit einem Holzstab darauf klopft. All dies hat zwar nichts mit der Reparatur von Glas zu tun, ist aber für diejenigen, die alle seine Qualitäten kennenlernen möchten, möglicherweise nicht uninteressant.

Zu den häufig verwendeten GLASZEMENTEN , die empfohlen werden können, gehören der bekannte Polytechnic sowie der Imperial Liquid Glue (kein Erhitzen erforderlich), Hayden & Co., Warwick Square, London. Es gibt auch einen sehr guten Glaszement, der von Keye, Filterhersteller, Hill Street, Birmingham, hergestellt und verkauft wird.

Die Venezianer stellten gewöhnliche Glaskelche sehr schön her, indem sie sie als Relief mit einer Substanz bemalten, bei der es sich, wie ich vermute, in manchen Fällen um eine Form von Silikat handelte, oder mit einer Art Farbe, die nicht emailliert war, aber teilweise glasartig gewesen zu sein scheint. Es ähnelt eher Ölfarbe mit Glaspulver, aber ich bezweifle, dass es das war.

Bei der Glasbearbeitung geht es um die Ausbesserung und Restaurierung von Buntglasfenstern; das heißt der Malerei auf Glas und dem Studium von Designs. Von all dem gibt es fast eine Literatur. Unter anderen Werken kann ich *A Book of Ornamental Glazing Quarries* von AW Franks, £1, 1s., loben; *Diverse Werke früher Meister der kirchlichen Dekoration* , von Owen Jones, £3, 10s.; *Westlakes Geschichte der Glasmalerei* , Bd. i ., *14. Jahrhundert* , 13.

Jahrhundert. 6d.; Bd. iii., *Fünfzehntes Jahrhundert* , 18. Jh., herausgegeben von Batsford, 52 High Holborn. Bei Rimmel's in der Oxford Street kann der Leser diese und alle Werke zu ähnlichen Themen im Allgemeinen zu Preisen erhalten, die weit unter dem Originalpreis liegen.

EIN REPARATURKITT FÜR GLAS wird wie folgt hergestellt :

Gemeiner Käse   100

Wasser   50

Getrockneter Kalk   20

Dies steht in vielen Rezeptbüchern. Es ist zu beachten, dass der Käse einige Zeit vorsichtig mit dem Wasser zerstampft wird , bis er ganz weich ist, und dann die Limette sehr schnell eingerührt wird. Dies ist nicht nur nützlich, um Glas zu reparieren, sondern kann auch für viele andere Zwecke verwendet werden. Der Käse schmeckt am besten, wenn er frisch ist.

KASEIN (oder reiner Käse) kann problemlos mit flüssigem Natron (LEHNER) kombiniert werden und bildet so einen sehr starken Kitt für Porzellan, Glas oder jedes andere Material. Füllen Sie einen Kolben mit einem Viertel frischem Kasein und drei Viertel Silikat und schütteln Sie ihn gründlich und häufig.

Eine andere Formel lautet wie folgt:

Kasein   10

Silikat von Soda 60

Dieses muss sehr zeitnah verwendet werden und der reparierte Artikel muss an der Luft getrocknet werden.

Ein ZEMENT, das in verschiedenen Kombinationen verwendet werden kann, wird durch Auflösen von frischem angesäuertem Kasein (hergestellt durch Zugabe von Essig zu Milch und sorgfältigem Waschen des Niederschlags) in sehr wenig Ätzlauge hergestellt. Es muss in verschlossenen Flaschen aufbewahrt werden.

Diese *Kasein-* oder Käse- oder Quarkzemente halten gut, sind aber nur in starker Kombination wasserbeständig.

Die Qualität von Zementen hängt in hohem Maße von der Qualität der Materialien und der sorgfältigen Einhaltung der Sorgfalt bei der Herstellung ab. Also für Folgendes, für Glas: –

Kleber   200

Wasser   100

Kalzinierter Kalk   50

In dem wir eine der gebräuchlichsten und ältesten Formeln haben, hängt der Wert von „der Zusammensetzung" ab, das heißt, der Leim muss zwei Tage lang in kaltem Wasser belassen und dann in einem *Balneum gekocht werden mariæ* oder ein Doppelkessel in lauwarmem Wasser; Das heißt, es darf nicht kochen, sonst wird der Kleber geschwächt.

Der sogenannte DIAMANT oder TÜRKISCHE ZEMENT für Glas oder andere feine Arbeiten ist seit der Antike als unglaublich stark bekannt . Seine Formel lautet laut Lehner wie folgt:

ICH. Die Blase des Störs   20

     Wasser   140

     Spirituosen aus Wein 60

 II. Gummimastix   10

     Alkohol   80

III. Gummi-Ammoniak   6

Dies sind drei separate Portionen, Nr. I, die durch Erwärmen und Filtern zubereitet werden. Das Ammoniakgummi bleibt den anderen vorbehalten und wird *nach* dem Mischen hinzugefügt.

EINE STARKE BASIS FÜR EINEN ZEMENT FÜR GLAS , aber auch für Holz oder Stein wird hergestellt, indem fein gesiebte Holzasche nach und nach in Sodasilikat oder starken Säureleim eingerührt wird, bis eine sirupartige Substanz entsteht . In Amerika ist die beste Asche für diesen Zweck die des Hickoryholzes. Vielleicht bringt Buchenholz sie genauso gut hervor.

Es gibt einen DIAMANTZEMENT , der von besonderem Wert ist, um Edelsteine an Ringen oder Metall zu befestigen, um Korallen, Perlen oder Elfenbein aneinander zu kleben, und kurz gesagt, für alle Feinarbeiten, bei denen ein sehr starker Kleber erforderlich ist. Es lautet wie folgt: –

Die Blase des Störs   8

Gummi-Ammoniak   1

Galbanum   1

Spirituosen aus Wein 4

Die Blase des Störs wird in kleine Stücke geschnitten und in den Spiritus
getaucht, der Rest wird dann in Lösung hinzugefügt. Bei Gebrauch muss es
erneut erwärmt werden.

Da dieser Zement einer langen Einwirkung von Feuchtigkeit standhält,
bevor er überhaupt Schaden nimmt, kann er als Malmittel auf Glas
verwendet werden und dabei Ergebnisse erzielen, die dem Glas selbst in
puncto Schönheit und Haltbarkeit kaum nachstehen. Das Experiment lässt
sich leicht ausprobieren, da sich jeder Chemiker das Rezept ausdenken kann.
Wenn das Gemälde fertig ist, kann es mit flüssigem Sodasilikat überzogen
werden, wodurch es alle Eigenschaften von Glas erhält.

EIN KALKZEMENT FÜR GLAS wird wie folgt hergestellt :

Kalzinierter Kalk 30

Litharge   30

Leinölfirnis   5

JUWELIERZEMENT . Extrem stark:-

Fischleimlösung 100

Mastixlack (rein) 50

Der Fischleim muss zunächst in Weingeist aufgelöst werden.

UM GLAS UND METALL usw. zu verbinden: Rühren Sie gelösten und
pulverisierten Kalk in Heißkleber ein. Dabei entsteht eine sehr harte
Substanz. Es lässt sich für viele Stoffe umfangreich modifizieren, variieren
und zum Malen verwenden.

ZEMENT FÜR GLAS :—

Gummi arabicum 50

Zucker   10

Wasser   50

Terpentinöl   10

Zuerst werden Kaugummi, Zucker und Wasser sorgfältig vermischt und dann das Terpentin gut mit der Mischung verrührt.

SALLES ZEMENT FÜR GLAS :—

Kalkmuriat   2

Gummi arabicum 20

Wasser   25

LEHNER nicht empfohlen , da zu löslich. ZUM VERSCHLIEßEN VON FLASCHEN :—

Pulverförmiges Harz   6

Ätznatron   2

Wasser   10

Gründlich mischen und mehrere Stunden stehen lassen. Rühren Sie vor der Verwendung acht bis neun Teile kalzinierten Gips gut ein. Dieser hält innerhalb einer halben Stunde fest und ist wasserfest. Ein guter Füller für Risse.

Der Leser, der über Glas in all seinen Zusammenhängen perfekt informiert sein möchte, kann bei J. BAER , Rossmarkt , Frankfurt am Main, Deutschland, den vielleicht umfangreichsten Katalog erhalten, der jemals zu diesem Thema veröffentlicht wurde.

Bunt- oder Buntglasfenster können mit dem folgenden Verfahren repariert oder hergestellt werden, das den Vorteil hat, dass es genauso haltbar ist wie Fenster mit eingebrannten Farben : Nehmen Sie zwei Glasscheiben und malen Sie Ihr Muster mit feinem Lack auf eine davon und transparente Farbe gemischt. Nach dem Trocknen das Ganze mit einem breiten, weichen Pinsel mit einem flüssigen Mastixzement abstreichen, der ziemlich transparent und dünn sein muss. Jeder transparente, starke Zement reicht aus, es empfiehlt sich jedoch, den Mastix in jedem Fall als schmalen Rand und an den Rändern zu verwenden. Wenn Sie eine Gravur haben, insbesondere auf sehr weichem, schwammigem Papier, nehmen Sie eine Glasscheibe , bedecken Sie sie mit einer Lackschicht und drücken Sie die Gravur kurz vor dem Trocknen mit der Vorderseite nach unten darauf. Wenn es ganz trocken ist, ziehen Sie mit einem leicht angefeuchteten Schwamm und der Fingerspitze das gesamte weiche Papier ab und lassen Sie die Linien der Gravur übrig. Diese können nun mit sehr wenig Geschick und Sorgfalt übermalt werden . Es kann ein sehr guter Effekt erzielt werden, so dass ein sehr gleichgültiger Künstler auf diese Weise sehr erträgliche Bilder erzeugen kann. Um dies besser zu erhalten, verdoppeln Sie es dann mit der anderen Scheibe.

Durch Malen und Schattieren auch auf dieser *zweiten* Scheibe lassen sich, wie ich herausgefunden habe, sehr schöne und eindrucksvolle Licht- und Schatteneffekte entwickeln, so dass daraus gleichsam eine neue Kunst für sich entsteht. Dies wird den Leser an die Lampenschirme aus Porzellan erinnern, die so sehr an Bilder mit Tusche erinnern; aber die Wirkungen der Doppelscheiben sind einzigartiger und weitaus vielfältiger. Es kann sogar eine dritte Scheibe zum Einsatz kommen. Da die Materialien für diese Kunst alles andere als teuer sind und sie äußerst einfach ist, habe ich keinen Zweifel daran, dass sie ausgiebig praktiziert werden wird . Ein Glasbild durch ein anderes zu schützen ist keine neue Kunst; Mir ist jedoch nicht bekannt, dass es praktiziert wurde, durch die Verdoppelung der Scheiben eine Reihe von Lichtern zu erhalten .

Eine Abwandlung davon ist wie folgt: – Schneiden Sie mehrere Scheiben, entsprechend der Größe der beiden Glasabdeckungen, aus ganz durchsichtigem Papier oder Pergament aus, vorbereitet durch Einreiben mit Öl oder Vaseline , Schmalz oder dergleichen. Malen Sie darauf die erforderlichen Änderungen des Bildes. Dies hat den Vorteil, dass auf kleinerem Raum sehr viele Farbtöne erzielt werden können, was zu einem erstaunlichen Effekt führt. Da es sich dabei keineswegs um eine bloße Nachahmung von Buntglasfenstern handelt und da es Effekte erzeugt, die bei letzteren nicht zu finden sind, kann es als eigenständige Kunst gelten. Der wichtigste dieser Effekte ist *die Erleichterung* , die sich insbesondere in der menschlichen Figur zeigt. Aber das Außergewöhnlichste sind die Variationen des Hell-Dunkels, die es bietet und durch die der Künstler beeindruckende Vorschläge für Öl- oder *Aquarellbilder schaffen oder erhalten kann* ; denn diese Transparenzen können so unendlich und genial vielfältig sein, dass niemand umhin kann, aus ihnen viele Ideen abzuleiten.

Dies kann getestet werden, indem einfach ein beliebiges Bild vorbereitet wird, beispielsweise von einer Statue, einer Burg auf einem Felsen oder einem Gesicht. Schneiden Sie aus gleichgroßen Blättern aus sehr transparentem Papier eine Reihe angepasster Schatten aus und passen Sie sie an. Sie können alle einfarbig oder einfarbig oder in vielen Farbtönen sein. Sie können bei richtiger Pflege von einem kaum wahrnehmbaren Schatten bis hin zu undurchsichtigem Schwarz reichen. Wenn man mit nur zwei Schablonen oder schattierten Bildern beginnt – denn bei diesen muss sich der Künstler von seinem eigenen Können leiten lassen – und die Anzahl schrittweise erhöht, wird man bald die richtige Anpassung finden. Ich rate dem Anfänger im Kopieren, von Monochrom auf zwei Farben umzusteigen, bevor er viele Versuche macht. Aquarelllehrer *werden* feststellen, dass solche Kopien – wenn man ein gewisses Maß an Kenntnissen erlangt hat – den üblicherweise verwendeten weit überlegen sind, da sie der Natur näher kommen.

Die vollkommenste Form dieser merkwürdigen Kunst ist eine Verbesserung, die meiner Meinung nach meine eigene Erfindung ist. Dabei werden bemalte *Glimmerblätter zwischen die beiden Gläser* eingebracht . Auf diese Weise können in einem Bild vier Abstufungen oder Töne von Farbe , Licht und Schatten erzeugt werden. Glimmerblätter können mit Mastixzement zu einem Ganzen geformt werden . Reiben Sie die Kanten mit Schmirgelpapier ab, um sie aufzurauen.

Wie ich bereits angedeutet habe, sind die Materialien für diese Arbeit so billig und der Prozess so einfach, dass alles, was ich hier behaupte, mit dem Aufwand von ein paar Schilling und ein paar Stunden Zeit sofort verifiziert werden kann . In einer anderen Form ist es dasselbe wie das Anordnen von Lichtern um eine Statue in einem dunklen Raum, jedoch angepasst an alle Arten von Bildern.

Wie ein lateinischer Dichter erklärte: „Es ist leicht, den Künsten etwas hinzuzufügen", wenn erst einmal ein Anfang gemacht wurde („ *Inventis facile semper aliquid"*) *addere* "), daher möchte ich dem eine merkwürdige Glasentdeckung hinzufügen, die ich vor einigen Jahren in Venedig gemacht habe. Ich wurde von Sir AUSTIN LAYARD über seine berühmte Glasfabrik geführt. Er war es, der mit Hilfe von Sir William DRAKE *erstmals* die fast vergessene Glasmanufaktur in Murano wiederbelebte. Als ich mit ihm an einem Ofen stand und einem Arbeiter dabei zusah, wie er kunstvoll Ornamente aus Glas formte, kam mir plötzlich der Gedanke, dass die Chinesen in längst vergangenen Zeiten angeblich eine heute verlorene Kunst besaßen, Vasen oder Flaschen herzustellen, die äußerlich ganz schlicht wirkten , aber auf deren Oberfläche beim Eingießen von Rotwein Muster oder Inschriften in der gleichen Farbe erschienen . Mir kam sofort der Gedanke, dass dies perfekt durch die Herstellung einer Flasche erreicht werden könnte , auf deren Innenseite der Boden eine beträchtliche Dicke haben sollte, sagen wir einen halben Zoll, während die Inschrift oder das Muster nicht dicker sein würde als bei gewöhnlichen Fensterscheiben. Glas. Wenn dann die gesamte Außenseite leicht auf einer Schleifscheibe geschliffen oder mit Sandpapier abgeschliffen würde, wäre der Unterschied zwischen Grundierung und Muster erst bei Rotwein oder etwas starkem zu erkennen Es wurden farbige Flüssigkeiten hineingegossen, wobei das Muster sofort zum Vorschein kam.

Sir AUSTIN LAYARD war von dem Vorschlag so beeindruckt, dass er sofort seinen Vorarbeiter, Signore Castellani, rufen ließ, der sagte, er habe von solchen Flaschen gehört, aber immer angenommen, es handele sich um eine Fabel. Er gab jedoch sofort zu, dass sie so hergestellt werden könnten, wie ich es vorgeschlagen hatte, fügte jedoch hinzu, dass die Kosten so hoch wären, dass die Erfindung praktisch nutzlos wäre.

Inzwischen ist mir jedoch aufgefallen, dass solche Flaschen kostengünstig wie folgt hergestellt werden könnten: Nehmen Sie eine Flasche aus Florenz und teilen Sie sie mit einer Raute in zwei Teile, wobei Sie für den Boden eine Säge verwenden. Dann legen Sie den Boden an den Seiten nach innen. Es könnte aus Silikat aus Soda und Glas- oder Feuersteinpulver bestehen oder sogar aus weißem Wachs, das mit Glaspulver gehärtet ist. Verschließen Sie die Flasche mit Silikat und mahlen Sie das Ganze.

Wenn ein Glas zerbrochen und repariert wurde, kann der noch erkennbare Bruch durch Schleifen der Oberfläche und in vielen Fällen durch Umgeben mit einem Ring oder einer Röhre aus Metall, auch aus Silikat, oder mit einem daraus geformten Ornament verdeckt werden .

Wenn ein Glasstopfen zu groß ist, kann er leicht abgefeilt werden, damit er passt. Sollte der Flaschenhals zu eng sein, kann er mit dem gleichen Verfahren auch vergrößert werden. Wenn der Rand eines Kelchs gebrochen ist, kann er auf einem Schleifstein geschliffen werden. Ich habe es mit einer Datei gemacht.

Eine Glasscheibe lässt sich mit einer starken Schere unter Wasser etwas grob in Form schneiden. Hier wie auch in anderen Dingen führt Übung zur Perfektion.

Eine alte Methode, Weinflaschen effektiv zu verschließen, war wie folgt: Der Rand der Öffnung oben wurde auf einem Stein abgeschliffen und eine kleine Glasscheibe genau darauf eingepasst. Anschließend wurde Hitze angewendet, bis beide Teile teilweise verschmolzen waren, und der Deckel wurde mit der Flasche verschweißt. Ein wenig Glaspulver würde die Fusion unterstützen, oder sie könnte mit Silikat ohne Erhitzen erfolgen . Der Vorgang ist derselbe wie bei der Verwendung von Glasstopfen, diese werden jedoch eingesenkt und mit Silikat verschlossen.

Eine zerbrochene Champagnerflasche lässt sich nicht so leicht reparieren, aber ich habe gesehen, wie eine auf seltsame Weise verwendet wurde . Nur der Boden war gebrochen und wurde mit einer Feile rund und gleichmäßig abgeschnitten. Darin hing an einer Schnur ein sehr großer Nagel oder ein kleiner Eisenbolzen am Korken. So zubereitet ergab es eine prächtige und passende Tafelglocke. Hier in Italien habe ich oft Glocken aus Ton oder Terrakotta gesehen; Ihr Ton ist besser als man annehmen würde.

Holzspäne
beim Ausbessern und Herstellen vieler Gegenstände

„ In der menschlichen Industrie gibt es durchschnittlich einen Verlust von fünfzig Prozent. in Arbeit oder Material. „ – Observations on Art, von CHARLES G. LELAND .

Es gibt kein Land auf der Welt, in dem die Kunst des Ausbesserns so sehr gefragt ist wie in den Vereinigten Staaten von Nordamerika. Der Grund dafür sind die außergewöhnlichen und plötzlichen Temperaturschwankungen, die insbesondere bei Holz zu einer Ausdehnung und Kontraktion von Zellen und Fasern führen , was zu Rissen führt. So schrumpfen und splittern sehr oft innerhalb eines Monats, nachdem sie in einem Salon oder Esszimmer in Boston oder Philadelphia platziert wurden, abgelagerte Möbel und Schnitzereien, die in jedem Teil Europas über Jahrhunderte, vielleicht auch über tausend Jahre hinweg, unverändert geblieben sind Ich weiß es aus trauriger Erfahrung. So habe ich erlebt, dass eine sehr schöne italienische Mandoline , dreihundert Jahre alt, reich mit Elfenbein eingelegt, in Amerika so stark schrumpfte und sich verformte, dass ein professioneller Flicker erklärte, man könne damit nichts machen. Der Resonanzboden hatte sich wie eine Schnecke zusammengerollt und gespalten, und das Mosaik oder die Intarsien waren in Stücken herausgefallen.

Aus Holzspänen geschnittene Muster.

Lösen Sie in einem solchen Fall das verzogene Teil oder die verzogenen Teile vorsichtig ab und befeuchten Sie die konkave Seite sorgfältig mit einem Schwamm, bis sie wieder ihre Ebenheit oder normale Form annimmt. Wenn dies erreicht ist, nehmen Sie sehr dünne Späne aus festem Holz, so dünn wie möglich, und kleben Sie sie quer oder *quer zur Faser* auf die Unterseite oder die glatte Seite des Bretts. Dies wird wahrscheinlich in Zukunft jegliches Verziehen verhindern, insbesondere wenn der beste Mastix und Fischkleber verwendet wird. An dieser Stelle sei darauf hingewiesen, dass dort, wo die Späne nicht erhältlich sind, dünnes Pergament oder sogar Notizpapier verwendet werden kann und dass als Bindemittel ein guter, starker oder nicht zu dünner Lack verwendet werden kann. In vielen Fällen sind Pergament oder Papier bei der Reparatur Holz vorzuziehen, da sie weniger anfällig für Verformungen oder Risse sind.

HOLZSPÄNE, die in der Kunst bisher nur wenig Verwendung finden, haben jedoch „eine große Zukunft" vor sich. In Kombination mit Leim oder anderen Bindemitteln können sie sogar mit der Handwalze zu Brettern verarbeitet werden, die den Vorteil haben, dass sie geformt, gebogen oder gedreht werden können, um vielen Notfällen gerecht zu werden, die viel Sägen oder Sägen erfordern würden Schnitzarbeiten.

Es ist nicht ungewöhnlich, Furniere oder sehr dünne Holzplatten als Schutz quer zur Maserung zu verwenden, wo ein Schrumpfen zu befürchten ist, wie bei Maltafeln oder Tafeln, und es ist sehr schade, dass diese sehr billige Vorsichtsmaßnahme so ist wenig benutzt. Aber es gibt nur sehr wenige Fälle, in denen Hobelspäne nicht gleichermaßen anwendbar sind, und sie haben den großen Vorteil, dass sie überall dort erhältlich sind, wo es einen Hobel und Holz gibt.

Löcher oder Mängel im Holz – zum Beispiel in amerikanischen Schindeldächern oder an mit Schindeln verkleideten Hauswänden – lassen sich oft kostengünstiger und leichter mit Spänen und Leim (in den Öl eingearbeitet ist) reparieren als mit anderen Mitteln. Und man kann beobachten, dass eine solche Schicht aus Spänen und Leim, aufgetragen auf ein neues Dach, der billigste und wirksamste Schutz gegen Regen, Sonne oder Frost ist.

Bei bestimmten Arbeiten können Holzspäne vorteilhaft mit Papier kombiniert werden, um eine feste, glatte Oberfläche und einen festen Körper zu erhalten. Hierbei wird der Papierkleister, mit oder ohne Sägemehl, zunächst in die Hohlräume gepresst und mit den Spänen übergossen.

Späne und Leim eignen sich hervorragend für die vorübergehende Reparatur von Booten. Wenn die Ausbesserung *ordnungsgemäß durchgeführt wird* , ist das Holz genauso haltbar wie das ursprüngliche Holz. Es wäre in der Tat eine einfache Sache, ein Kanu vollständig aus Spänen und Leim zu bauen. Bei gutem Einsatz und gründlicher Anwendung des Handrollers entsteht ein sehr fester Stoff.

Muster, das aus Spänen ausgeschnitten und mit Kleber auf eine Platte aufgetragen wird.

In der Wildnis kann es nützlich sein zu wissen, dass ein Hinterwäldler, der einen *Hobel hat* (und er kann immer einen bauen, wenn er einen Meißel hat, der wiederum aus einer Messerklinge hergestellt werden kann), Späne herstellen kann, und zwar mit Mit diesen und einer Art *Bindemittel* – sogar Lehm – kann er einen trockenen, harten Boden verlegen, wenn vielleicht keine Bretter zu bekommen sind. Der Untergrund kann aus gestampftem Ton oder Stein bestehen. Bei ausreichender Dicke und guter Walzung wäre ein solcher Boden unempfindlich gegen Feuchtigkeit.

Mit Hobelspänen und Leim lässt sich jede Oberfläche sehr gut *furnieren* . Glätten Sie die Oberfläche durch Druck oder Rollen und glätten Sie sie nach dem Trocknen mit Glaspapier. Veneers sind oft nicht zu bekommen; Späne gibt es in jeder Schreinerei.

nicht nur sehr starke und elastische Stöcke, sondern auch *Bögen* von höchster Qualität herstellen. Letzteres stellen die Indianer im pazifischen Amerika her, indem sie mit größter Sorgfalt einen Späne auf den anderen kleben und andrücken. Man kann verstehen, dass dort, wo die Maserung, wie bei einem Stück Holz, *insgesamt* in eine Richtung verläuft, sie sich mit der Maserung spaltet. Wo es jedoch nicht einheitlich oder verbunden ist und durch Druck mit einem guten Bindemittel sehr kräftig eingearbeitet wird, können wir leicht ein sehr elastisches und zähes Gewebe erhalten, das nicht so leicht spaltet wie Holz. So können wir aus Hickoryspänen ein Holz herstellen, das sich weniger leicht verzieht oder splittert als das Originalholz selbst.

Holzspäne und Leim eignen sich hervorragend zum Reparieren zerbrochener Kisten oder anderer Holzgegenstände, insbesondere zum Glätten grob reparierter Oberflächen und zum Abdecken von Astlöchern oder anderen Mängeln. Verwenden Sie in allen Fällen nach Möglichkeit die Walze und kreuzen Sie die Maserungen, wenn Sie ein Stück auf das andere kleben.

MUSIKINSTRUMENTE wie Gitarren, Geigen und Mandolinen lassen sich sehr leicht mit Spänen und Kleber reparieren; und dies ist in der Tat in vielen Fällen das beste Mittel zur Wiedergutmachung, da ein Stück Holz zwar den Klang beeinträchtigen kann oder auch nicht, die Späne jedoch immer eine gute Schwingung erzeugen. Und wo es für einen gewöhnlichen Amateur, sagen wir eine Dame, völlig außerhalb der Möglichkeiten liegt, ein Stück Holz einzulegen oder aufzutragen oder es auf die richtige Dicke zu bringen, kann jeder, der vorsichtig ist, dünne Späne aufkleben – je dünner, desto besser – bis der Defekt behoben ist. In vielen Fällen reicht auch Pergament oder Papier aus, und ich selbst habe auf diese Weise Geigen perfekt repariert , die anscheinend nicht mehr zu verbessern waren, und bin auf das Stadium der *Lasciate gekommen ogni speranza* oder Hoffnungslosigkeit.

Es gibt jedoch viele Fälle von stark zerbrochenen Gegenständen, bei denen der Besitzer die Hoffnung aufgibt, weil es *unmöglich scheint, einen Anfang zu machen* . Nun gilt: „Was auch immer gemacht werden kann, kann repariert werden" gilt für alles außer für die Moral, und selbst in dieser gibt es mehr zu tun, als die Menschen ahnen. Und in vielen dieser Fälle können Pergamentstreifen, dünnes Leinenband oder insbesondere Holzspäne mit

Erfolg verwendet werden. Bringen Sie die gebrochenen Kanten zusammen, wenn sie sich auseinanderziehen, und befestigen Sie sie mit dem Streifen und dem stärksten Kleber; das heißt, mit kleinen Stücken des „Befestigungselements". Versuchen Sie nicht, alles auf einmal zu erledigen. Wenn die Kanten verbunden und das *Bindemittel* getrocknet sind, füllen Sie alle Spalten oder Löcher mit einer geeigneten Paste oder „Spachtelmasse" auf – in bestimmten Fällen nicht zu viel auf einmal. Dann, wie es im Allgemeinen erforderlich ist, die Oberfläche mit dünnen Spänen und Bindemittel bedecken; Während es trocknet, feilen oder glätten Sie es mit Glaspapier. Die Späne lassen sich mit Mastix und Fischleim in vielen Fällen viel besser reparieren, als dies mit einem Stück Holz oder Pergament möglich wäre, da sie niemals *spalten*, wie das erstere, wenn sie quer oder quer liegend aufgetragen werden , noch dehnbar wie letzteres.

In vielen Fällen kann es davon abhängen, aus welchem *Holz* die Späne bestehen. Wie ich beobachtet habe, kann man sogar im Busch mit einem Meißel oder einem Stück einer Tischmesserklinge, das in einen Holzblock gesteckt ist, einen Hobel anfertigen; aber andernorts wird jeder Zimmermann problemlos *ad libitum* liefern, was benötigt wird .

Der Kleister oder Füllstoff aus Holzpulver oder Papierbrei wird in anderen Kapiteln beschrieben.

ZIERARBEIT AUS SPANNEN – MARQUETRIE

Eine merkwürdige Art von Verzierung kann hergestellt werden, indem man dekorative Muster, menschliche Figuren, Tiere, Blumen usw. mit einer Schere oder einem Taschenmesser aus Spänen ausschneidet und sie dann auf ein glattes, weiches Brett klebt. Üben Sie so viel Druck wie möglich aus, damit sie in das Holz einsinken, und bestreichen Sie das Ganze nach dem Trocknen mit Lack, bis eine gleichmäßige Oberfläche entsteht. Reiben Sie die getrocknete Oberfläche mit feinstem Glas- oder Schmirgelpapier ab und glätten Sie sie anschließend geduldig mit der Handfläche. Wenn dies gut ausgeführt wird, wird das Ergebnis eine perfekte Imitation von Holzintarsien sein, obwohl es eigentlich eine Kunst für sich ist, die, wie ich glaube, meine eigene Erfindung ist. Anstelle von Spänen können auch dünne Furniere verwendet werden. Ebenholz- oder Walnussholzapplikationen *auf* Lärche *oder* Stechpalme *ergeben* ein exquisites Werk.

Diese Art von Ornament hat gegenüber eingelegtem Holz oder Intarsien einen großen Vorteil, da die Teile, aus denen es besteht , bei weitem weniger dazu neigen, sich zu lösen oder abzublättern, während es genauso schön aussieht. Und es ist zu beachten, dass es, wenn es in Querrichtung verlegt wird, Verformungen verhindert und den Boden stärkt, während das Einlegen ihn schwächt; denn um das Bett für Intarsien oder Mosaike herzustellen, müssen wir das Bett ausheben, bis es extrem dünn ist und sich leicht verzieht, wohingegen wir bei Hobelarbeiten einen leichten, aber sehr stabilisierenden Zusatz anfertigen.

Ein einziges Experiment wird ausreichen, um den Leser von den Vorzügen dieser sehr nützlichen, eleganten und neuartigen Kunst zu überzeugen. Es eignet sich besonders zur Verzierung von Alben und Buchumschlägen, wo es sogar auf Pappe verwendet werden kann.

PANELBILDER MIT SPÄNEN REPARIEREN

Es ist oft sehr schwierig, eine dünne Platte oder Streifen zu erhalten und die ganze Arbeit richtig zu erledigen, wenn wir eine verzogene Platte in Form bringen wollen, sagen wir ein altes Bild, das kurz davor steht, zu spalten. Das Eindrehen der Schrauben ist sehr gefährlich. Ich selbst habe auf diese Weise unabsichtlich einer Madonna einen schrecklichen Makel ins Gesicht geschrieben. Aber wenn wir *Späne verwenden* , besteht diese Gefahr nicht. Befeuchten Sie die Rückseite, bis die Platte flach ist, und kleben Sie dann die Späne *nach und nach quer* zur Maserung auf. Dies gelingt sowohl mit kleinen als auch mit großen Stückchen. Bei einem Bild wäre es sinnvoll, die Beschichtung auf eine Dicke von einem Drittel Zoll oder mehr aufzutragen, aber eine sehr dünne Beschichtung reicht weit aus, um ein Verziehen oder Verbiegen zu verhindern. Die dünnsten Platten oder Furniere können so zu Massivplatten „unterfüttert" werden. Üben Sie in allen Fällen, in denen dies möglich ist, starken Druck auf die Walze aus.

REPARATUR VON HOLZARBEITEN

„ Unter den tausend verrückten Plänen, die von Projektoren vorgeschlagen wurden, war einer, Sägemehl zu Brettern zu verarbeiten. ” – Geschichte der Südseeblase.

Nur sehr wenige Menschen, selbst unter Handwerkern und Künstlern, sind sich darüber im Klaren, zu welcher bemerkenswerten und seltsamen Restaurierung die am stärksten verfallenen Holzstücke fähig sind. Wir beginnen jedoch mit der einfachsten Reparatur, nämlich der Reparatur von Möbeln.

Wenn Möbelstücke stabil und ordnungsgemäß aus Eiche oder anderem Hartholz gefertigt und ordnungsgemäß verwendet werden, halten sie Jahrhunderte lang; Und sollten durch einen unvorhergesehenen Unfall Beine oder Arme verloren gehen, können sie perfekt ersetzt werden, insbesondere bei den bewundernswerten altmodischen deutschen Gegenständen dieser Art, die alle mit Holzstiften oder mittels Zapfen und Zapfen zusammengefügt wurden, so dass, wann Bei Bedarf konnten sie als Bretter verpackt werden – und waren dafür auch nicht weniger elegant. Aber wenn Möbel einfach aus weichem, billigem Holz oder Pappel gesägt und nur zusammengeklebt werden (wie es bei den meisten billigen Möbeln aus England der Fall ist), werden sie sich bald verziehen und zerbrechen, und alle Reparaturen der Welt werden sie nicht besser machen Es war im Neuzustand. Leim ist daher das beste Material für die meisten Holzarbeiten, und zwar in zwei sehr unterschiedlichen Formen.

Bei einem gebrochenen Stuhlbein, das sich jedoch wieder zusammenfügen lässt, bereiten Sie Ihren Kleber zunächst in einem geeigneten Kessel – also einem *Balneum – vor mariæ* oder ein Kessel in einem anderen. In der Außenseite befindet sich nur kochendes Wasser; Im Inneren befindet sich der mit Wasser vermischte Leim. Der Grund dafür liegt darin, dass Leim, wenn er mit Wasser erweicht wird, unter der Einwirkung von Luft oder Feuer sehr schnell austrocknet, während die weichere Hitze des Wassers ihn sozusagen „am Leben“ hält.

Aber wenn wir, während der Leim weich ist, beispielsweise einen Teelöffel Salpetersäure in ein halbes halbes Liter Leim gießen, bleibt er viel länger weich – was für viele ein wertvolles Geheimnis ist, insbesondere wenn es sich um große, breite Leimstücke handelt B. Oberflächen von Furnieren, auf die geklebt werden soll, und bei denen es aufgrund des langsamen Prozesses wünschenswert ist, dass der Klebstoff viele Minuten lang weich bleibt. Und hier möchte ich erwähnen, dass der Säurekleber ein Jahr lang flüssig bleibt, wenn er fest in einer Flasche verschlossen ist. Sein einziger Mangel ist ein unangenehmer, stechender Geruch.

Dieser Kleber kann wie folgt verbessert werden : Nehmen Sie drei Teile des besten Klebers, geben Sie sie in acht Teile Wasser und lassen Sie die Mischung einige Stunden einweichen. Man nehme einen halben Teil Salz- oder Salzsäure und drei Viertel eines sulfatierten Zinks; Fügen Sie dazu den Leim hinzu und halten Sie das Ganze bei mäßig hoher Temperatur, bis es flüssig ist – das heißt, den Leim wie üblich in einem *Balneum kochen Mariæ* oder in heißem Wasser, nachdem man es die ganze Nacht in Wasser eingeweicht hat. Dann Salzsäure (oder Salzsäure) und Zinksulfat einrühren. Dies ist ein erstklassiger Kleber. Bewahren Sie es in einer Flasche mit geöltem Korken auf; jeder andere Stopfen würde haften. Aber für alle gewöhnlichen Arbeiten reicht der Leim mit Salpetersäure aus, da er mit großer Zähigkeit an allem haftet.

Dieser Kleber, der lange flüssig bleibt und ohne Abblättern hält, wie es bei gewöhnlichem Kleber oft der Fall ist, kann auch mit *sehr starkem* Essig hergestellt werden. Letzteres läuft in den meisten europäischen Ländern tatsächlich auf dasselbe hinaus, vor allem aber in den Vereinigten Staaten, wo laut der New York *Tribune* buchstäblich kein Essig verkauft oder hergestellt wird, außer aus Schwefelsäure und Wasser. Wenn die Menschheit vielleicht eine höhere Zivilisationsstufe erreicht hat , werden alle Händler gesetzlich verpflichtet sein, auf jedem verkauften Lebensmittel die Liste der Zutaten anzugeben, aus denen es besteht. Wir sollten dann wissen, wie viel Oleomargarine als Butter gilt und wie viel „köstliche Konfitüren" nur aus Äpfeln oder Rüben hergestellt werden.

Beachten Sie, dass beim Zusammenkleben von gewöhnlichem Holz die beiden zu verbindenden Teile zunächst allmählich, aber sehr gut *erhitzt werden sollten* . Dadurch neigen sie eher dazu, den Kleber „anzunehmen". Dies gilt auch für andere Stoffe.

Beachten Sie auch, dass es sehr schwierig ist, zwei Oberflächen, die mit gewöhnlichem Wasserleim zum Kleben gebracht wurden, im kalten Zustand wieder zu verbinden, wenn sie sich lösen. Bei Säureleim ist dies jedoch nicht der Fall. Und wenn Sie solche Oberflächen haben, die sich nicht verbinden lassen, waschen Sie sie mit Salpetersäure oder sehr starkem Essig, dann wird der aufgetragene Kleber „haften". Beachten Sie auch, dass der Säurekleber viel stärker ist als die gewöhnliche Art.

Nachdem Sie das gebrochene Bein befestigt haben, bohren Sie zunächst mit einem schmalen Bohrer oder einer Ahle ein Loch durch den Bruch, kleben Sie dann die Teile zusammen und stecken Sie, bevor der Kleber trocknet, ein oder zwei Schrauben durch das Loch. *Das heißt* , die Teile zusammenschrauben . Das hält perfekt, wenn Sie den Kopf der Schraube im Holz versenken, mit einer Feile glätten, dann überspachteln und lackieren.

Es scheint seltsam, dass irgendetwas so repariert werden kann, dass es stärker ist als zuvor; Dies gilt jedoch im wahrsten Sinne des Wortes für das gebrochene Bein eines Stuhls, einen Stock, einen Balken, den Mast oder die Spiere eines Schiffes oder ein ähnlich langes Stück Holz. Dies geschieht wie folgt: – Schneiden Sie die beiden getrennten Teile in zwei genau passende „Stufen" oder Aussparungen, wie in dieser Abbildung gezeigt.

Befestigen Sie diese mit Kleber und Schrauben; oder, noch besser, indem man zu beiden zwei verschiebbare, eng anliegende Ringrohre oder ein langes hinzufügt. Dadurch wird der Stock tatsächlich stärker als zuvor. Die Ringe sollten mit Papier beklebt, beklebt und anschließend bemalt und lackiert werden.

Die Verfahren Kleben und Schrauben sind auf die meisten Möbelbrüche anwendbar. Wo ein Stück Holz abgebrochen ist, muss dieses oder ein ähnliches Stück eingefügt werden. Wenn sich das Holz verzieht, kann es mit nassen Tüchern geglättet werden. Beachten Sie Folgendes: Wenn sich ein Flachbildschirm auf diese Weise verzieht, müssen Sie die obere oder konkave Seite anfeuchten, ihn schwer belasten und, sobald er gerade ist, mit Querstreifen festschrauben. Schubladen aus schlecht abgelagertem Holz sind eine Herzensangelegenheit. Sie verziehen sich und bleiben hängen. Wenn Sie feststellen, dass dies der Fall ist, können Sie sich viel Ärger ersparen, indem Sie sie untersuchen, die Hindernisse weghobeln und quer verlaufende Holzstreifen darüber nageln; das heißt Stücke, bei denen sich *die Maserung* des Streifens mit der des Holzes kreuzt. Sehr gute und gut abgelagerte englische Möbel verziehen sich in Indien oft stark; deshalb sollte es so geschützt werden. Dies lässt sich in den meisten Fällen besser mit Metallstreifen bewerkstelligen. Bei großen Kleiderschränken, Kommoden oder Kommoden mit breiten und oft dünnen Paneelen sollte diese Vorsichtsmaßnahme immer getroffen werden. Während ich dies schreibe, habe ich gerade zwei exquisit gemalte und wertvolle Bilder auf Holz gesehen, von denen eines gebogen und in zwei Teile gespalten war, während das andere mangels einer solchen Vorsichtsmaßnahme stark verzogen war, was nur Streifen und Streifen im Wert von einem Penny gekostet hätte Schrauben und eine halbe Stunde Arbeit, um sie zu retten.

Bei der Reparatur von Möbeln kommt es sehr oft vor, dass man sich weder auf Nägel noch Kleber oder Schrauben verlassen kann. Bohren Sie in diesem Fall mit einem geeigneten Bohrer und führen Sie den Draht durch das Loch. In zwei Strängen verdrillter flexibler Draht, dessen Enden ordnungsgemäß befestigt sind, beispielsweise am Kopf einer Schraube, und der alle unter der Wasserwaage versenkt ist, hält fast alles.

Rahmen für Spiegel oder Bilder „federn" oft an den Gelenken. In solchen Fällen sorgt eine Schraube mit angesäuertem Kleber für dauerhafte Festigkeit.

Bringen Sie immer Griffe an Schubladen an. Die abscheuliche Erfindung oder Erfindung, den Schlüssel als Griff zu verwenden, kommt viel zu häufig vor. Metallgriffe aus Messing sind Holzknöpfen vorzuziehen. Schlüssel gehen oft verloren oder gehen kaputt. Der Boden einer Schublade sollte immer mit Schrauben befestigt werden.

Wenn der Boden einer Schublade, was häufig vorkommt, schrumpft und zu kurz wird, so dass eine lange Öffnung entsteht, sollte diese mit einer Holzleiste ausgefüllt werden. Der Hauptgrund dafür, dass moderne Möbel dazu neigen, sich zu lösen oder zu lösen, liegt hauptsächlich daran, dass sie entweder aus ungewürztem oder weichem Holz wie Fichtenholz oder Pappel hergestellt sind, das Feuchtigkeit aus der Luft aufnimmt und dann trocknet und schrumpft, oder weil es so ist aus zu vielen Teilen, die nur zusammengeklebt sind, und das mit billigem, schlechtem Kleber.

HOLZ RESTAURIEREN . — Die schlimmsten Fälle von Verfall oder wurmstichigem Holz können auf diese Weise perfekt wiederhergestellt werden: – Nehmen Sie feines Sägemehl der gleichen Holzart wie das Original. Lassen Sie es so fein wie möglich sein, entweder mit einer raffinierten Säge schneiden oder im Mörser pulverisieren. Siebe es. Dann mit angesäuertem Leim oder einfachem, klarem, weißem Salisbury-Leim für helles Holz eine gut vermischte Paste herstellen. Damit können Sie Löcher füllen (mit einem Spachtel, einem flexiblen Messer oder einem elfenbeinfarbenen Papiermesser). Aber darüber hinaus können Sie auf diese Weise ein sehr starkes *Kunstholz herstellen, das in jede beliebige Form* geformt und nach dem Trocknen poliert werden kann , indem Sie die Oberfläche mit einem Meißel oder einer flachen Hohlkehle abschneiden und die Oberfläche mit einer Feile oder Glaspapier bearbeiten. Tatsächlich können Sie mit dieser Holzpaste selbst Figuren formen oder modellieren. Für solche Reparaturen wird im Allgemeinen Spachtelmasse verwendet, aber die Holzpaste ist wie Holz und genauso haltbar.

Wenn Sie eine Gipsform haben , kochen Sie diese in Öl, reinigen Sie sie und ölen Sie sie dann ein. Mit der Holzpaste lassen sich Ornamente herstellen, die auf glatte Holzoberflächen aufgetragen werden können.

Splinte, Brüche, Risse, Löcher, abgebrochene Ecken – all das lässt sich leicht mit Holzpaste reparieren. Beim Formen sollten die Finger geölt werden, um ein Anhaften zu verhindern.

Jede Art von trockenem Sägemehl kann so in eine Paste umgewandelt werden, die im trockenen Zustand zu Holz wird. Es kann unter einer hydraulischen Presse oder mit einer hölzernen Handwalze stark gehärtet werden. Haushälterinnen sollten diese Zusammensetzung zum Füllen von Rattenlöchern oder Spalten jeglicher Art in Möbeln, Paneelen, Türen und Wänden verwenden, insbesondere dort, wo solche Risse Insekten beherbergen .

Es wäre durchaus möglich, ein ganzes Haus aus einem solchen Holzzement zu bauen, und zwar eines, das vollkommen langlebig wäre, oder sogar haltbarer als Holz, da die so hergestellten Balken und Bretter niemals reißen, splittern oder sich verziehen. Mit ihm lassen sich die kühnsten Gewölbe- und Bogenarbeiten leichter herstellen als mit Stein oder mit Holz, wie letzteres normalerweise bearbeitet wird. So wie Bauarbeiter in der Türkei Kuppeln formen, indem sie Kreise aus Lehm oder Lehm formen und dem ersten Kreis nach und nach einen kleineren hinzufügen, so könnte der größte Raum durch die Verwendung von Holzpaste abgedeckt oder überwölbt werden, ohne dass ein Gerüst gebaut werden müsste. Es gibt viele Orte auf der Welt, wo (wie in den Prärien Amerikas, Russlands und Ungarns) großes Holz fehlt, wo aber kleineres Holz für Sägemehl besser verfügbar ist und wo Leim aufgrund des Viehreichtums sehr billig wäre. Dieses Material verdient mehr Aufmerksamkeit als jemals zuvor.

Mehr als zwanzig Jahre nachdem ich diese Methode zur Herstellung von Kunstholz erfunden oder zumindest geplant und in die Praxis umgesetzt hatte, fand ich im *Manuel Général du Modelage* von F. Goupil Folgendes: Paris, Le Bailly:—

„Um Vasen herzustellen, nehmen Sie feines, trockenes Sägemehl und geben Sie es durch ein Sieb. Es kann mit einer Verbindung aus Terpentin, Harz und Wachs zu einer Paste verarbeitet werden. Oder mischen Sie den Kleber mit fünf Teilen bestem, starkem Weißleim (*Colle de Flandre*) und einem Teil Fischleim. Separat schmelzen, ... zusammengießen, aufkochen, bis die richtige Konsistenz erreicht ist, und mit dem Sägemehl vermischen. Durch dieses Verfahren können Figuren gegossen werden, die, wenn sie von Hand bearbeitet werden, genau wie geschnitztes Holz aussehen.“

Ein anderes Rezept besteht darin, 750 Gramm starken Leim auf 1½ Kilogramm Gallnüsse zu nehmen. Kalt zu mixen. Heißes Wasser mit Sägemehl vermischen.

Seitdem ich das Vorstehende geschrieben habe, habe ich das folgende Rezept in einem MS gefunden. von 1780, ein Familienerbstück, das mir freundlicherweise von Miss Roma Lister geliehen wurde:—

„ Holz in *Formen gießen, so fein wie Elfenbein, von duftendem Geruch und gleichgültigen Farben* . “ — Trocknen Sie Sägemehl aus Lindenholz in einer Pfanne bei schwachem Feuer und schlagen Sie es in einem Steinmörser zu einem feinen Pulver. Sieben Sie es durch Cambric und bewahren Sie es an einem trockenen, staubfreien Ort auf. Fügen Sie dann zu einer gleichen Menge Tragantgummi und Gummi Arabicum die vierfache Menge Pergamentkleber hinzu. Kochen Sie sie in Pumpwasser und filtern Sie sie durch Leinen. Rühren Sie das Holzpulver hinein, bis die Masse eines dicken Teigs entsteht. Rühren Sie alles zusammen und legen Sie es in eine glasierte Pfanne mit heißem Sand, damit die Feuchtigkeit verdunsten kann, bis es zum Gießen geeignet ist. Mischen Sie Ihre Farben mit der Paste und geben Sie, um ihr einen Duft zu verleihen, Öl aus Nelken, Rosen oder ähnlichem hinzu, das Sie bei Bedarf mit pulverisiertem Bernstein mischen können. Salben Sie die Form mit Mandelöl ein und geben Sie Ihre Paste hinein. Lassen Sie es 4 bis 5 Tage lang trocknen, nehmen Sie dann die Form ab und die Bilder werden so hart wie Elfenbein. Sie können dieses Holz schneiden, drechseln, schnitzen und hobeln, und es wird einen angenehmen Duft verströmen. Die Form mag zwar aus Gips sein, aber sie wäre besser aus Metall.“

Ich möchte hinzufügen, dass es wirklich schwierig wird, wenn starker Druck ausgeübt oder mit der Hand gerollt werden kann. Beachten Sie auch, dass zu diesem Zweck jedes helle, trockene Holz mit feiner Struktur getrocknet und pulverisiert werden kann. Die Paste kann auch mit handelsüblichem Feinkleber für sehr feine Reparaturen verwendet werden. Durch Sieben und Pulverisieren kann der Staub so fein wie Mehl gemacht werden. Ein wenig kalziniertes und pulverisiertes Glas erhöht die Festigkeit.

Paneele für Möbel, Wände oder Kästen herzustellen , nehmen Sie zunächst eine dünne Platte aus abgelagertem Holz, befestigen Sie zwei Streifen Blech auf der Rückseite, um ein Verziehen zu verhindern, und fertigen oder tragen Sie den Guss darauf auf. So können sehr schöne Arbeiten sehr günstig hergestellt werden.

An dieser Stelle sei darauf hingewiesen, dass sich dieses Prinzip des Mischens einer pulverförmigen Substanz mit Leim oder Gummi oder einem Klebstoff durch alle Ausbesserungskünste zieht . Das Pulver aus Kokosnussschalen, Schiefer, Papier, Gips, Leder, Ton, Kalk, feinem Sand und vielen anderen Substanzen kann mit Klebstoffen, Säuren oder chemischen Lösungsmitteln auf eine solche Weise kombiniert werden bilden, was man allgemein *Zemente* oder Substanzen oder *Pasten* nennen kann , die hart werden. Jeder Kleber oder Gummi oder jede Flüssigkeit, die zwei Oberflächen miteinander verbindet, kann mit den meisten organischen oder anorganischen harten Substanzen in Pulverform gemischt werden, um eine Paste zu bilden, die im trockenen Zustand durch die Körner des Pulvers eine feste, harte Substanz bildet werden dadurch zusammengekittet. Die meisten davon unterliegen der Einwirkung von Wasser, aber es gibt einige, die sowohl Wasser als auch Feuer widerstehen ; alle davon werden in dieser Arbeit beschrieben.

Zerbrochenes Ebenholz kann in Risse mit einer sehr sauberen und feinen Paste oder einem Zement gefüllt werden, der wie folgt hergestellt wird : – Nehmen Sie getrocknete Rosenblätter oder andere weiche Blätter, lassen Sie sie in gerade genug Wasser einweichen, um sie weich zu machen, und fügen Sie Traganth-Gummi und Gummi hinzu - gerade genug Arabisch , um eine Paste herzustellen, und ausreichend Elfenbeinschwarz, um ihr eine ebenholzfarbene Farbe zu verleihen . Das Ganze im Mörser zerkleinern. Im Osten werden ein paar Tropfen Rosen- oder Geranien-Otto hinzugefügt. Daraus werden Köpfe , auch Medaillons oder andere kleine Gegenstände hergestellt. Die Zusammensetzung härtet sehr hart aus und ähnelt stark dem Ebenholz. Ich habe selbst viele kleine Objekte daraus hergestellt und kann seine Vorzüglichkeit bezeugen. Auf diese Weise werden die schwarzen Rosenkränze aus Konstantinopel hergestellt.

Ein sehr guter Zement zum Füllen von Rissen in Möbeln oder anderen Holzarbeiten wird wie folgt hergestellt: Ein Teil fein pulverisiertes Harz und zwei Teile gelbes Wachs werden zusammengeschmolzen, und dazu werden zwei Teile fein pulverisierter Ocker oder ein anderer geeigneter Farbstoff hinzugefügt erdige Substanz. Dies ist in jeder Hinsicht ein ausgezeichneter Zement, außer dass er großer Hitze nachgibt. Für alle Reparaturen sind Sägemehl und Leim zu bevorzugen.

Denken Sie bei der Reparatur von Möbeln daran, dass die Schrauben viel fester halten, wenn Sie sie einfach in kochendes Bienenwachs oder Terpentin tauchen. Wenn Sie es nicht gewohnt sind zu schrauben oder zu nageln, bohren Sie einfach ein Loch mit einer Ahle, sonst kommt die Schraube oder der Nagel an der Seite des Kastens heraus oder in eine andere unerwünschte Richtung.

Klammern oder Holzstücke, die mit Schrauben, Kabelbindern oder Gummibändern verbunden werden, sind für das Zusammenkleben vieler Teile unverzichtbar. Sie sind jedoch leicht herzustellen. Eine gute Klemme lässt sich herstellen, indem man die beiden Enden eines starken Drahtstücks umbiegt. Schlagen Sie die Enden in das Holz.

Der Kleber wird elastischer, wenn er mit etwas Glyzerin vermischt wird . Dies sollte beim Mischen von Leim mit Sägemehl zur Herstellung von Kunstholz berücksichtigt werden, und zwar bei vielen Herstellungen und

Kombinationen, bei denen ein gewisser Grad an Zähigkeit oder Flexibilität des hergestellten Objekts besonders erwünscht ist.

Die Verwertung von Abfällen ist mit der Reparatur verbunden, die lediglich die Vermeidung von Verschwendung bedeutet. Zu diesem Zweck können gewöhnliche Holzspäne für eine hübsche Kunst verwendet werden. Nehmen Sie gute Holzspäne, befeuchten Sie sie mit Leim oder Tragantgummi und arabicum und drücken Sie sie flach. Schneiden Sie sie mit einer Schere in Blätter oder formen Sie sie zu Blumen und befestigen Sie sie aneinander. Dann gießt man darüber flüssigen Gips, in dem Gummi arabicum und Alaun gelöst sind. Nehmen Sie einen Strauch oder eine Pflanze ohne Blätter und kleben Sie die Blätter daran oder an seinen Zweigen fest. Decken Sie blanke Stellen mit Gips ab. Nach dem Trocknen das Ganze lackieren. Ein Professor HEIGELIN in Stuttgart veranstaltete einmal eine Ausstellung solcher Arbeiten. Auf diese Weise können Rahmen dekoriert werden. Natürlich können auch Farben, Vergoldungen und Emaille oder Bronzepulver aufgetragen werden. Späne bilden in Kombination mit schwachem Leim unter Druck künstliches Holz oder Bretter, die durch weitere Kombination mit Altpapier verbessert werden können. Hergestellt aus einer Alaunlösung, ist es feuerfest. Seine Stärke ist proportional zum ausgeübten Druck. Es kann oft bei Reparaturen eingesetzt werden, wenn geeignetes Holz fehlt, und hat den Vorteil, dass es in jede beliebige Form gedreht werden kann.

Der Leser kann sich durch Experimente leicht davon überzeugen, dass diese künstlichen Hölzer aus Sägemehl oder Hobelspänen in Kombination mit Klebstoffen sehr einfach herzustellen, sehr billig und bei richtiger Herstellung äußerst stabil sind. Wenn starker Druck oder Rollen ausgeübt werden kann, kann sich die Klebstoffmenge verringern. Den Spänen können Leinen- oder Musselinlappen, Watte oder andere Textilstoffe sowie Altpapier aller Art beigemischt werden. Alles, was faserig oder fadenförmig ist, hilft beim Binden.

Die Verwerthung der Holtzabfälle – Die Wertschöpfung von Abfallholz, wie Spänen, Abfallfarbholz usw." ausführlich untersucht werden und zeigt, wie sie in künstliches Holz, Brennstoff, Chemikalien usw. umgewandelt werden können. Sprengstoffe usw. – von ERNST HUBBARD ; Wien, Preis 3 Mark.

Holz aller Art wird in Amerika in so dünne Furniere gesägt, dass sie als Tapeten dienen und mit Kleister befestigt werden. Im feuchten Zustand biegen sie sich wie Papier. Ein solches Furnier eignet sich sehr gut zur Reparatur von Holzoberflächen.

Bei der Reparatur von Holz ist herkömmlicher Spachtel nicht immer zuverlässig. Es schrumpft manchmal und ist nie sehr hart. Der Kleber mit Glyzerin und Sägemehl oder Kokosnussmehl ist vorzuziehen.

„Kratzer und zufällige Schnitte können durch bloßes Schmelzen oder Waschen und Einreiben mit kaltem Wasser behoben werden. Für die meisten kleinen Mängel wird jedoch ein *Füller* verwendet. Hierbei handelt es sich um eine Art Farbe oder flüssigen Zement, dessen Aufgabe es ist, die Poren bestimmter grober Hölzer zu füllen und die Oberfläche feiner zu machen. Hierzu werden Weichwachs, Mehl und Lack verwendet."

Jeder Farben- und Lackhändler bietet für spezielle Arbeiten einen Spachtel an.

Das Beizen oder Färben von Holz ist ein wichtiger Teil der Reparatur. „Allein das Ölen ist eine Art Färben , denn jedes geölte Holz wird in kurzer Zeit viel dunkler." [2]

In Wasser gelöstes Soda verleiht Eichenholz einen viel dunkleren Farbton. Dunkler Tee und Alaun sind ebenfalls nützlich, und noch besser ist sehr starker Kaffee. Auch Porter oder Bier gemischt mit Umbra. Dazu ein Sud aus eingekochten Walnussblättern. Bei der Verwendung dieser oder anderer Farben müssen die folgenden Regeln strikt beachtet werden: (1.) Verwenden Sie einen Schwamm oder Pinsel und tragen Sie die Farbe nicht frei auf oder gießen Sie sie nicht auf, da sonst die Gefahr besteht, dass sich das Holz verzieht oder verformt es spaltete sich. (2.) Lassen Sie beim Trocknen in der Nähe eines Feuers größte Sorgfalt walten. (3.) Erwarten Sie nicht, dass Sie bei reichlichem Auftragen alles auf einmal färben . So hell die Farbe auch erscheinen mag, reiben Sie die Farbe immer im trockenen Zustand mit einem Lappen oder Fensterleder ab und waschen Sie sie dann noch einmal. Durch diesen Vorgang dringt die Farbe tiefer ein und hält länger.

VON STEVENS , auch die von MANDER , sind sehr gut und stark. Sie erfordern im Allgemeinen eine Verdünnung.

Ammoniak wird häufig verwendet, um Holz eine dunkle, satte Farbe zu verleihen . So behandeltes Holz erhält, wenn es anschließend dem Rauch eines Holzfeuers ausgesetzt wird, ein sehr antikes Aussehen. Kalibichromat mit Wasser ist ein guter dunkler Farbstoff, muss aber vorsichtig gehandhabt werden, da es sehr giftig und schädlich für die Kleidung ist. Es wird verwendet, um bestimmten Zementen eine wasserdichte Qualität zu verleihen.

Gute Schreibtinte ist ein sehr guter schwarzer Farbstoff. Wenn es ganz trocken ist, ölen, reiben und polieren Sie es, dann ist die Tinte sehr widerstandsfähig gegen Benetzung.

Es ist zu beachten, dass bei Tinte, wie auch bei Farbstoffen , immer mindestens zwei Auftragungen erfolgen sollten und dass der erste möglichst gründlich bei starkem Licht, jedoch nicht in der Sonne, getrocknet werden sollte, bevor der zweite Auftrag aufgetragen wird . Drei Schichten schwärzester Tinte, gut eingetrocknet, dann gut eingerieben und abschließend geölt, bilden eine nahezu wasserfeste Abdeckung.

Wenn Platten aus Intarsien oder mit Intarsien in verschiedenen Farben abgebrochen werden oder ersetzt werden müssen, kann dies auf folgende Weise geschehen: Nehmen Sie eine Platte aus sehr festem, feinem weißem Holz – Stechpalme ist am besten; daneben Schweizer oder deutsche Lärche – zeichnen Sie Ihr Muster darauf und gehen Sie dann mit einem Taschenmesser über das gesamte Muster, wobei Sie etwa einen Viertel Zoll oder besser weniger in die Platte einschneiden auf keinen Fall weit genug, um durchzuschneiden. Füllen Sie dann alle diese Linien vorsichtig mit einem festen Zement aus und lassen Sie ihn gut trocknen. Färben Sie dann jedes Teil mit einem Färbemittel – nicht mit Farbe – entsprechend ein. Der Zement und die Linien verhindern, dass sich die Farbe von Stück zu Stück ausbreitet. Dies ist als venezianische Intarsien bekannt. Anschließend *Soehnée*-Lack auftragen und mit der Hand sehr sorgfältig verreiben. Es handelt sich um eine sehr schöne und einfache Arbeit, die bei guter Ausführung nicht von echten Intarsienarbeiten zu unterscheiden ist. Sehr billige und schlichte alte Möbel können leicht sehr elegant gestaltet werden, indem man Paneele usw. dieser Arbeit anbringt. Der Leser beginnt möglicherweise mit einer kleinen Kiste oder einem dreibeinigen Hocker, arbeitet direkt am Holz und wird dann wahrscheinlich ermutigt, fortzufahren. Dunkelbraune Muster auf hellgelbem Holz sehen gut aus.

Diese Arbeit ist sehr einfach und elegant, sehr wenig gemacht und kann daher profitabel sein. Für die gemeinsame Dekoration kann jede Art von hellem oder weißem Holz verwendet werden, beispielsweise Fichte oder Kiefer. Billige Geigen und Gitarren werden durch dieses Verfahren manchmal zu hübschen Raumdekorationen verarbeitet. Informationen zu Entwürfen für diesen Zweck finden Sie in den Manuals of Design, Wood-Carving, and Leather-Work des Autors (Whittaker & Co., No. 2 White Hart Street, London, EC).

Intarsien können auch durch Anfertigen und Färben von Holzpaste ausgebessert werden. In diesem Fall bereiten Sie den Untergrund durch Aufrauen sorgfältig vor, um den Leim festzuhalten. auch durch die Verwendung von farbigen Zementen, wie z. B. Brot, gut verarbeitet mit Pulver und Glyzerin -Kleber.

Es scheint vielen Menschen – selbst denen, die auf dem Land leben – nicht in den Sinn zu kommen, dass es eine Menge stabiler, schlichter und nützlicher Möbel gibt, die leicht und ohne großen Aufwand zu Hause hergestellt werden können, da Bretter von guter Qualität billig sind genug. Mit ein paar Unterrichtsstunden bei einem Experten oder sogar mit dem Studium eines guten Grundhandbuchs für Tischlerei kann jeder Amateur

Erfolg haben. Wer eine gute Schachtel herstellen kann, kann einen antiken Stuhl herstellen, und dieser kann, so schlicht er auch sein mag, schön geschnitzt, gebeizt oder mit Intarsien verziert sein ; aber er soll sich vor gesägten Kurven hüten.

Wo sich Würmer in Möbeln oder anderem Holz befinden, sollten diese immer umgehend ausgerottet werden, da sie sonst mit der Zeit die Würmer vernichten. Um sie zu entfernen, lösen Sie 2 Drachmen ätzendes Sublimat in 2 oz. Brennspiritus und 2 oz. Wasser, das mit einer Feder oder einem Pinsel frei aufgetragen werden kann. Dies ist ein unfehlbares Heilmittel; aber die Mischung ist giftig und sollte daher mit einem Etikett versehen werden, um Gefahren zu vermeiden (*Work* , Sept. 1892).

Bei der Restaurierung oder Reparatur von Holzarbeiten müssen wir nicht nur über gewisse Kenntnisse über Farben, Lacke, Kitte und Spachtelmassen verfügen, sondern auch über Mittel, die organische Veränderungen verhindern oder bei besonderen Unfällen anwendbar sind. Eines der wichtigsten Verfahren ist das *Knüpfen* . Seine Eigenschaften und seine allgemeine Natur werden im folgenden Artikel von *The Decorator*, September 1892, ausführlich erklärt:

„Knotting' oder, wie es üblicherweise geschrieben wird, *Patent Knotting* , ist eine schnell trocknende, halbtransparente Flüssigkeit. Es wird aus Naphtha und Schellack hergestellt; daher seine schnell trocknende Natur. Die Äste von Holzarbeiten, insbesondere von Kiefernholz, enthalten viel Harz, das nach und nach aus der Oberfläche austritt. Dieses Harz verdunkelt den Deckfilm aus Ölfarbe, mit dem Holzarbeiten normalerweise beschichtet werden, schnell und zerstört ihn schließlich. Der Zweck der Beschichtung von Ästen in Holzwerkstoffen mit einer „Patent-Knüpfmasse" besteht darin, das Harz sozusagen zu versiegeln. In der früheren Geschichte der Hausanstrichverfahren wurde häufig eine warm aufgetragene Mischung aus Bleimennige und starkem Leim verwendet. Der Hauptzweck besteht darin, die „Ursache " zu stoppen, jedoch ohne eine zu beanstandende „Wirkung". Daher ist die dünnste wahrnehmbare Abdeckung – solange sie wirksam ist – die beste. Die *Patentknüpfung* des Handels ist der Artikel, der heute allgemein gekauft und verwendet wird. Die Knoten werden mit einer oder zwei *blanken* Schichten versehen – je nach der Art des Knotens und dem Gewissen des Arbeiters. Die beste Maserung ist die Farbe von dunklem Eichenlack; Das Schlimmste ist das Schwärzeste und Schmutzigste. Es lohnt sich immer, die beste Knüpfung zu haben, denn für die „schwarze Knüpfung" ist ein zusätzlicher Anstrich erforderlich, um die dunklen Stellen abzudecken, die durch helle Farbtöne „durchschimmern". Für eine optimale Arbeit empfiehlt es sich in der Regel – vor allem, wenn das Holzwerk in „elfenbeinweißer"

Emaille fertiggestellt und vielleicht von Hand poliert werden muss –, die Äste mit einem Meißel oder einer Hohlmeissel herauszuschneiden und sie dann mit Blei aufzufüllen. Auffüllen' in Staupe. Kürzlich musste ich die Tür eines aufwändig dekorierten Salons so behandeln lassen, da das Harz, obwohl frisch geknüpft, anfing, das Werk zu verfärben , das vor der Einrichtung des Zimmers etwa sechs Schichten Farbe und Emaille erhalten hatte – a sehr lästige und kostspielige Angelegenheit. Sehr gelegentlich werden Knoten mit bestem Blattgold übergoldet; Es wird allgemein anerkannt, dass dies ein wirksamer Plan ist, den man anwenden kann, wenn man nicht auf das Ausstechen zurückgreift, um feinste Arbeiten zu erzielen. Das Knüpfen von Holzarbeiten ist daher kein unbedeutendes Detail bei der Hausmalerei, insbesondere wenn es sich um eine Türseite handelt; Das allein kann, wenn es in handpolierter Emaille ausgeführt ist, in der Herstellung einen Zehn-Pfund-Schein kosten. Als Grundierung reicht „Tin-Paint"; Als Hauptbestandteil ist gutes Leinöl erforderlich. Alle neuen Holzarbeiten erfordern drei Schichten guter Blei- und Ölfarbe, bevor sie überhaupt stehen bleiben – nämlich Grundierung und zwei Nachbeschichtungen. Dies wird als „Builders-Finish" bezeichnet. Wenn es dauerhaft dekoriert wird, ist es normalerweise erforderlich, eine geeignete Oberfläche zu erhalten und zwei oder drei weitere Schichten aufzutragen."

Manchmal ist es von Vorteil , einen schlechten Knoten auszuhöhlen, *also* auszuschneiden, und den Hohlraum mit Holz, Holzpaste oder *Kartonpierre zu füllen* .

Eine sehr schöne Beize kann Holz verliehen werden, indem man es mit Salpeter- oder Schwefelsäure einreibt und es der Hitze eines Feuers aussetzt. Auf diese Weise kann man amerikanischem Hickory die Optik von Palisander verleihen. Kiefer wird rot, das bei zunehmender Hitze dunkler wird.

MÖBEL REPARIEREN . — Es gibt nur eine Regel für die Reparatur knarrender Stühle und Tische mit losen Beinen. Sie müssen *vorsichtig* auseinandergenommen werden, was mit Meißel, Messer und Hammer möglich ist, und dann verklebt und verschraubt oder wieder so zusammengesetzt werden, wie sie ursprünglich hergestellt wurden. Die altmodischen runden oder Sprossen von Stühlen, die heute so selten zu sehen sind, waren eine große Hilfe für Stabilität und Haltbarkeit.

Ich habe bereits darauf hingewiesen, dass, wenn eine Schublade in einem Kommode-Tisch ständig klemmt oder klemmt, sie herausnimmt, die Stelle herausfindet, an der sie reibt, und den störenden Teil abhobelt. Wenn es aus schlecht abgelagertem, grünem, sich verziehendem Holz besteht, nageln Sie Blechstreifen darüber. Dazu füge ich hinzu, dass Türen von Schränken,

Schränken usw., die geschrumpft sind, an ihren Kanten Holzstreifen haben müssen, die darauf geklebt sind. In manchen Fällen reichen Papierstreifen als vorübergehender Ersatz aus.

Es ist keine Übertreibung zu behaupten, dass vor zwei oder drei Jahrhunderten das leichte und schlecht gefertigte Möbelstück eine große Ausnahme war, während heute das gut gemachte, langlebige Möbelstück die Seltenheit darstellt – zu der großen Schande, Dies gilt erstens für alle Möbelhersteller und zweitens für den modischen „Geschmack", der die Schlankheit der Stärke vorzieht.

Diese kitschige und fadenscheinige Leichtigkeit kommt dem Tischler enorm zugute, da er so die billigsten und kleinsten Stücke wertlosen Holzes verwerten kann, indem er sie in Träger für leichte *Etageren* oder Regale, Kreuzlehnen und Beine spinnenartiger kleiner Stühle verwandelt. und alle Teile kleiner geschwungener Sofas, die ordnungsgemäß gespachtelt, poliert oder vollständig in Samt oder Rips verborgen werden müssen. Es ist nicht ungewöhnlich, ein als schön eingerichtetes Zimmer zu sehen, in dem sich nicht ein absolut gut gemachter oder stabiler Artikel befindet, der eine sorgfältige Prüfung oder das Auftauchen vertragen würde. Es ist in der Tat ein erbärmlicher Anblick, eine Ladung solcher Möbel auf dem Weg von den Schreinern oder der Mühle, wo sie mit Dampf ausgesägt werden, zu dem Ort zu sehen, an dem sie furniert oder bemalt, glasiert und elegant gekleidet werden sollen. Die mit Leim und möglichst wenigen kurzen Nägeln zusammengeklebten Stücke aus Kiefernholz und amerikanischer grünlich-gelber Pappel sehen so schäbig und schäbig aus! Als ich sie betrachtete, wunderte ich mich über die wunderbare Kühnheit ihrer Macher, die bewusst berechnen konnten, wie lange es dauern würde, bis solche Dinge *scheiterten* . Und da alles dazu bestimmt ist, irgendwann kaputt zu gehen und repariert zu werden, ist es umso notwendiger, die Kunst des Reparierens zu erlernen. Leider kann schlecht abgelagertes Holz nicht in gut abgelagertes Eichenholz repariert werden. Doch wer sich die Mühe macht, den Preis des letzteren zu ermitteln, wird erstaunt sein, wenn er erfährt, dass so wenige Menschen daraus gute, solide und stabile Möbel herstellen lassen. „ *Hier fallen* nicht die Kosten an." Wenn der Leser, der über ein gewisses Maß an Sinn und Geschmack für Kunst verfügt, seine eigenen Möbel herstellen würde und für sechs Schilling pro Tag einen Gehilfen mit dem groben Sägen und Hobeln beschäftigen würde , würde er feststellen, dass er starke, solide Möbel haben könnte; und wenn er dazu noch so viel Wissen über Tafelbildhauerei hinzufügte, wie er sich in ein paar Unterrichtsstunden aneignen konnte, könnte er es vielleicht schön machen.

EIN ZEMENT FÜR HOLZ wird wie folgt hergestellt :

Kasein 10

Borax   5

Dies wird sorgfältig zu einer dicklichen, milchähnlichen Masse verarbeitet. Es kann als Leim für Holz oder als Kleister für Papier verwendet werden. Es lässt viele Modifikationen zu. Um einen sehr guten wasserfesten Zement für Holz und andere Zwecke herzustellen , nehmen Sie diesen Zement, wenn er ausgehärtet sein soll oder nachdem er aufgetragen wurde, und waschen Sie ihn häufig mit einem sehr starken Extrakt aus Galläpfeln. Dieses bildet laut LEHNER eine unlösliche Verbindung mit Kasein .

EIN IN CHINA HÄUFIG VERWENDETER ZEMENT, um Holzarbeiten, Korbgeflecht, Pappe usw. zu verbinden und wasserdicht zu machen, wird wie folgt hergestellt:

Getrockneter Kalk   100

Gerührtes Ochsenblut   75

Alaun   2

Dies wird als sehr robust und langlebig gelobt. Es ist wahrscheinlich, dass eine leichte Erhöhung des Alaungehalts in der Lösung oder die Zugabe einer starken Infusion von Galläpfeln zu einer Besserung führen würde.

EIN WASSERDICHTER ZEMENT FÜR HOLZFÄSSER wird wie folgt hergestellt :

Starke Kleberlösung 10

Leinölfirnis   5

Bleioxid   1

Gemeinsam zehn Minuten kochen lassen. Dieser Zement darf nicht mit Lauge (LEHNER) in Verbindung gebracht werden .

Damit wird ein guter, starker und günstiger Zement zum Verbinden von Holz mit Metall oder Stein hergestellt

Tischlerleim   50

Gesiebte Holzasche 100

Während der Leim weich ist, rühren Sie die Holzasche je nach Qualität und Feinheit in mehr oder weniger großen Mengen hinein, bis eine sirupartige

Masse entsteht. Mit dieser Mischung kann auch Ton zur Herstellung von Abgüssen kombiniert werden.

Gewöhnlicher *Torf* von feiner Qualität (denn es gibt verschiedene Arten oder Grade davon), der sorgfältig von Stöcken und Fasern gereinigt wird , kombiniert mit gewöhnlichem, frei mit Salpetersäure versetztem Leim und starkem Druck ausgesetzt, soll einen wertvollen Ersatz für Holz bilden, das kann nicht nur zum Reparieren, Füllen von Rissen in Bäumen, zum Auffüllen von morschem Holz usw. verwendet werden, sondern auch zum Formen von Blöcken und Brettern.

Ich habe an anderer Stelle erwähnt, dass in Deutschland Späne verwendet werden . In Kombination mit Leim, mit Glyzerin angereichert und unter Druck bilden sie Bretter, die noch weniger spröde sind als viele, die im normalen Gebrauch verwendet werden. Der besondere Vorteil dieses künstlichen Holzes ist die unbegrenzte Länge der Bretter, die auf diese Weise hergestellt werden können, was bei Fußböden oder überhaupt in jedem Gebäude, in dem das Zusammensetzen vermieden werden sollte, oft ein großer Wunsch ist. So kann auf einer anderen Form ein Kanu hergestellt werden , wobei der Spänebeton durch Walzen ausgehärtet werden soll. Es gibt ein Buch zu diesem Thema, das an anderer Stelle erwähnt wird.

Man kann beobachten, dass, da langes und breites Holz von Jahr zu Jahr seltener und wertvoller wird , künstliches Holz aus kleineren Pflanzen unbedingt an seine Stelle treten muss.

wird DIE HOLZTÜNCHE haltbarer und glänzender . Durch die Zugabe von Milch wird sie noch verbessert. Das hält so viel länger als herkömmliches Waschen, dass es am Ende vielleicht zehnmal so günstig ist. Es ist bekannt, dass es, wenn es gut gemacht ist und an der Außenseite bestimmter Regierungsgebäude in Washington, USA, angebracht wird, sieben Jahre hält. Wenn Farbstoffe , wie zum Beispiel Umbra, hinzugefügt werden, muss dieser separat und sehr gründlich mit dem Leim vermischt werden , bevor er mit dem Kalk verbunden wird. Die Zugabe einiger Eier zu der Mischung wird sie verbessern. Der mit den folgenden Mitteln zubereitete Kalk ergibt eine noch bessere und stärkere Wäsche, die den Mehraufwand durchaus wert ist : –

Kleber   60

Leinölfirnis 20

heiße Lack wird mit dem kochenden Leim vermischt und ist sofort zu verwenden. Dies ist (LEHNER) nützlich, um Fässer zu beschichten und abzudichten, insbesondere solche, in denen Flüssigkeiten wie hochrektifizierte Weinbrände befördert werden. Es ist zu beachten, dass die

Mischung umso tiefer eindringt, je heißer sie aufgetragen wird, am Ende jedoch umso weniger benötigt wird.

EIN GUTER ZEMENT FÜR ZIMMERLEUTE :—

Getrockneter Kalk   50

Mehl   100

Leinölfirnis   15

HOLZARBEITEN , die unter Wasser stehen oder starkem Regen ausgesetzt sind, können wie folgt zementiert werden :

Kalzinierter Kalk   10

Feuersteinsand   15

Eisen (Pulverfeilspäne) 5

Ocker   20

Ziegelstaub   20

Das Pulver muss durch Schütteln gut vermischt und kurz vor Gebrauch mit Wasser vermischt werden.

Folgendes kann für VERBINDUNGEN IN HOLZ, Löchern und Rissen oder zum Abdecken der Oberflächen verwendet werden, da es einen hervorragenden Schutz gegen Nässe bietet. Es kann auch für Stein usw. verwendet werden: —

Gereinigter Ziegelstaub   10

Kalzinierter Kalk   10

Gereinigtes rotes Eisenerz 10

Verarbeite dies mit gelöster Soda zu einer Paste. Modifikationen dieser Kombination von Soda mit Eisen und Ziegelmehl werden jedem, der dieses Werk sorgfältig studiert hat, leicht in den Sinn kommen.

EIN ZEMENT FÜR HOLZ :—

Gelöstes Limettenpulver 1

Roggenmehl   2

Leinölfirnis   1

Dem kann nach Belieben gebrannter Umbra oder ähnliches Pulver zugesetzt werden. Dieser Zement trocknet langsam, wird aber sehr hart. Es eignet sich gut zum Füllen von Rissen, Löchern usw.

FRANZÖSISCHER LEIM FÜR HOLZ :—

Gummi arabicum   1

Wasser   2

Kartoffelstärke   3-5

SÄGEMEHL kann, wie ich aufgrund meiner eigenen Vermutungen und Experimente erklärt habe, mit Zement kombiniert werden, um ein künstliches Holz zu bilden, das leicht geformt oder geschnitzt werden kann und mit dem alle Arten von wurmstichigem und verfaultem Holz wiederhergestellt werden können . Ich finde, dass LEHNER ZU DIESEM ZWECK FOLGENDES angibt :

„Man nehme feinstes Sägemehl und vermische es mit Leinölfirnis, wobei man die Masse sehr sorgfältig knetet.“

Wenn dies richtig kombiniert und verarbeitet wird, ergibt sich ein sehr gutes Kunstholz. An dieser Stelle sei darauf hingewiesen, dass der Experimentator, weil er bei einem ersten Versuch feststellt, dass das Holz zu spröde oder zu hart ist, nicht zu dem Schluss kommen darf, dass das *Rezept* zu nichts taugt. Um es also vorzubereiten, sollten wir Leim nehmen:

Wasser 20

Kleber   1

Kochen Sie den Leim zunächst sehr sorgfältig auf und rühren Sie feinsten Holzstaub oder Kokosnussschalenpulver hinein. Die Qualität verbessert sich, wenn dieser bereits einige Zeit in einer starken Lösung aus Eichenrinde oder Galläpfeln in Spiritus oder statt Letzterem in Wasser eingeweicht wurde. Dadurch kann sich der Staub mit dem Leim vermischen. Das Ganze gründlich umrühren. Eine üblichere oder gröbere Vorbereitung für einfache Reparaturen ist die Kombination von Gips, Leim in wässriger Lösung und Sägemehl. Gewöhnlicher Knochenstaub, Gips und Leim eignen sich gut als Zement für leichten Holzstaub. Mit etwas Glycerin kann es zum Formen verwendet werden . Fügen Sie ein wenig Pfeifenton hinzu, und wenn der Knochenstaub sehr fein ist, muss die Oberfläche sehr hochglanzpoliert werden. Mit Öl abschließen und von Hand einreiben. Diese

Zusammensetzung lässt sich gut mit perfekt aufgeweichtem und mazeriertem – nicht nur *eingeweichtem* – Papier kombinieren, um Platten zu bilden, die jedoch, um sie hart zu machen, gepresst oder gerollt werden sollten.

ZEMENTE FÜR BRETTER ODER BRETTER AUS WEICHHOLZ : —

ICH.

Kasein	500	Gramm.
Wasser	4	qts .
Spiritus Sal -Ammoniak	0 .5	qt.
Kalzinierter Kalk	250	Gramm.

II.

Kleber	2
Wasser	14
Zementkalk	7
Sägespäne	3-4

BEI RISSEN IN BÄUMEN oder Brüchen in der Rinde: –

Pech oder Harz	50
Talg	10
Terpentinöl	5
Spirituosen aus Wein	5

Zuerst wird das Harz geschmolzen, dann das Terpentin eingerührt, dann der Talg und schließlich der Spiritus.

Ich habe von künstlichem Holz gesprochen, das hauptsächlich aus Sägemehl in Kombination mit einem Bindemittel wie Leim besteht. Es gibt jedoch streng genommen auch andere Arten. Die erste besteht aus *Zellulose* , einem zerkleinerten Holz, das noch seine Fasern behält . Es wurde, glaube ich, zufällig vor etwa dreißig Jahren in New York entdeckt. Ein fest sitzender Stock war in einer Kanone steckengeblieben, als diese abgefeuert wurde. Das Ergebnis war, dass der Stab in eine breiige, faserige Masse umgewandelt wurde, die sich als hervorragendes Material für die Papierherstellung erwies. In Kombination mit Leim ergeben daraus gute Bretter.

Auch Rinde verschiedener Art wird in Pulverform mit Leim zu Holz verarbeitet. Bei all diesen Mischungen, bei denen eine Sprödigkeit oder Härte vermieden werden soll, muss eine Beimischung von Öl oder Glycerin erfolgen . Letzteres liegt im Allgemeinen bei etwa 20/100 zu 80/100 Sägemehl, das Verhältnis variiert jedoch je nach erforderlichem Elastizitäts- oder Härtegrad. Zur Herstellung von Brettern wird die Mischung unter schwere Walzen geführt und nach dem Trocknen mit Alaunlösung oder einem Gerberaufguss aus Eichenrinde weiter behandelt, um sie wasserfest zu machen. Dies ist für normale Arbeiten oder Reparaturen nicht erforderlich.

ZEDER NACHAHMEN . – Nehmen Sie weißes Holz und kochen Sie es mehrere Stunden lang in der folgenden Mischung: –

Katechu   200

Ätznatron   100

Wasser   10.000

Dieses dringt sehr tief in jedes Holz ein. Es ist ein sehr guter Schutz.

HOLZ FÜR DIE LACKIERUNG VORBEREITEN . — Wenn Sie ein Brett oder eine Kiste usw. haben, egal wie rau und aus minderwertigem Holz, glätten Sie zunächst die Oberfläche, wenn möglich durch Hobeln oder mit einer Raspel und Glaspapier. Füllen Sie alle Löcher und Ritzen mit Kitt oder Brot und Gummi oder Gummi und Gips. Dann mit einer Mischung aus Leim (nicht zu steif) und feinem weißem Gips die gesamte Oberfläche glatt reiben und nach dem vollständigen Trocknen eventuelle Unebenheiten mit feinstem Glaspapier entfernen. Anschließend nach Belieben bemalen. Dies ist eine bewährte Methode zur Reparatur alter Tafelbilder, die alle mit einem solchen Grund aus Gips und Leim hergestellt wurden.

ZUM REPARIEREN VON INTARSIEN ODER EINGELEGTEN HOLZARBEITEN. — Dieses besteht, wie ich bereits gesagt habe und das ich nun noch ausführlicher beschreiben werde, aus verschiedenfarbigen Holzstücken , die auf eine Platte geklebt sind. Nehmen Sie ein Stück feines Hartholz, zum Beispiel Stechpalme, und sägen Sie es so aus, dass es genau an die Stelle passt, an der Stücke fehlen. Zeichnen Sie das Muster darauf und skizzieren Sie es dann sehr sauber mit einer feinen Federmesserspitze, so dass Sie ein wenig in das Holz hineinschneiden, aber nicht *durch* das Holz hindurch. Füllen Sie diese so geschnittene Linie mit einer Zusammensetzung aus Lack und schwarzem Pulver. Dann färben Sie das Muster mit *Farbstoffen* , nicht mit Öl- oder Wasserfarben , sondern solchen, die mit Spiritus hergestellt werden, und geben Sie jedem Stück eine eigene Farbe . Der Farbstoff wird einsinken und blass werden; Tragen Sie es dann erneut auf, bis der gewünschte Farbton erreicht ist. Das Ganze polieren. Dies nennt man venezianische Intarsien. Es ist sehr einfach herzustellen und liefert schöne Ergebnisse, die den ausgesägten und eingelegten Arbeiten durchaus ebenbürtig sind. Darüber hinaus ist es wesentlich langlebiger und weitaus kostengünstiger. Für diese Färbung werden MANDER- Farbstoffe verwendet.

Sogar eine einzelne eingelegte Holzfigur, die in eine Platte eingelassen ist, etwa in die Rückenlehne eines Stuhls, verleiht dem Ganzen Charakter und scheinbar einen größeren Wert. Solche Einlegearbeiten lassen sich ganz einfach mit einer Laubsäge durchführen. Wenn wir zwei dünne Holzplatten nehmen, eine dunkle und eine helle, und aus beiden das gleiche Muster sägen, können wir sie dann ineinander setzen und so in einem Arbeitsgang zwei Intarsien herstellen. *Parkett* ist eine großflächige Einlage für Fußböden. Hierzu ist es gut, solche Formen zu studieren, die *zusammengesetzt werden können* , wie zum Beispiel Quadrate, Rauten, Kreuze, **T** 's und dergleichen.

Geigen, Gitarren und Lauten können mit dem venezianischen Verfahren wunderschön verziert werden. Da sich die Farben nicht abnutzen und nicht wie bei herkömmlichen Intarsien abblättern können, ist dies bei weitem die beste Art, sie zu dekorieren. Möbel aller Art können auf die gleiche Weise verziert werden. Es eignet sich besonders gut für Bilderrahmen. Da es sehr wenig bekannt ist, finden so hergestellte Objekte einen leichten Verkauf.

Wenn eine Ecke einer Fensterscheibe, wie es oft vorkommt – wie auch das Glas eines Bilderrahmens oder Spiegels – abgebrochen ist , können wir leicht ein kleines Ornament anfertigen oder anfertigen lassen, das in die Ecke passt und das Glas verdeckt Defekt. Dies kann aus Holz, *Pappmaché* (am besten) oder hartem Kitt oder Zement bestehen . Es kann vergoldet oder bemalt sein. Fenster können auf diese Weise hübsch verziert werden, auch wenn sie nicht zerbrochen sind.

Spiegel mit Ornamenten aus Pappmaché oder Holzpaste.

ÜBER DIE REPARATUR UND RESTAURIERUNG VON BÜCHERN, MANUSKRIPTEN UND PAPIEREN
MIT ANWEISUNGEN ZUM EINFACHEN BINDEN UND PAPIERREPARIEREN – BÜCHERWÜRMER

Es kommt oft genug vor, dass ein wertvolles altes Manuskript oder ein frühes gedrucktes Werk, wenn es nicht als unbrauchbar zerstört wird, für eine Kleinigkeit verkauft wird, weil es zerrissen, wurmstichig oder auf andere Weise beschädigt ist. Der daraus resultierende Verlust für die Literatur ist schrecklich, und das umso mehr, als er in den meisten Fällen das Ergebnis purer Unwissenheit war.

Papier ist eine Zusammensetzung aus Leinen, Baumwolle oder anderen Pflanzenfasern, die zu Pulver zerkleinert und dann mit *Leim* , einer Art Leim, Paste oder Bindemittel, kombiniert wird. Daher kann Papier durch die Verwendung *von Papier selbst* in weicher, mazerierter oder pastöser Form repariert werden – eine sehr einfache Tatsache, die bisher vor dem Großteil der Menschheit ein Geheimnis zu sein scheint. Das heißt, wenn man ein Stück Papier mit einem kleinen runden Loch darin hat – das aussieht, als hätte jemand einen Schuss hindurchgeschossen –, nimmt man ein anderes Stück Papier der gleichen Qualität und zerkleinert einen Teil davon zu einem sehr feinen Pulver oder … Mit einem Messer fein zerdrücken, mit einer guten Mehlpaste, angereichert mit etwas klarem Weißleim, vermischen und aus dem Pulver eine weiche Paste herstellen; Dann legen Sie eine Porzellanfliese oder ein Stück Blech unter das mit einem Loch versehene Blech, um ein Anhaften zu verhindern, und verteilen Sie die Paste, bei der es sich um wirklich weiches Papier handelt, mit einem Messer über dem Loch. Nach dem Trocknen wird es dauerhaft repariert. Beachten Sie, dass der Brei eine feine *Paste sein muss* , nicht nur Papier mit Paste vermischt – *also* klumpig und fadenziehend, aber weich. Zweitens, dass ein besseres „Bindemittel“ oder eine bessere Leimmasse als Mehlpaste eine solche ist, die aus Pergamentresten hergestellt wird und so lange gekocht wird, bis die gesamte Gelatine entfernt ist. Letzteres nehmen und kochen lassen, bis es dickflüssig ist. Es entsteht eine fein glasierte Oberfläche.

Beginnen Sie dabei nicht mit einem Buch, sondern mit einem Blatt, aus dem Löcher gestanzt sind. Es ist eine heikle Arbeit, und Sie dürfen nicht damit rechnen, dass sie sofort gelingt. Aber mit der Zeit und mit Sorgfalt werden Sie das Papier mit großem Geschick neu gestalten. Es gibt Handwerker, die auf diese Weise sogar eingerissene Kanten wieder zusammenfügen können, sodass die Ausbesserung kaum spürbar ist. Hier wird Papier mit Papier neu gemacht. In manchen Fällen reicht es aus, einfach ein Stück Papier sauber über eine abgerissene Stelle zu kleben. Dies kann – wie in den meisten Fällen – sehr ungeschickt geschehen, oder es kann kunstvoll und zierlich ausgeführt werden. Im letzteren Fall verwenden Sie ein sehr scharfes und spezielles Werkzeug Nehmen Sie ein Taschenmesser *mit dünner* Klinge, rasieren Sie die überstehende Kante ab oder kratzen Sie sie ab und tragen Sie die Paste sparsam mit der Spitze eines kleinen Pinsels aus Kamelhaar auf. Bevor es ganz trocken ist, legen Sie das Blatt auf eine glatte, harte Oberfläche und glätten Sie die verdünnte Kante mit dem Taschenmesser oder einem Glätteisen, bis eine gleichmäßige Oberfläche entsteht. Dies erfordert ebenfalls ein wenig Übung, aber wenn der Künstler es gelernt hat, kann er Wunder der Restaurierung bewirken . Man kann, und das kommt nicht selten vor, für Schilling Bücher kaufen, die sich, wenn sie repariert werden, für viele Pfund verkaufen lassen.

Es kommt oft vor, dass wir ein merkwürdiges kleines altes Buch finden, das leider fast bis auf die Schrift zerschnitten oder abgenutzt ist. Nehmen Sie es und schneiden Sie mit einem flachen Lineal jede Seite sorgfältig aus, so dass nur ein kleiner Rand übrig bleibt. Nachdem Sie dann altes Papier erhalten haben, das Ihrem Text entspricht, oder gutes, modernes handgeschöpftes niederländisches Papier, mit starkem Leim oder Mehl und Gummi arabicum oder Papierkleister, machen Sie Ränder, auf die Sie die alten Seiten kleben. Wenn Sie altes Papier haben – es gibt Händler, die es liefern können – können Sie dies so gut machen, dass die Verbindungsstelle kaum wahrnehmbar ist. In jedem Fall steigern Sie den Wert des Buches erheblich. Versuchen Sie bei dieser, wie bei allen anderen Arbeiten, niemals, etwas Wertvolles wiederherzustellen, bis es Ihnen durch Experimente gelungen ist. Dies geschieht sehr selten, und dennoch werden so restaurierte Bücher zu einem Preis verkauft, der die Arbeit sehr profitabel machen muss. Ein Grund, warum wir jedoch so wenig davon sehen, ist der *überhöhte* Preis, den der Makler, der sie liefert, für all diese Arbeiten verlangt.

Die Preise, die für so restaurierte und montierte Bücher gezahlt werden, sind extrem hoch, einfach weil es so wenige Leute gibt, die wissen, wie man es gut macht; Und doch ist die Kunst, wie jeder meiner Leser feststellen wird, einfach und erfordert nur Sauberkeit und Sorgfalt. Es gibt nur sehr wenige Bibliotheken, in denen solche Restauratoren nicht zum großen Nutzen der Sammlung beschäftigt wären. Alle Käufer von Bibliotheken lehnen ständig Bücher ab, weil sie zerschlissen und abgenutzt oder „löchrig" sind, die ins Krankenhaus geschickt und auf Wert herabgestuft werden könnten. Und im Interesse der Öffentlichkeit ist es in der Tat zu bedauern, dass unsere großen Bibliotheken nicht über alle Geschäfte verfügen, in denen wiederhergestellte Duplikate und beschädigte Raritäten zu fairen und nicht zu teuren Preisen verkauft werden könnten. Denn erstens ist es der große Bibliothekar, der die meisten Bücher sieht und ablehnt und der enorm viel Gutes bewirken und das Interesse an Sammlung und Literatur enorm wecken und Geld verdienen könnte, wenn er auch den Erwerb erleichtern würde. Die Kunst des Restaurierens und Ausbesserns steckt noch so sehr in den Kinderschuhen und wird so wenig verstanden und praktiziert , dass nicht ein einziges Buch unter tausend, nicht einmal über *Rariora* und *Curiosa* , erhalten bleibt, wie es auch sein mag.

Es lohnt sich vielleicht, die Tatsache zu betonen, dass viele Menschen, insbesondere Frauen, mit der Restaurierung von Büchern und beschädigten Dokumenten, wenn sie sich ein wenig Mühe geben und experimentieren, ihren Lebensunterhalt leicht bestreiten können. Tatsächlich werden in dieser Arbeit noch viele andere Möglichkeiten zum Geldverdienen aufgezeigt.

EIN BILLIGER UND HALTBARER LACK, der speziell für Buchbinder hergestellt wurde, wird wie folgt zubereitet: Man nimmt grob pulverisiertes Gummikopal und gibt Thymianöl (*Oleum thymi) hinzu serpilli*) oder reines Rosmarinöl (*Oleum rosmarini*), ausreichend, um eine Lösung zu bilden. Gießen Sie die überschüssige Flüssigkeit ab und vermischen Sie den Rest mit ausreichend Alkohol, um ihn gut aufzulösen. Nehmen Sie bei der Zubereitung nur so viel Thymian- oder Rosmarinöl, dass das Copal bedeckt ist, und etwa acht bis zehn Teile Alkohol. Spezielle Lacke, vielleicht auch bessere, sind vielen Buchbindern bekannt, die sie verkaufen oder Ihnen sagen, wo sie erhältlich sind. Ich kenne keine, die so gut ist wie die von SOEHNÉE , die jedoch sehr teuer ist und etwa neun Pence pro Unze kostet. Für Bilder ist es allerdings eher spröde.

Wenn ein Buch Eselsohren aufweist oder die Blätter umgedreht sind, sind die Chancen auf Wiederherstellung besser, wenn das Papier von dünner, schlechter Qualität ist, als wenn es gut und steif wäre. Im ersteren Fall befeuchten Sie die Blätter einzeln mit Wasser, in das etwas *Tragantgummi* hineingegossen wurde. Hierbei handelt es sich nicht so sehr um einen Klebstoff, sondern vielmehr um ein bloßes Versteifungsmittel, das als solches für Schnürsenkel verwendet wird. Drücken Sie sie dann flach und legen Sie zwischen jedes Blatt ein Stück glattes weißes Papier.

Ich fürchte, es gibt nichts zu tun, wenn der Leser so völlig frei von allen Instinkten eines Herrn oder einer Dame ist, ein steifes, dickes, stark glasiertes Papier umzudrehen, um die Stelle zu markieren! Ich habe dies gerade in einem großartig illustrierten Werk aus einer Umlaufbibliothek gefunden, und um die Straftat noch schlimmer zu machen, war es auf bebilderten Seiten! Ich möchte hier anmerken, dass diese abscheulich vulgäre Praxis bald ein Ende haben würde, wenn jeder Leser ein Stück Gummi oder Radiergummi bei sich behalten und alle Gekritzel an den Rändern ausradieren oder zumindest unleserlich machen würde.

Man kann beobachten, dass beim Reparieren quer eingerissener Seiten oder Gravuren der Riss normalerweise *quer verläuft* , das heißt, dass eine kleine Klappenkante übrig bleibt. Wenn wir mit der Spitze eines Kamelhaarpinsels sehr starken Kaugummi in sehr kleinen Mengen auftragen, gelingt es uns oft, die Kanten mit großer Sorgfalt perfekt wieder zu verbinden. Beachten Sie, dass der Ausbesserer hier, wie bei allem, seine Schlussfolgerungen nicht aus dem ersten Versuch ziehen sollte, der wahrscheinlich ein Misserfolg sein wird, sondern aus häufigen sorgfältigen Beobachtungen und Experimenten. Es gibt erstaunlich wenige Menschen auf der Welt, die sich die Mühe machen, wirklich gute Ausbesserer von irgendetwas zu werden – mit Ausnahme von Spitze und dergleichen –, daher gibt es nur wenige Dinge, die überhaupt außer von Pfuschern und Amateuren repariert werden.

TINTENFLECKEN können vom Papier entfernt werden, indem man unter den Fleck ein sauberes Löschpapier oder feines Musselin legt. Nehmen Sie einen feinen Schwamm, tauchen Sie ihn in Zitronensaft und drücken Sie ihn sanft auf den Fleck, um ihn zu befeuchten. Drücken Sie dann mit einem sauberen, weißen, weichen Lappen, der zu einem Pad gefaltet ist, auf die Stelle, und wenn Sie das Pad abheben, wird ein wenig Tinte entfernt. Wiederholen Sie diesen Vorgang einige Male und achten Sie dabei darauf, das Pad in Ihrer Hand jedes Mal *an eine saubere* Stelle zu wechseln. Versuchen Sie nicht, den Fleck *herauszureiben* (wie es die meisten Menschen tun), sondern ziehen Sie *die* Tinte durch Aufsaugen oder Aufsaugen weg oder heraus. Wenn Sie die gerade herausgezogene Tinte einfach noch einmal verreiben oder eindrücken, verschlimmert sich das Schlimmste nur. Und hier würde ich beobachten, dass man durch diesen Prozess des Pressens, Absorbierens und Veränderns des aufgetragenen „Saugers" aus fast allem entsetzliche Flecken entfernen kann. Natürlich können Sie chemische Einwirkungen oder Farbveränderungen nicht verhindern , aber in den meisten Fällen ist dies die beste Vorgehensweise.

Es ist besser, mit Zitronensaft und etwas Salz und Wasser zu beginnen, wenn das Papier dünn ist. Wenn es stark ist, extrahiert eine Mischung aus Salzsäure und Wasser im Allgemeinen Tinte.

In vielen Fällen kann die Färbeflüssigkeit durch Absorption entfernt werden, bevor eine chemische Veränderung der Farbe des Stoffes bewirkt werden kann . Daher ist es äußerst wichtig, dass Sie *sofort wissen, wie Sie dies selbst erledigen können* , und nicht warten müssen, bis es an einen Färber, Topfreiniger oder Reiniger geschickt werden kann. In wenigen Stunden wird das, was sofort hätte entfernt werden können, nicht mehr heilbar sein. Wenn Sie Tinte auf Papier verschütten, tragen Sie sofort Löschpapier auf und versuchen Sie dann, die Tinte aufzusaugen. Wenn noch Flecken vorhanden sind, tragen Sie die Säure auf.

ZUM ENTFERNEN EINES FETTFLECKS . — Erhitzen Sie ein Bügeleisen (normalerweise verwende ich dazu eine brennende Zigarre) und halten Sie es so nah wie möglich an den Fleck, ohne das Papier zu verbrennen. Wenn dies gut gemacht wird, verschwinden Fett, Wachs usw. schnell. Sollten noch Spuren vorhanden sein, geben Sie gemahlene kalzinierte Magnesia eine Zeit lang darauf. Dies ist auch ein gutes Mittel, um Fett, Wachs oder Öl aus Stoffen zu entfernen. Sehr oft, wenn Zitronensaft oder Säure die Farbe eines Stoffes oder eines anderen Stoffes zerstören würden, entfernt Chloroform den Fleck und lässt die Farbe unverändert.

Knochen , gut kalziniert und pulverisiert, ist ein ausgezeichneter Fettabsorber. Es sollte daran erinnert werden, dass alle derartigen Prozesse erneuert werden müssen, denn nachdem das aufgetragene Pulver oder Tuch eine bestimmte Menge Fett oder Fleck aufgenommen hat, wird es nicht mehr aufgenommen. Ein sanfter Druck oder eine leichte Reibung, nachdem Papier über das Pulver gelegt wurde, erleichtert die Aufnahme.

Der berühmte ATHANASIUS KIRCHER , der im 16. Jahrhundert schrieb, hat einen amüsanten Bericht darüber hinterlassen, wie er eines Nachts, als er in einem Kloster in Sizilien Halt machte, ein Buch aus der Bibliothek nahm (es war das Buch von STEPHANUS FAGUNDEZ). *In Præcep'a Ecclesiæ*) – „ ein neues Buch und elegant gebunden“ – und schüttete darüber und darin das ganze Mitternachtsöl seiner Lampe aus! In großer Sorge ließ er Branntkalk holen, aber es war keiner zu bekommen. Also befahl er den Mönchen, ihm einige *Knochen zu bringen* , die er schnell kalzinierte, pulverisierte und auftrug. Und am nächsten Morgen war von einem Fleck nichts mehr zu sehen, nur ein leichter Ölgeruch, der aber bald verflogen war. Er fügt hinzu, dass Gips auch getan hätte.

Ermitteln Sie sorgfältig die Art des Flecks, bevor Sie versuchen, ihn zu entfernen. Für harzige Substanzen verwenden Sie Spiritus, Eau de Cologne oder Terpentin. Benzin extrahiert mehrere Stoffe.

Ein altes Rezept zum Entfernen von Tintenflecken bestand darin, einen Löffel guten Aquafortis zu nehmen und darin ein Stück Kreide von der Größe eines großen Gerstenkorns zu zerbrechen; Fügen Sie zwei Esslöffel Rosenwasser und einen Esslöffel Essig hinzu. Dies sollte in einem sauberen Glas gemischt und mehrere Stunden stehen gelassen werden. Das Auftragen erfolgt mit einem neuen Schwamm, mit Druck und nicht zu locker und nicht zu lang. Wenn das Papier fast trocken ist, wiederholen Sie den Vorgang. Wenn die Tinte verschwunden ist, waschen Sie die Säure sofort mit reinem Wasser und einem sauberen Leinenlappen aus. (Aber für viele Stoffe ist es *zu stark .)*

Wenn die Tinte nicht in das Papier eindringt, kann sie durch Radieren mit einem scharfen Taschenmesser oder einem vulkanisierten Präparat entfernt werden Indienkautschuk und pulverisierter Bimsstein werden von den meisten Schreibwarenhändlern verkauft. Wenn letzteres nicht „beißt", kann seine Wirkung durch leichtes Anfeuchten unterstützt werden. Nach dem Radieren die abgekratzte Stelle mit sehr fein gemahlenem Bimsstein abreiben und mit einem Poliermittel oder einer anderen glatten Substanz polieren.

Selbst wenn ein Tintenfass über eine gedruckte oder lange geschriebene Seite verschüttet wurde, können wir durch schnelles Eingreifen die neue Tinte herausziehen und die alte wie zuvor leer lassen; Aber der Leser, der erwartet, dieses Wunder der Umwandlung der Nacht in den Tag zu vollbringen, darf mit dem ersten Versuch, ihn zu beheben, nicht warten, bis der Unfall passiert, sonst wird er wahrscheinlich scheitern. Lassen Sie ihn zunächst, nicht nur einmal, sondern oft, Tinte auf eine leere und wertlose Seite gießen und dann zuerst mit dem Löschpapier, dann mit den verdünnten Säuren und dem Füllmaterial experimentieren. Die Zeit wird auf keinen Fall verschwendet.

Ein frischer Tintenfleck lässt sich leicht vom Papier entfernen, indem man es mit einer fein pulverisierten Mischung aus Salpeter , Schwefel , Alaun und Bimsstein abreibt. Handelt es sich um eine alte Stelle, befeuchten Sie diese zunächst etwas mit Wasser.

Tintenflecken usw. im alten Manuskript. wurden teilweise kunstvoll mit Ornamenten in Gold oder Farbe überzogen .

Wenn eine ganze Seite oder mehrere Seiten eines Buches fehlen, kommt es oft vor, dass ein genialer Drucker das Ganze mit weitaus geringerem Aufwand wiederherstellen kann, als man annehmen würde. Es gibt viele Bücher, bei denen es sich lohnen würde, den Typus gießen zu lassen, denn selbst mit einer so wiederhergestellten Seite kann das Buch zehnmal so viel wert sein, als wenn es fehlen würde. Fehlende Seiten werden oft durch fotografische Faksimiles einer anderen Kopie ergänzt.

Erst gestern, während ich dies schreibe, hörte ich hier in Florenz einen Touristen erklären, dass es nichts zu kaufen gäbe, was sich zu kaufen lohnte, und dass alles Merkwürdige auf einmal geschnappt wurde. Dem konnte ich nicht zustimmen, da ich in letzter Zeit noch nie so viele Objekte gesehen hatte, die ich als tolle Schnäppchen ansah. Aber sie waren alle *baufällig* , und der Tourist möchte im Allgemeinen alles in hervorragendem Zustand sehen. Wer alte Bücher und Elfenbeinarbeiten sowie Lederarbeiten und Tafelbilder restaurieren kann, wird an Schnäppchen nirgends für lange Zeit mangeln. Die Männer, die verkaufen, sind nicht alle so hervorragende Experten im Ausbessern, Reparieren und Fälschen, wie die Literaturhändler des Wunderbaren uns glauben machen wollen. Wenn sie so schlau wären , würden sie nicht zulassen, dass wertvolle Tafelbilder vor ihren Augen in zwei Teile zerplatzen, weil sie nicht wissen, wie man sie für einen Penny gerade richtet und festheftet. Es gibt eine Fülle an raffiniertem Schmieden, an liegenden Elfenbein- und Silberarbeiten und gefälschtem antikem Leder, aber an der Restaurierung kleinerer oder einzelner Gegenstände gibt es sehr wenig; und hier gibt es, wie gesagt, ein weites Feld für jeden Sammler, der genug weiß, um das, was in diesem Buch gelehrt wird, in die Praxis umzusetzen. Es stimmt so weit nicht, dass jetzt alles ausverkauft ist, dass ich selbstbewusst behaupte, dass es kaum einen Trödelladen in Europa gibt, *in dem ein erfahrener Reparaturbetrieb* nicht ein Schnäppchen findet, und in den meisten Fällen sogar mehrere.

Für den Buchreparateur ist es oft von Nutzen, Pergamentpapier für sich selbst herstellen zu können. Wenn wir eine Mischung aus einem Teil Salpetersäure und drei Teilen Wasser nehmen – wobei die Verhältnisse sehr stark von der Qualität der Säure und des Papiers abhängen – und ein Stück weiches, unglasiertes Papier hineintauchen, wird letzteres sofort zu einem ... Substanz wie Pergament. Es sollte sofort in wechselndem reinem Wasser gewaschen werden. Ich möchte hier anmerken, dass sich der Bediener weder bei der Durchführung dieses noch bei irgendetwas anderem mit einem einzigen Experiment zufrieden geben sollte.

In Bezug auf Papier gibt es einige merkwürdige Fakten, die jeder Leser wissen sollte. Vor der Erfindung oder allgemeinen Verwendung von Fensterglas wurde laut KIRCHER (*De Secretis*) eine sehr transparente Papiersorte wie folgt hergestellt :

Nehmen Sie Papier aus der Mühle, das noch nicht geleimt ist, und vermischen Sie es mit sechs Teilen Terpentin und zwei Teilen Mastix. Dadurch entsteht wirklich ein sehr klares oder zumindest durchsichtiges Medium, das zur vorübergehenden Reparatur zerbrochener Glasfenster verwendet werden kann.

Derselbe Autor teilt uns mit, dass wir, wenn wir feines Pergament (*pergamenam hædinum*), ohne Kalk zubereitet oder natürlich getrocknet, legen wir es in Wasser, das es gerade bedeckt, in das gut gekochter Honig und das Eiweiß hineingegossen wurden. Damit wurden farbige Glasfenster repariert.

Gibt es auch im *Zauberbuch* von JOHANN WALLBERGER , Frankfurt, 1760, ein Rezept zum gleichen Zweck:—

„Nehmen Sie Pergament ohne Kalk und lassen Sie es in einer Mischung aus dickflüssigem, in Wasser aufgelöstem Gummi arabicum , gut geschütteltem Eigelb und geklärtem Honig einweichen."

Im Hinblick auf diese Rezepte aus alten Werken ist zu beachten, dass die Rezepte, die auf moderner Chemie und Experimenten basieren, im Allgemeinen billiger und scheinbar besser sind, die ersteren jedoch oft eine dauerhaftere *Wirkung haben* und tatsächlich gründlicher getestet wurden. Damals gab es sehr viele Pergamentfenster, heute gibt es keine mehr. Und in diesen alten Werken von PORTA , WECKERUS , TENZELIUS , KIRCHER , ALEXANDER VON PIEMONT , MIZALDUS , VALENTINE KRAUTEMANN und vielen anderen, von denen ich eine große Sammlung habe, gibt es viele merkwürdige Rezepte, von denen ich viele von Zeit zu Zeit wiederbelebt gesehen habe Zeit der späten Jahre als moderne wissenschaftliche Erfindungen – über dieses Thema könnte ein interessanter Artikel geschrieben werden.

Eine schwache Lösung von Oxalsäure in Wasser eignet sich oft am besten, um Tinte und andere Flecken von starkem weißem Papier oder Leinen zu entfernen. Es sollte durch leichtes Drücken oder *Tupfen* (nicht Reiben) mit einem Wattepad aufgetragen werden. Sobald der Fleck entfernt ist, tupfen Sie ihn erneut mit klarem Wasser ab. Achten Sie jedoch darauf, dass Ihre Finger keine Kratzer oder Schnittwunden aufweisen, denn wenn die Säure in die Finger gelangt , verursacht das große Schmerzen.

Ich möchte hier erwähnen, dass der alte Buchbinderkleister wie folgt hergestellt wurde:

Nehmen Sie ein Viertel Pfund Stärke, lassen Sie es eine Viertelstunde lang in Wasser einweichen und rühren Sie es um, bis es milchig ist. Fügen Sie eine Prise Alaun hinzu und kochen Sie es noch einmal.

Diese soll besser haltbar sein als Paste aus Mehl . (Fügen Sie ein paar Tropfen Nelken- oder Karbolsäureöl hinzu, dann bleibt es sehr gut haltbar.) Anstelle der Stärke kann jedoch auch Mehl verwendet werden, wodurch ein guter Kleber entsteht. Ein wenig Kleber verbessert es erheblich. Es gibt große Unterschiede in der Qualität von Zement aus Brot, da sich der Zustand des Brotes durch die Gärung verändert hat.

BINDUNG. — Das Reparieren von Büchern ist fast mit *dem Binden* verwandt , und letzteres ist in Perfektion eine etwas schwierige Kunst. Dennoch ist es für einen sorgfältigen Menschen überhaupt nicht schwierig, viele Werke so zu verbinden, dass sie viel Lektüre aushalten und mit ein wenig künstlerischem Geschick sehr gut aussehen. Dies kann wie folgt erfolgen :

Wenn ein Buch zusammengenäht wird, werden in den Rücken zwei oder mehr Kreuzstücke aus Schnur oder Musselinstreifen eingenäht, die auf beiden Seiten ein wenig überstehen und das Buch halten, indem sie in den Einband unter einem Blatt geklebt werden und zusammen abdecken. Dies wird manchmal durch einen weiteren Streifen Musselin zusätzlich verstärkt. Wenn der Rücken fest mit dem Buch verklebt oder verklebt ist, so dass er sich mitbiegt, spricht man von einem flexiblen Rücken, der auch zur Stabilität des Ganzen beiträgt.

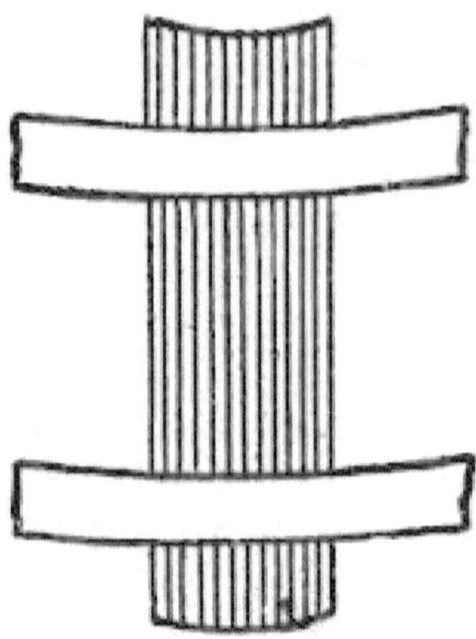

Wenn der Leser nun ein einfach genähtes oder geheftetes Buch ohne Bindung nimmt und auf dessen Rückseite zwei oder mehr Pergamentstreifen legt und sie mit dem stärksten möglichen Kleber festklebt – Mastix ist am besten, aber angesäuerter Leim oder Mehl –, Ein Kleister mit Leim oder sogar Dextrinpaste wird den Zweck erfüllen – und wenn er darüber noch einmal einen Streifen von gerade der Breite der Rückseite auf- und abklebt, hat er alles Nötige, um eine starke Bindung herzustellen Hält genauso gut wie die Saiten. Beachten Sie, dass die Pergamentstreifen zunächst gründlich durchnässt und mazeriert oder zerknittert werden müssen, bis sie ganz weich sind. Auch hier gilt: Sobald die Paste fast trocken ist, sollte der Streifen eingerieben werden.

Als nächstes schneiden Sie zwei Stücke *stabiler* Pappe aus, die jeweils etwas größer sind als die Länge und Breite des Buches. Das sind die Cover.

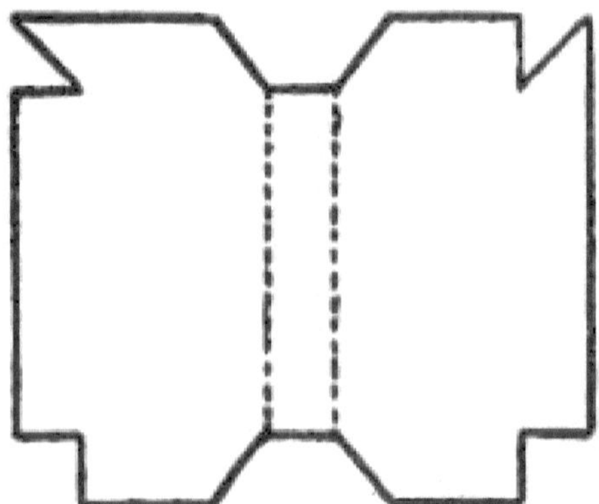

Kleben Sie nun die Außenseite der *Gurte* genau auf die Innenseite der Bezüge und lassen Sie dabei gerade genug Platz zum Öffnen und Schließen. Nach dem Trocknen sollte sich das Buch leicht öffnen und schließen lassen. Nehmen Sie dann den äußeren Leder- oder Stoffbezug, der in der in der beigefügten Skizze gezeigten Form zugeschnitten ist, kleben Sie ihn gut über die Rückseite, drehen Sie dann die Kanten um und kleben Sie sie über die Innenseite des Bezugs, sodass eine schmale Stelle entsteht Marge, wie man bei der Durchsicht jedes Buches sehen kann. Klappen Sie vorher auch die Kanten an den Enden des Buches um. Die Bindung wird viel stärker, wenn wir die Enden der Pergamentstreifen auf die Einbände kleben und diese dann nacheinander mit guten, starken Papierstücken dicht an der Rückseite überkleben, um ein Hochziehen der Streifen zu verhindern.

Wenn sich an den Seiten des Buches Vorsatz- oder Blankoblätter befinden, kleben Sie jeweils eines davon auf die Innenseite des Einbands. Dadurch wird der Rand verdeckt und die Stärke des Buches deutlich erhöht. Aber wenn es keine gibt, können Sie sie erstens mit einer Methode versehen, die Ihre Bindung noch stärker macht als die der meisten Bücher. Nehmen Sie, sagen wir, ein sehr starkes Stück Whatman-Zeichenpapier oder ein anderes gutes, robustes Zeichenpapier aus Leinen, das gerade so groß ist, dass es das ganze Buch abdeckt, also die Rückseite und die Seiten. Schneiden Sie vier Schlitze hinein, führen Sie die Streifen durch, die das Buch an den Einband binden sollen, kleben Sie sie fest und kleben Sie dann das so hinzugefügte Vorsatzblatt über die Streifen. Aber es ist für jeden Zweck ausreichend, wenn Sie die Vorsatzblätter einfach mit einem sehr schmalen Rand „Klebstoff" festkleben. All dies wird jedem klar, der ein Buch sorgfältig studiert. Und wer die Geschicklichkeit besitzt, einen Brief ordentlich zu falten oder ein Paket ordentlich zu verpacken, dem gelingt es in kurzer Zeit, nach ein oder zwei Versuchen, ein Buch auf diese Weise zu binden. Ich habe beobachtet, dass diejenigen, die als Hobby-Buchbinder scheitern, dies im Allgemeinen tun, weil sie zu früh zu viel versuchen und elegante Meisterwerke anstreben, bevor sie gelernt haben, mit der von mir beschriebenen alltäglichen Arbeit problemlos umzugehen.

Obwohl diese Art des Streifenbindens wenig bekannt ist, war es seltsamerweise die allererste, die jemals praktiziert wurde ; Denn laut OLYMPIODORUS WAR ein gewisser PHILATIUS der erste, der die Verwendung von *Leim lehrte* , um beschriebene oder leere Blätter aneinander zu befestigen, und für diese große Entdeckung wurde ihm eine Statue errichtet. Binder wurden bei den Römern *ligatores genannt* , wie sie es auch heute noch in Italien sind, *legatori* ; und tatsächlich habe ich hier selbst das Handwerk erlernt, da ich mittlerweile meine Bücher in der Regel selbst binde. Diejenigen, die die Einbände für römische Buchhändler herstellten und verkauften, wurden *scrutarii genannt* .

Es gibt eine sehr einfache Möglichkeit, Broschüren, MSS oder Briefe zu binden, wenn sie noch einen Rand für die Rückseite haben. Wenn Sie sie nicht nähen lassen können — was für einen Laien zwar schwierig, aber für eine Kleinigkeit machbar ist —, dann nähen Sie sie von einer Seite zur anderen zusammen. Wenn die Seiten von großem Wert sind, kleben Sie sie mit einem *sehr schmalen* , doppelten oder gefalteten Klebestreifen zusammen. Wenn Sie das erledigt haben, binden Sie es wie zuvor, oder kleben Sie einfach eine Abdeckung aus Zeichenpapier auf die Rückseite und die Vorsatzblätter an die Seiten. Viele lose Literatur, Flugblätter, Zeitungsausschnitte, Briefe usw. können auf diese Weise ohne großen Zeit- und Geldaufwand in wirklich wertvolle Bücher umgewandelt werden.

Ich möchte hier anmerken, dass Stoff zum Einbinden, dünnes Leder und sogar gewöhnliches Pergament oder Pergamentpapier viel billiger sind, als man annehmen würde, und dass die durchschnittlichen Kosten, einschließlich aller Ausgaben, für das Einbinden eines Duodecimo-Buches in diesen Materialien nur bei etwa 100.000 US-Dollar liegen würden drei Pence zu einem Schilling. Eventuelles überschüssiges Pergament dient zum Binden.

Wer jedoch Leder mit Markierung und Stempel prägen kann, auch wenn es nur ein wenig ist, kann nach einer Woche Übung Bücher so dekorieren und verzieren, dass sie ihren Wert erheblich steigern. Ich übertreibe auch nicht, wenn ich sage, dass dies ein Bereich ist, in dem jeder, der einigermaßen dekorative Muster zeichnen oder kopieren kann, seinen Lebensunterhalt verdienen könnte. Ausführliche Informationen dazu, wie dies gemacht wird, findet der Leser in meinem *Handbuch zur Lederverarbeitung* . (Preis 5 Shilling. London, Whittaker & Co., 2 White Hart Street, EC) In der vorliegenden Arbeit kann ich nur sagen, dass sie wie folgt ausgeführt ist : – Binden Sie Ihr Buch mit Pappe in ziemlich dickes, hartes und festes braunes Leder; Es gibt eine Art, die für diesen Zweck in Deutschland hergestellt wurde. Zeichnen Sie das Muster darauf auf oder zeichnen Sie es mit einem Buntstift auf Papier und reiben Sie es von der Rückseite auf das Leder. Wenn Sie fertig sind, gehen Sie mit Tusche mit der feinen Spitze eines Miniaturpinsels darüber. Befeuchten Sie das Leder während der Arbeit mit einem Schwamm leicht, markieren Sie die Kontur mit einem Marker und stampfen Sie den Untergrund mit einer Matte ab. Sie können es braun lassen, aber wenn die Arbeit grob ist, empfehle ich, das Ganze mit Tinte oder Tusche zu bemalen und es dann mit SOEHNÉES Lack Nr. 3 zu überziehen. Reiben Sie es gut mit der Hand ab.

Wenn Sie das Design liefern können (das immer gewagt und einfach sein sollte), wird jeder Holzschnitzer es für ein paar Schilling im *Tiefdruckverfahren* auf einem Holzblock anfertigen, der mindestens 2,5 cm dick sein sollte an der Rückseite ist ein Querstück angeschraubt, um ein Verziehen zu verhindern. Damit können Sie beliebig viele Umschläge abstempeln. Retuschieren Sie sie von Hand mit Tracer und Stempel. Wenn sie geschwärzt und anschließend vergoldet und lackiert werden, sind solche Bücher sehr attraktiv und sollten sich gut verkaufen. Jeder, der ein Muster entwerfen oder sogar nachzeichnen kann, kann es für ein paar Schilling auf einen Block schneiden lassen, und jeder, der einen solchen Block hat, kann beliebig viele Abdrücke in feuchtem Leder ausdrucken und sie mit Stempel und Tracer retuschieren Kleben Sie sie auf Papphüllen für Bücher oder Alben und verkaufen Sie sie mit gutem Gewinn. Doch obwohl ich dies mehrmals in Handbüchern usw. klar dargelegt habe, habe ich noch nie einen einzigen Amateur getroffen, der es versucht hätte. In der Regel leidet man auf dieser Welt viel mehr unter *Faulheit*, Trägheit und Unwilligkeit, etwas zu versuchen , als unter allen anderen vergiftenden Einflüssen, die zur Armut führen.

Verzweifeln Sie nicht, auch wenn ein Buch völlig verfallen ist, so dass es keinen Rand mehr zum Heften gibt. Trennen Sie zunächst jedes Blatt ab, glätten Sie es und befeuchten Sie es bei Bedarf mit einem leichten Aufguss Tragant. Wenn dann nur noch ein zwanzigstel Zoll Rand übrig ist, nehmen Sie Streifen aus gutem, zähem, dünnem Papier und nähen Sie die Blätter sorgfältig an diese Streifen. In einigen schwerwiegenden Fällen müssen Sie sehr dünnes Transparent- oder Transparentpapier verwenden, um den Text zu überkleben, der jedoch durch den Text hindurch sichtbar sein muss. Wenn dies sorgfältig durchgeführt wird, sieht es nicht so schlecht aus, wie es scheint . Wenn ein Streifen gefaltet und zum Verbinden zweier Blätter verwendet wird, wird das Nähen und Binden einfacher. Ich habe bereits beschrieben, wie man Ränder wiederherstellt und Wurmlöcher füllt.

Ich denke, wenn jemand mit literarischen Gewohnheiten alles in Betracht zieht, was in diesem Kapitel geschrieben steht, und beginnt, es mit Bedacht und Sorgfalt zu praktizieren , wird er mit Sicherheit Erfolg haben und es als eine sehr gewinnbringende und angenehme Beschäftigung empfinden. Alle diese Männer haben Broschüren, Manuskripte, Autogramme, Briefe, Zeitungsausschnitte und Papiere, die, wenn sie klassifiziert und in Buchform zusammengestellt würden, leichter nutzbar und weitaus wertvoller wären. Ich sage nichts über die Reparatur alter Bücher; Es spricht für sich, dass es sich um eine einfache und lukrative Beschäftigung handelt. Und man kann beobachten, dass ein junger Mann, der auf diese Weise binden und reparieren kann, ein äußerst wertvoller Hilfsbibliothekar wäre, obwohl das Geschäft tatsächlich sehr bald gemeistert werden kann; und es kommt oft vor, dass man bei der Wahl einer Sekretärin, wenn es viele Papiere zu archivieren oder eine Bibliothek zu betreuen gibt, oder eines Assistenten in einem Antiquariat – insbesondere letzterem – jemand den Vorzug gibt , der praktisch alles beherrscht wird in diesem Kapitel gelehrt. Und da an Bord eines Schiffes der beste Seemann im Allgemeinen der beste Ausbesserer ist – jeder alte Seemann ist sprichwörtlich geschickt im Reparieren und hat auch an Land ein schnelles Auge für Notfälle –, wird wahrscheinlich derjenige ein guter sein, der Bücher sanieren und „formen" kann Assistent in allen Angelegenheiten.

Einem Schriftsteller oder Kopisten kann es oft passieren, dass er Gelegenheit hat, ein Wort auszuradieren, und nicht über die Lücke schreiben kann, damit sich die Tinte nicht ausbreitet. In alten Zeiten wurde dem wie folgt abgeholfen: Eine sehr kleine Menge Wacholdergummi, zu feinstem Pulver verarbeitet, wurde mit einem weichen Leinenlappen über die Stelle gerieben.

Bei allen Arten von Reparaturen oder technischen Arbeiten ist es manchmal notwendig, Kreise zu zeichnen, wenn der Künstler keinen Zirkel hat. Dabei gelingt dies perfekt, nahezu freihändig und sehr einfach. Nehmen Sie mehrere Blätter Papier oder eine Schreibunterlage; Legen Sie das zu zeichnende Stück darauf. Nehmen Sie wie üblich einen Bleistift in die Finger, legen Sie die Hand als Spitze auf den Nagel des kleinen Fingers – nachdem Sie zuvor den Ärmel seines Mantels weit nach oben gezogen haben, um eine vollständige Sicht zu erhalten – und dann mit der linken Hand Zeichnen oder drehen Sie das Papier. In den meisten Fällen wird ein perfekter Kreis entstehen. Dies ist eine bewundernswerte Übung, um zu lernen, Kreise vollständig mit der freien Hand zu zeichnen, wie man durch Experimente feststellen kann.

Papier kann, wenn auch nicht absolut feuerfest, so doch zumindest entflammbar gemacht werden, indem man es in Alaunwasser oder in *Oleum tartari per deliquium* , also Weinsteinöl, einweicht. Schreibwarenhändler könnten für dieses Papier einen Verkauf finden. Wenn das Dokument, das von einer gewissen Herzogin ins Feuer geworfen wurde, auf diese Weise vorbereitet worden wäre, hätte es vielleicht von einem Umstehenden gerettet werden können, bevor es zugrunde ging.

Die Kunst des Konservierens oder Verhinderns von Verletzungen ist eng mit der Restaurierung verbunden. Aus diesem Grund wäre es gut, wenn mehr Menschen, die Bücher per Post verschicken, Schutzecken verwenden würden, die jeder leicht mit einer starken Schere aus dünnem Buch herstellen kann Messingblech, Zinn oder Eisen. Nehmen Sie ein rechteckiges Stück Metall wie folgt: –

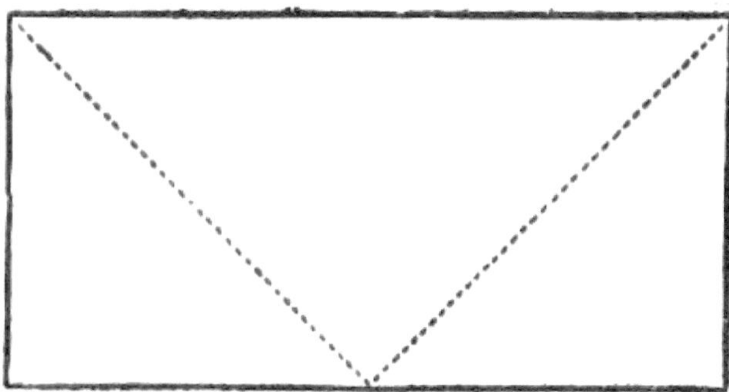

Dann falten Sie es über einem Stück Pappe oder Holz zu einem Dreieck,
genau so dick wie der Buchdeckel: –

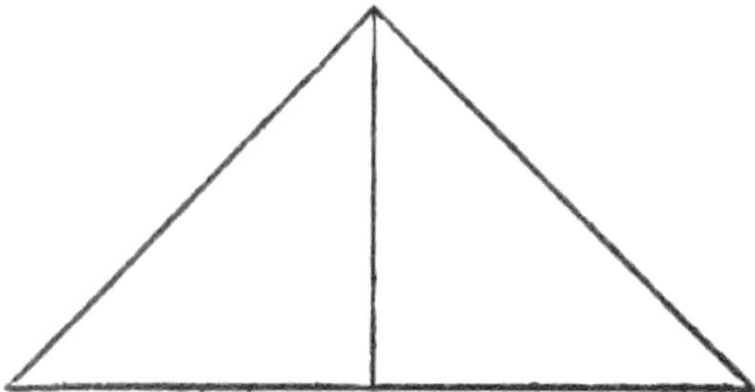

Besonders in Indien sollten sehr wertvolle Bücher in Kisten aus dünnem
Metall aufbewahrt werden. Solche Etuis sollten nicht mit einem Klappdeckel
zum Öffnen und Schließen, sondern mit einer Abdeckung versehen sein, und
zwar wie ein Zigarrenetui. Solche Hüllen oder zumindest metallische
Schutzvorrichtungen sollten auch dann verwendet werden, wenn ein Buch
in üblicher Weise verpackt und verschnürt und per Post verschickt wird. Ich
bin mir ziemlich sicher, dass zumindest jedes andere Buch, das ich im
vergangenen Jahr per Post erhalten habe, an den Rändern melancholische
Narben von den Saiten aufweist , die an die Wunden erinnern, die der
heldenhafte Indianer durch seine Fesseln erlitten hat. Ein Schutz ist einfach
ein Stück Blech, das ein- oder zweimal wie folgt gebogen wird:

Diese Schutzvorrichtungen sind für das Verpacken von Büchern in Koffern
von unschätzbarem Wert. Ihr Preis ist gering, und am Ende wäre ihre
Verwendung sehr wirtschaftlich. Bücher sollten in ihren Regalen nicht zu eng
gepackt werden. Es sprengt die Bindung, insbesondere moderner Werke in

Pappe und Papier. Die alten flexiblen Pergamenteinbände waren in jeder Hinsicht besser und ließen sich auch heute noch weitaus billiger herstellen, als man allgemein für möglich hält. Ich habe ein fast dreihundert Jahre altes Buch vor mir, gebunden in gespaltenes oder sehr dünnes Pergament, das offensichtlich viel benutzt wurde, aber immer noch in gutem Zustand ist. Aber Pergament muss für das normale Binden nicht sehr sorgfältig vorbereitet werden, und es könnte für die Hälfte des Preises verkauft werden, den Schreibwarenhändler für das verlangen, was zum Schreiben verwendet wird. In den Vereinigten Staaten muss man für ein Schaffell viel mehr bezahlen als für ein Schaf, in manchen Fällen sogar drei- oder viermal so viel – das heißt, die Haut als Pergament kostet in New York so viel wie drei Schafe in der Ferne Westen – und doch stehen die Kosten, die Haut in den Osten zu bringen und zu gerben, in keinem Verhältnis zu den Gewinnen des Schreibwarenhändlers.

Jeder , der ein gewöhnliches altes pergamentgebundenes Buch, wie es vor mir liegt, untersucht, wird auf einen Blick erkennen, warum es haltbarer sein muss als ein moderner Einband. Beim modernen Buch reicht der *steife* Rücken bis zum Rand oder allgemein *über* die Höhe der Seiten und besteht aus Musselin, Papier oder bestenfalls aus weichem Leder. Daher bricht es mit der Zeit durch Druck und Reibung oder nutzt sich ab. Bei Pergament oder Pergament war diese Hinterkante in den meisten Fällen zurückgesetzt oder so weit wie möglich unten gehalten, und die robuste Abdeckung bestand vollständig aus einem Stück. Es ist sehr wahr, dass es heutzutage nicht mehr möglich ist, einfaches, altmodisches Pergament zu bekommen, und dass diejenigen, die Pergament oder sogar Schafe haben möchten, einen enormen Preis dafür zahlen müssen. Dies wäre jedoch nicht lange der Fall, wenn die Nachfrage nach Pergamenteinbänden so groß wäre wie heute nach dünnem Musselin. Diejenigen, die ersteres bevorzugen, werden keine Schwierigkeiten haben, es für sich anfertigen zu lassen und ihre Bücher selbst nach den Anweisungen zu binden, die ich gegeben habe.

Im Kapitel über *Pappmaché werde ich* zeigen, wie sich Buchumschläge kostengünstig und ohne großen Aufwand herstellen lassen, die schön geprägt sind und äußerst langlebig sind. Kurz gesagt geschieht dies dadurch, dass man eine flache Form oder Matrize verwendet, auf die man abwechselnd Schichten Papier und feste Paste (in die Leim und Alaun eindringen) legt, dann einen Brotroller darüber führt und kontinuierlich Paste und Papier hinzufügt, bis das Ganze fertig ist vollständig. Wenn Sie fertig sind , reiben Sie Schwarz oder eine andere Farbe ein, reiben Sie dann Öl ein, reiben Sie erneut, tragen Sie SOEHNÉE Nr. 3 auf und reiben Sie abschließend mit der Hand ein. Dadurch entsteht eine sehr schöne Bindung.

Es ist sehr zu bedauern, dass trotz der Tatsache, dass in den letzten Jahren aufgrund von Maschinen und Patentverfahren eine so große Produktion von billigen und auffälligen Einbänden stattgefunden hat, wie sie in Fotoalben zu sehen sind, die Qualität und Festigkeit ebenso stetig und schnell abgenommen hat und Haltbarkeit. Es wird selbst bei sehr teuren Büchern immer seltener, eines zu finden, das sich ehrlich und gut öffnen lässt oder gut genäht ist. Seitdem ich dieses letzte Wort geschrieben habe, habe ich es mit zwei kürzlich veröffentlichten Büchern getestet, von denen eines sechs Schilling und das andere eine Guinea gekostet hat. Letzteres war ziemlich gut zusammengefügt und „hielt", war aber beim Nähen und Kleben verzogen. Es sei „schlechte Arbeit" gewesen. Was das Sechs-Schilling -Buch betrifft, so war es auf jeder Seite, die ich aufschlug, *bis zur Rückseite durchgebrochen* , und doch öffnete ich es nicht sehr weit. Ich würde sagen, dass jeder Amateur, der in einem Monat oder sechs Wochen nicht lernen konnte, Bücher besser zu binden, als diese gebunden waren, in der Tat dumm sein muss. Die Untersuchung einer Reihe anderer Bücher zeigt, dass das, was ich gesagt habe, heute im Allgemeinen wahr ist und dass selbst sehr teure und prätentiös elegante Werke in Wirklichkeit nicht halb so gut gebunden sind wie vor zweihundert Jahren übliche und billige Schulbücher. Dies habe ich auch durch die Untersuchung einiger in Pergament gebundener Bücher bestätigt, die durchaus noch Jahrhunderte überdauern dürften.

Sollte dieser billige, billige und auffällige Bindestil bestehen bleiben und damit einhergehend ein ständiger Preisanstieg für alles, was von Hand hergestellt wird, wird das Ergebnis sein, dass alles, was haltbar ist, von „Amateuren" hergestellt wird – also von Leuten, die es können künstlerischer Geist vereinen eine gewisse persönliche Unabhängigkeit. Besitzer von Bibliotheken werden ihre Bücher selbst binden oder Leute beschäftigen, die als Künstler arbeiten und nicht wie bloße Maschinen. Die Vulgären und Unwissenden werden weiterhin auffällige, billige Duplikate kaufen – angeregt durch das Hören: „Das ist doch ein Witz , Mama, das verkaufen wir ganz schön viel " –, während die Gebildeten das Handgefertigte bevorzugen werden, was nicht der Fall ist zwangsläufig teurer. Wenn man den Arbeitslosen in England – oder den Opfern des Massendampf-Müllvernichters – die einfache Handarbeit beibringen könnte, wie sie alle können , wäre es nicht nur möglich, die nationale Armut erheblich zu lindern, sondern wir könnten es sogar tun eine Vielzahl von Artikeln von besserer Qualität. Denn es scheint aufgrund eines seltsamen Gesetzes eine *Tatsache* zu sein , dass Menschen trotz aller Verbesserungen in der Maschinerie immer noch von *Hand* – und nun ja – Bilder, Kleidung, Schuhe oder Stiefel, Bucheinbände und Kunstwerke im Allgemeinen herstellen können – das heißt um zu sagen, alles, worin Geschicklichkeit oder Charakter gezeigt werden kann; während im Gegenteil die Maschinerie in all diesen Angelegenheiten, anstatt irgendwelche Fortschritte zu machen, aufgrund der Konkurrenz tatsächlich zurückfällt! Wissenschaftliche und andere Fachzeitschriften rühmen sich ständig neuer Entdeckungen und

Verbesserungen, aber trotzdem sind die aus Holz gebauten Häuser von drei Vierteln Londons, die gesägten und geklebten billigen und abscheulichen Möbel (hergestellt mit wissenschaftlichem Dampf), mit denen sie gefüllt sind, der Durchschnitt Qualität von allem, wo Geschick und Geschmack eine Rolle spielen sollen, zeigen, dass dieses gepriesene „Ende des Jahrhunderts" auch in Bezug auf den guten Geschmack und die Qualität seiner Arbeit schnell zu Ende geht.

Wer lernt, zunächst einmal seine Bücher mit Sorgfalt, Geschmack und Geschick zu *reparieren , wird feststellen, dass der Fortschritt von hier zum Binden und zur Anfertigung eleganter Einbände nur ein Weg von A nach B ist. Das Binden der alten Zeit, wie es war* unglaublich stark, kraftvoll und urig, war extrem einfach zu machen, da ich mich durch viel Prüfung und persönliche Übung davon überzeugt habe. Die Nähte waren nicht mit dem schwächsten und billigsten Baumwollgarn; noch weniger waren die Drähte für diesen Zweck zu dünn; Es wurde mit Leinenpackfaden *vom oberen bis zum unteren Rand der Seite* in drei oder vier Stichen ausgeführt, so dass das Buch wirklich geöffnet und zurückgebogen werden konnte, bis die Buchdeckel sich berührten, ohne dass es beschädigt wurde. All das könnte man heute mit den Pergamentumschlägen zum gleichen Preis geben, den das Buch jetzt kostet, und mit dem gleichen Gewinn, wenn nicht der öffentliche „Geschmack" auffälligen Müll vorzieht. Abgesehen von den guten, stabilen *Nähten ist* auch der gesamte *Bindevorgang* sehr einfach. Es erfordert Sauberkeit und Sorgfalt sowie etwas Übung, ist aber definitiv nicht schwierig. Wer es beherrscht, wird feststellen, dass andere Arten des Ausbesserns und auch die Ausübung verwandter kleinerer Künste einfach die aufeinanderfolgenden Buchstaben des Alphabets sind.

Es ist eine Tatsache, auf die ich aufmerksam machen möchte, dass dilettantische Buchliebhaber ausnahmslos unter der Bindung nichts weiter verstehen als ihre Verfeinerungen und leicht ruinierbaren Verzierungen, auf die Bücher besser verzichten sollten. Amateure dieser Klasse versuchen immer die schwierigste Arbeit auf einmal und scheitern im Allgemeinen. In der Regel, fast ausnahmslos, zeichnen sich die auf Ausstellungen gezeigten Prestigeexemplare moderner Einbände vor allem durch Ornamente aus, die einer Handhabung oder Reibung, wie z. B. einer Oberflächenvergoldung, nicht standhalten.

Broschüren oder Briefe usw. können mit „Ösen" und der mitgelieferten Klammer oder Locher gebunden werden . Oder sie werden einfach zusammengeklebt. In diesem Fall verwenden Sie den kräftigen Fischkleber, der perfekt hält.

Die einfachste und effektivste Methode zum seitlichen Binden oder zum Zusammenhalten von Blättern durch Hin- und Herbewegen des Bandes von

einer Seite zur anderen ist wie folgt : Halten Sie Metallstreifen bereit,
beispielsweise Blech, ein Viertel oder ein ein Drittel Zoll breit; auch kleine
Nieten oder Reißzwecken. Nehmen Sie zwei Streifen mit der gleichen Länge
wie die Broschüre oder das zu bindende Papier und schlagen Sie mit einer
Ahle und einem Hammer in regelmäßigen Abständen Löcher in sie auf einem
festen Stück Holz. Legen Sie diese Streifen dann auf das Buch und treiben
Sie die Nieten durch die Löcher. Drehen Sie das Ganze um, legen Sie die
andere Seite auf einen Amboss oder ein umgedrehtes Glätteisen und drücken
Sie die Spitzen der Nieten flach, damit sie halten. Aus Altdosen, die in so
großer Zahl weggeworfen werden, lassen sich Vorratsstreifen herstellen.
Anschließend kann ein zur Rückseite gebogener Streifen Pergament oder
starkes Papier über die Streifen geklebt werden, um das Erscheinungsbild des
Bandes zu verbessern. Jeder Klempner wird diese Streifen für eine
Kleinigkeit liefern und die Löcher sauber stanzen, um sie zu verwenden. Sie
sollten in jeder Bibliothek und in jedem Schreibwarenladen zu finden sein .
Es ist zu beachten, dass beim Einsetzen der Nieten oder Nägel diese
abwechselnd angebracht werden sollten, eine auf der einen und eine auf der
anderen Seite. Eine leichtere Form dieser Bindung besteht darin, eine
Reißnadel mit flachem Kopf zu nehmen, ähnlich der, die von Künstlern
verwendet wird, und eine runde, flache Blech- oder Messingscheibe, wie ein
dünnes Sixpence- oder Three-Penny -Bit, zu verwenden. In letzteres ein
kleines Loch stanzen und wie zuvor vernieten. Blechmänner werden diese
Scheiben auch lochen; Tatsächlich werfen sie bei bestimmten Arbeiten oft
einen großen Teil der Schnitte weg.

Wenn der Leiter eine große Anzahl von Büchern zu binden hat, wird es für
ihn wirtschaftlich oder eine Möglichkeit sein, sich einen guten Job zu sichern,
wenn er eine erfahrene Buchhefterin anheuert, die für ihn arbeitet. So kann
er *sicher sein* , dass seine Werke von oben bis unten mit stärkstem Leinenfaden
im antiken Stil *gut vernäht sind, anstatt dass sie schäbig drahtig sind (und alle Drähte
sind schäbig, da der dünne nicht hält und der dicke die Bindung sprengt).*), oder noch
schäbiger mit schwachem Baumwollfaden zusammengeschlungen. Dadurch
kann er seine Bindung ganz einfach selbst durchführen. Er darf nicht mit
einem Grolier mithalten oder so exquisite „Juwelen" hervorbringen, die in
Schatullen aufbewahrt werden müssen, für den Gebrauch oder die Lektüre
völlig ungeeignet sind und, wie die meisten „eleganten und konkurrenzlosen"
modernen Einbände, Wunderwerke der Bearbeitung und Vergoldung sind.
Aber er kann mit Sicherheit darauf hoffen, dass er in Pergament so fest
bindet, wie in alten Zeiten Bücher gebunden wurden, und wenn er sie auch
mit reich geprägten Ledereinbänden verzieren möchte, kann er, wie man
sehen kann, in kurzer Zeit Letzteres erlernen im *Handbuch der Lederverarbeitung*
.

Der große Test für die Qualität eines Buches ist: Kann man es frei handhaben und lesen, ohne Schaden zu nehmen? Die unvorsichtigste Betrachtung der meisten Bücher wird den Leser davon überzeugen, dass dieser Test nahezu unbekannt ist. Die exquisit geweißten Pergamenteinbände von Florenz und Venedig, die fast mit dem Druck des sauberen Fingers einer Dame befleckt sind; das Fotoalbum, so schön gestempelt in Leder, so dünn wie Löschpapier, das bei häufigem Öffnen innerhalb einer Woche zerkratzt und schäbig wird – alle Prunkstücke von Ausstellungen halten dem Gebrauch nicht *stand*. Und es scheint, als ob, nachdem alle Bindungen dieses Jahrzehnts verschwunden sind, die der gewöhnlichen, billigen Bücher des siebzehnten Jahrhunderts so gut sein werden wie eh und je.

Eine große Anzahl der in diesem Buch erwähnten Klebstoffe und Kitte eignen sich gut zum Ausbessern von Einbänden oder zum Kleben von Papier auf Papier usw. Das Folgende ist jedoch nicht nur eine Paste, sondern auch eine Glasur und wird als solche häufig auf Etiketten, Schachteln und Karten verwendet:

Kochen Sie Borax mit Wasser und verarbeiten Sie es gründlich zu Kasein, bis ein klarer, dicker und äußerst klebriger Zement entsteht, der auch häufig zum Lackieren von Leder oder Musselin verwendet wird.

Für die Einbände von Büchern ist es oft wünschenswert, einen Lack oder eine Glasur zu haben, und noch häufiger einen Kleister, der sehr fest hält und dennoch nicht eindringt, wie Leim und Kleister es sehr oft tun.

Um einen solchen Zement herzustellen, mischen Sie eine schwere Lösung aus warmem Leim mit frisch hergestellter Stärke oder Mehlpaste. Fügen Sie dazu ein Viertel Terpentin und ein Viertel Weingeist hinzu. Dieser ausgezeichnete Zement ist für viele Zwecke einsetzbar.

Um Wände *gut zu tapezieren*, machen wir Mehlkleister und geben zu jedem Liter zehn Gramm in heißem Wasser aufgelöstes Alaun. Waschen Sie dann die Wand mit Leimwasser ab und bedecken Sie das Papier mit dem Kleister. Alaun und Leim bilden eine ledrige und unlösliche Verbindung, die nicht nur den Verfall aufhält, sondern auch mit großer Kraft daran haftet. Die meisten Tapeten, die mit gewöhnlichem Kleister aufgetragen werden, verrotten mit der Zeit und werden einfach giftig.

EIN STARKER GUMMI ODER KLEBSTOFF FÜR PAPIER, PAPPARBEITEN ODER BINDUNGEN :—

ICH.

Sich auflösen:-

Vergolderleim 100

Wasser   200

kommt :—

Gebleichter Schellack   2

Alkohol   10

II.

Gemeinsam auflösen :—

Dextrin 50

Wasser 50

Vereinigen Sie die beiden so gebildeten Lösungen; Führen Sie sie durch ein Tuch, sodass sie in eine flache Form fallen . Nach dem Trocknen durch Auflösen in heißem Wasser verwenden.

AMERIKANISCHE GLASUR FÜR BRIEFMARKEN : —

Dextrin 2

Essig   1

Wasser 5

Alkohol 1

Stempel werden jedoch sehr oft heimlich durch Feuchtigkeit entfernt. Das folgende Rezept macht dies schwierig. Es besteht aus zwei Vorbereitungen, von denen eine auf die Briefmarke und eine auf den Brief aufgetragen wird. Besonders nötig ist es in Amerika, wo einer Zeitungsaussage zufolge *fast ein Drittel* aller Briefmarken aus Briefen entfernt, gereinigt und wiederverwendet werden.

I. *Für den Brief.*

Chromsäure	2.5 GR.
Ätzkali	15.0 ”
Wasser	15.0 ”
Schwefelsäure _	0,5 ”

Schwefelkupferoxid von Ammoniak 30.0   ”

Feines Papier   4,0   ”

II. *Auf der Briefmarke.*

Störblase im Wasser 7.0 GR.

Essig   1,0   ”

Die Chromsäure bildet mit dem Leim eine wasserunlösliche Substanz, die dazu führt, dass der Stempel der Feuchtigkeit nicht nachgibt. Die beiden sollten in zwei Bechern aufbewahrt werden und der Buchstabe zuerst mit dem einen und die Briefmarke mit dem anderen bestrichen werden. Ich habe von einem Arzt gelesen, der, als er feststellte, dass seine Briefmarken oft gestohlen wurden, die Vorsichtsmaßnahme ergriff, seinen Rücken mit Crotonöl oder einem ähnlich wirksamen „Anti-Dieb-Mittel " zu behandeln , was ein großartiges Ergebnis erzielte vorübergehende Erkrankung seiner Vermieterin und ihrer Familie. Für dieses Rezept muss sich der Leser an einen Apotheker wenden!

EDERS KAUGUMMI FÜR FOTOGRAFIEN. – Ammoniakoxyhydrat in Weinsäure auflösen und zu einem Teil davon zwanzig Stärkepasten hinzufügen.

ZEMENT FÜR LEDER ODER PAPIER BEIM BINDEN VON BÜCHERN USW. — Man nehme 1 Kilogramm Weizenmehl und verarbeite es mit 20 Gramm fein gemahlenem Alaun zu einer Paste. Kochen Sie dies, bis ein Löffel darin stecken bleibt. Decken Sie den Karton oder die Hülle damit ab, legen Sie das Leder oder den Musselin darauf und drücken Sie dann eines über das andere mit einer Walze. Leder sollte zunächst angefeuchtet werden. Es ist darauf zu achten, dass die Paste nicht zu feucht ist; Zweitens, dass es sehr gleichmäßig und dünn aufgetragen wird.

Gravuren oder Texte, bei denen ein Stück herausgerissen wurde, können wie folgt wiederhergestellt werden:

Erhalten Sie ein Foto von einer perfekten Kopie auf entsprechendem Papier und befestigen Sie es dann mit Gummi, um den Mangel auszugleichen.

Da die Verwüstungen des *Bücherwurms* ein wichtiger Gegenstand bei der Reparatur von Büchern sind und da bei Sammlern immer ein gewisses Interesse an diesem viel diskutierten und selten gesehenen Insekt besteht, erlaube ich mir, aus der American *Science* vom 24. März 1893 zu zitieren , ein Artikel zum Thema. Ein passendes Motto dafür könnte sein:

„Komm her, Junge; Wir werden heute
den Bücherwurm jagen, ein gefräßiges Raubtier.

Die Verwüstungen der Bücherwürmer

Auf einem Treffen der Massachusetts Historical Society am 9. Februar 1893
stellte Dr. Samuel A. Green zwei Bände vor, die durch die Verwüstung durch
Insekten völlig zerstört waren, sowie einige Exemplare der Tiere in
verschiedenen Stadien die folgenden Bemerkungen: –

Seit vielen Jahren suche ich nach lebenden Exemplaren des sogenannten
„Bücherwurms", von dem sich gelegentlich Spuren in alten Bänden finden;
und ich erwartete, ein wirbelloses Tier aus der Klasse der Ringelwürmer zu
finden. In dieser Bibliothek gibt es derzeit Bücher, die mit sauber
geschnittenen Löchern perforiert sind, die in gewundene Hohlräume
münden, die normalerweise auf der Rückseite der Bände verlaufen und
manchmal die Ledereinbände und den Buchkörper perforieren; aber ich habe
nie den lebenden Täter entdeckt, der das Unheil anrichtet. Meistens
beschränkt sich die Verletzung auf solche, die in Leder gebunden sind, und
die Verwüstung des Insekts scheint von seinem Hunger abzuhängen. Die
äußeren Öffnungen sehen aus wie viele Schusslöcher, aber die Kanäle sind
alles andere als gerade. Aufgrund einer ausführlichen Untersuchung des
Themas neige ich zu der Annahme, dass der gesamte Schaden angerichtet
wurde, bevor die Bibliothek im Frühjahr 1833 an diesen Standort kam. Auf
jeden Fall gibt es keinen Grund anzunehmen, dass währenddessen
irgendetwas Unheil angerichtet wurde die letzten fünfzig Jahre. Vielleicht
trocknet die Ofenhitze die Feuchtigkeit aus, die eine notwendige
Voraussetzung für das Leben und die Fortpflanzung des kleinen Tieres ist.

Vor fast zwei Jahren erhielt ich ein Paket Bücher aus Florida, von denen
einige von Ungeziefer befallen und mehr oder weniger in der von mir
beschriebenen Weise perforiert waren. Mir kam der Gedanke, dass sie eine
gute Zuchtfarm und Experimentierstation sein würden, um die
Gewohnheiten des Insekts kennenzulernen; und ich schickte
dementsprechend mehrere Bände an meinen Freund, Herrn Samuel
Garman, der mit dem Museum für Vergleichende Zoologie in Cambridge
verbunden ist, zur Pflege und Beobachtung. Von ihm erfahre ich, dass der
Haupttäter ein Tier ist, das im Volksmund als Büffelkäfer bekannt ist,
obwohl er bei seiner Arbeit von Geistesverwandten unterstützt wird, die
nach den Regeln der Naturgeschichte nicht mit ihm verbündet sind. Der
Brief von Herrn Garman gibt das Ergebnis seiner Arbeit so ausführlich
wieder, dass keine Wünsche offen bleiben, und lautet wie folgt:

„ MUSEUM OF COMPARATIVE ZOOLOGY, CAMBRIDGE, MASS. , *7. Februar
1893.* "

„ DR. SAMUEL A. GREEN, BOSTON, MASS.

„ SIR , – Die befallenen Bücher, die durch die Freundlichkeit von Herrn
George E. Littlefield zur Untersuchung an dieses Museum geschickt wurden,
gingen am 15. Juli 1891 ein. Sie wurden untersucht und enthielten Individuen
einiger lebender Insektenarten sofort in Glas für weitere Entwicklungen
eingeschlossen. Ein Jahr später waren noch lebende Exemplare beider Arten
am Werk. Außer denen, die uns lebend erreichten, hatte eine dritte Art in
mehreren leeren Eierkisten Spuren ihrer früheren Anwesenheit hinterlassen.

„Fünf der Bände waren in Stoff gebunden. Bei diesen traten die
Hauptschäden an den Rändern auf, die durch große, nach innen reichende
Gänge zerfressen und entstellt wurden. Zwei Bände waren in Leder
gebunden. Die Kanten davon waren nicht so sehr gestört; aber zahlreiche
Perforationen, die äußerlich wie Schusslöcher aussahen, gingen durch das
Leder und vergrößerten und verästelten sich im Inneren. Als ob sie von
kleineren Insekten gemacht worden wären, waren die Seiten dieser Löcher
hübschere und sauberere Stecklinge als die in den Höhlen an den Rändern
der anderen Bände.

„Die Insekten wurden alle als bekannte Feinde von Bibliotheken, Schränken
und Kleiderschränken identifiziert. Eine davon ist eine Art, die gemeinhin
als „Fischwanzen", „Silberfische", „Borstenschwänze" usw. bezeichnet wird.
Von Entomologen werden sie *Lepisma genannt* ; Bei der betreffenden Art
handelt es sich wahrscheinlich um *Lepisma saccharina* . Es ist ein kleines,
längliches, silbriges, sehr aktives Geschöpf, das häufig unter Gegenständen
oder zwischen Buchblättern entdeckt wird und von wo aus es durch seine
außerordentliche Bewegungsschnelligkeit entkommt. Kleister und die
Leimung oder Emaille einiger Papiersorten sind dafür sehr attraktiv. In
einigen Fällen frisst es die gesamte Oberfläche des Blattes, einschließlich der
Tinte, ab, ohne dass Perforationen entstehen; bei anderen sind die Blätter
vollständig zerstört. Das letzte Exemplar dieses Insekts in diesen Büchern
wurde am 5. Februar 1893 getötet, was beweist, dass die Art in diesem
Breitengrad ausreichend heimisch ist.

„Der zweite der drei ist einer der ‚Buffalo Bugs'. oder so genannte
„Teppichwanzen"; nicht wirklich Käfer, sondern Käfer. Die Art vor uns ist
der *Anthrenus Varius* von Wissenschaftlern, sehr häufig in Boston und
Cambridge, wie auch in anderen Teilen der gemäßigten Regionen und den
Tropen. Sehr wahrscheinlich sind die „Schusslöcher" in den
ledergebundenen Bänden von ihm selbst verursacht worden, obwohl er in
den tieferen und größeren Kammern möglicherweise von einem oder beiden
anderen unterstützt wurde. Der Schaden, den dieses Insekt im Haus, im

Museum und in der Bibliothek anrichtet, ist zu bekannt, als dass weitere Kommentare erforderlich wären. Lebende Personen wurden fast ein Jahr nach ihrer Isolierung aus den Büchern entfernt.

„Die dritte Art war vor der Ankunft der Bücher verschwunden und hinterließ nur ihre Höhlen, Exkremente und leeren Eierkästen, was jedoch keinen Zweifel an der Identität des Tieres mit einer der Kakerlaken, möglicherweise der Art Blatta, lässt. "*Australasien*. Die Hüllen stimmen in der Größe mit denen von *Blatta Americana überein*, haben aber auf jeder Seite dreizehn Eindrücke, als ob die Anzahl der Eier sechsundzwanzig wäre. Die Schäden durch Kakerlaken sind in den Tropen am größten, einige Arten kommen jedoch auch in den gemäßigten Zonen und sogar nördlich vor. Ein Auszug aus Westwood und Drury soll den Charakter ihrer Arbeit verdeutlichen:

„„Sie verschlingen alle Arten von Lebensmitteln, an- und ausgezogen, und beschädigen alle Arten von Kleidung, Leder, Büchern, Papier usw., die sie, wenn sie sie nicht zerstören, zumindest beschmutzen, da sie häufig einen Tropfen davon ablegen Exkremente dort, wo sie sich absetzen. Sie wimmeln in Myriaden in alten Häusern und machen jeden Teil unbeschreiblich schmutzig. Sie haben auch die Fähigkeit, ein Geräusch zu machen, das einem scharfen Klopfen mit dem Fingerknöchel auf die Täfelung ähnelt, wobei *Blatta gigantea* von da an in den Westindischen Inseln unter dem Namen Trommler bekannt ist; und so reden sie die ganze Nacht über, indem sie einander antworten. Darüber hinaus greifen sie schlafende Personen an und fressen sogar die Gliedmaßen der Toten.

„Dieses Zitat erweckt den Eindruck, dass sowohl Autoren als auch Bücher durch diesen Gesetzlosen gefährdet sind. Wenn die Energien ausschließlich auf sorgfältig ausgewählte Beispiele von beidem gerichtet wären, was für eine Welt des Guten könnte es der Menschheit bringen! Mangels Diskriminierung muss das Insekt als gemeinsamer Feind behandelt werden. Als Schädling für „Silberfische" und Kakerlaken soll Pyrethrum-Insektenpulver wirksam sein. Seit einigen Jahren verwende ich bei Lepisma und Plötze eine phosphorhaltige Mischung, „The Infallible Water Bug and Roach Exterminator", hergestellt von Barnard & Co., 7 Temple Place, Boston, und ohne weiteres Interesse an der Werbung dafür haben festgestellt, dass die Wirkung völlig zufriedenstellend ist. Schwefelkohlenstoff, der in geschlossenen Kisten oder Kisten mit den befallenen Gegenständen verdampft wird, wird zur Beseitigung der „Büffelwanzen" verwendet. – Mit freundlichen Grüßen,

„ SAMUEL GARMAN ."

Ich kann mich erinnern, dass vor vielen Jahren in der Buchhandlung von John Penington, Philadelphia, ein in Spirituosen konservierter Bücherwurm in einer Phiole zu sehen war. Die Art und Weise, wie diese Teredo-Art in

Holz und Leder sowie in Papier eindringt, ist nicht im geringsten merkwürdig an ihren Gewohnheiten.

Der große Schaden, den Bohrinsekten in Büchern, Holz und allen schwachen Substanzen anrichten, ist Grund genug, diesem Thema so viel Raum zu geben. Vom Schiff bis zum Manuskript ist nichts vor ihnen sicher.

PAPIERMACHÉ
REPARATUR VON SPIELZEUG – GRÜNDE FÜR BILDER UND WÄNDE SCHAFFEN – CARTON-CUIR UND CARTON-PIERRE

Weiches Papier bildet, wenn es mit Wasser, Gummi oder besser noch mit Mehlpaste vermischt wird, eine Substanz, die sich in jede beliebige Form formen lässt und die im trockenen Zustand so hart wie Pappe ist. Seine Härte und Haltbarkeit können durch die Beimischung vieler Substanzen erhöht werden.

Kombiniert mit weichem Leder in kleinen Fragmenten oder mit Lederstaub entsteht das, was die Franzosen *Cartoncuir nennen* . In diesem oder sogar in seinem natürlichen Zustand – also Papier und Kleister – kann *Pappmaché* , wie es genannt wird, unter Druck so hart gemacht werden wie jedes andere Holz. Ich habe alle Arten von daraus hergestellten Möbelstücken gesehen. In Amerika gibt es Manufakturen, in denen auf diese Weise Eimer oder Eimer, Wannen, Fässer und sogar langlebige Boote hergestellt werden. In Bergen, Norwegen, gibt es eine Kirche, die vollständig aus mit Kalk vermischtem Kalk gebaut wurde. Für bestimmte Reparaturen ist es sehr wertvoll.

Obwohl *Pappmaché nicht so plastisch ist wie Ton,* kann es mit ein wenig Übung in jede beliebige Form gebracht werden . Es besteht einfach darin, Stück für Stück zusammenzukleben und es in der Zwischenzeit mit den Fingern oder einem Holzgerät wie einem Stößel so fest wie möglich zu drücken. Der Druck sollte beim allmählichen Trocknen ausgeübt werden. So kann jeder mit einem Brotausroller auf einem Brett sehr harte Pappe herstellen.

Wenn der Kartoneinband eines Buches stark beschädigt ist und auch nur ein Teil davon verschwunden ist, kann er mithilfe von *Pappmaché,* in das eine Lösung aus Leim oder Gummi eingearbeitet wurde, wiederhergestellt werden. Kleben Sie es speziell an den Rändern fest. Für solche Reparaturen nehmen Sie Papierstaub oder Zellstoff, kombiniert mit Gummi arabicum in einer Alaun-Wasser-Lösung, oder einfach das Gummi. Dies lässt sich leicht formen und in eventuelle Risse oder eingerissene Stellen glätten.

Wenn *das Pergament* abgerissen wird, lässt es sich leicht ersetzen. Schneiden Sie ein Stück ab, um den fehlenden Teil zu ersetzen, befeuchten Sie es und die zu verbindende Kante, bis es ganz weich ist, und kleben Sie die beiden dann mit Druck zusammen. Ich habe das gerade selbst gemacht , mit einem Cover, von dem die Hälfte weg war, und die Ausbesserung ist kaum sichtbar. Benutzen Sie das breite Messer, um die Ränder nach unten zu drücken.

Durch die Kombination mit einer Mischung aus Salpeter- oder Schwefelsäure und Wasser wird *weiches* Papier pergamentartig und sehr hart.

Dies erfordert sorgfältiges Experimentieren, denn der Erfolg hängt von der Qualität der Säure und der Beschaffenheit des Papiers ab. Dabei wurden sehr bemerkenswerte Ergebnisse erzielt, beispielsweise Material, das Elfenbein, Horn und Schildpatt ähnelt, in großen Blöcken.

Altpapier ist so verbreitet und billig, dass *Pappmaché* immer und überall hergestellt werden kann. Es eignet sich gut zum Schließen von Rissen in Holz, Wänden oder anderswo; und für diejenigen, die eine Beschäftigung oder ein Vergnügen suchen, bietet es endlose Möglichkeiten. Eine davon ist das Ausbessern oder Herstellen von Spielzeug.

Eine übliche Maske wird wie folgt hergestellt. Auf einer aus Holz geschnitzten und geölten Fläche wird gewöhnliches, grobes, weiches, angefeuchtetes Papier ausgebreitet, das sorgfältig angedrückt wird, und dann wird weiteres Papier und Kleister hinzugefügt, bis es die erforderliche Dicke erreicht hat. Wenn es dann ziemlich trocken ist, wird es abgenommen und perfekt trocknen gelassen. Anschließend wird es bemalt und lackiert. Sollte eine Maske zerbrochen sein, befeuchten Sie sie, kleben Sie Klebepapier darüber und bemalen Sie sie erneut.

Pappmaché ist im Volksmund ein Synonym für das Trashige und Falsche in der Kunst, einfach weil seine Fähigkeiten und Anwendungen nicht bekannt sind. Daher wurde Lederarbeit lange Zeit verachtet, da sie nur eine Nachahmung geschnitzten Holzes ermöglichte. Aber in den Händen eines echten Künstlers – das heißt eines *originellen Designers* , der es anwendet, und nicht eines bloßen Handwerkers, der nachahmt oder kopiert – ist *Pappmaché* ebenso ein Thema für die Kunst wie jedes andere Material. Es kann auf viele Arten eingesetzt werden, mehr oder weniger verbunden mit dem Ausbessern, wie es bei allen Künsten der Fall ist. So kann Papier in feinem Pulver oder zu einer feinen Paste – oder Brei – mit ein wenig Übung mit Gummi vermischt und mit einem Pinsel auf eine Oberfläche aufgetragen werden, *um* ein Relief zu erzeugen. Eine sehr kleine Erhebung oder Vertiefung dient somit dazu, einen Untergrund zu schaffen, der dazu dienen kann, den Bildern Licht oder Schatten zu verleihen. So kann die Pastellmalerei oder die Buntstiftmalerei , die selbst in den energischsten Händen immer eine schwache oder „sanfte süße" Kunst gewesen ist, durch kräftiges Entlasten und Aufrauen des Untergrundes sehr kräftig gemacht werden; Denn so wie der große amerikanische Maler ALLSTON SEINE Farben oft durch das Mischen von Sand verstärkte , so kann die Pastellmalerei, der es an „Sand" mangelt, diesen durch Mischen mit dem Gummi für den Untergrund zuführen.

Um diesen Prozess besser zu verstehen, sei darauf hingewiesen , dass, wie die Buchmaler mittelalterlicher Manuskripte dem Gold Relief und den Anschein von Festigkeit verliehen, indem sie mit einem Pulver aus *Gesso*

(Gips) und Ton und Gummi eine erhabene Oberfläche erzeugten, auch dies
der Fall ist Das Prinzip lässt sich in weitaus größerem Umfang dadurch
verwirklichen, dass einem Grund eine Erleichterung gewährt wird. Hier
werden diejenigen mit begrenzten Ansichten, die nie über die rein
handwerkliche Stufe der Kunst hinauskommen, dies sofort als Täuschung
und als Nachahmungseffekt mit Hilfe von Modellen und als keine wahre
Kunst anprangern, ganz vergessend, dass alles dem Genie treu bleibt. und
alles mehr oder weniger Schein in der bloßen Nachahmung.

Wenn Sie eine Oberfläche haben, entweder eine Tafel oder eine Bristol-
Platte, die besser auf eine Tafel oder einen guten dicken festen Karton
geklebt werden sollte, nehmen Sie zunächst etwas Gummi oder Leim in einer
einigermaßen flüssigen Lösung auf die Spitze eines Pinsels und integrieren
Sie damit das Papier Zellstoff oder Stoffstaub zu einer sehr weichen Paste
verarbeiten und damit das Relief bemalen. Der gleiche Effekt wird bei Öl
erzielt, wenn eine schwerere, dickere Farbe verwendet wird. Das ist der
Unterschied: Das eine ist genauso legitim wie das andere. Durch das Mischen
von Kreide, Sand oder Ton und durch die Verwendung von Glaspapier, wo
sich die Kreide usw. nicht leicht annehmen lassen, passt sich das Relief jeder
Substanz an. Dabei muss der Künstler, wie bei jedem bekannten Verfahren,
zunächst ein wenig experimentieren, je nach seinen Materialien.

Feste Blätter aus feinem, hartem Papier mit einer starken Paste dazwischen
bilden, wenn sie zwischen Rollen geführt werden, eine Art *Pappmaché*, das so
hart wie Holz, feuerfest und, was das Besondere ist, haltbarer als Eisen ist.
Räder für Eisenbahnwaggons werden oft daraus hergestellt, und sie
verziehen sich weder unter Hitze- noch Kälteeinwirkung, sie reißen oder
verbiegen sich nicht. Diesen Karton von sehr guter Qualität können Sie auf
folgende Weise selbst herstellen: – Nehmen Sie ein Blatt Schreibpapier – je
besser die Qualität, desto besser wird das Ergebnis sein – bedecken Sie es
mit guter Mehlpaste, in der sich etwas Alaun befindet, und Kleber und ein
paar Tropfen Nelkenöl, das verhindert, dass die Paste verfärbt oder sauer
wird. Legen Sie dann ein weiteres Blatt darauf, tragen Sie eine weitere Schicht
Kleister auf und legen Sie die Blätter auf eine harte, glatte Platte oder einen
Tisch, wenn sie etwas trocken oder weicher, aber noch haftfähig sind, und
streichen Sie mit einer Walze darüber zunächst sanft, schließlich aber häufig
und mit Gewalt. Fügen Sie so viele Blätter hinzu, wie für die erforderliche
Dicke erforderlich sind. Es versteht sich, dass, wenn die Oberfläche, auf der
dieses Blatt geformt wird, eine Tiefdruckstanze oder -form wäre, der Karton
beim Aufnehmen ein Basrelief davon präsentieren würde, das so hart ist wie
jedes Holz, und das Ganze eine Platte bilden würde, die Kann als Seitenwand
einer Box oder zum Einbau in einen Schrank verwendet werden. Wenn diese
Platte aus gutem Papier hergestellt und fest gerollt ist, ist sie für alle
dekorativen Zwecke Holz in jeder Hinsicht ebenbürtig.

Da jeder, der überhaupt Holz schnitzen kann , Formen schneiden kann und eine Holzform , wenn sie gut geölt (oder auf andere Weise vor Feuchtigkeit geschützt) gehalten wird, für den Guss *von Pappmaché* und Leder oder Holzpaste verwendet werden kann, ist das bemerkenswert Solche Arbeiten werden von den Studenten der Nebenfächer so wenig praktiziert . Dass solche Platten sehr einfach und schnell hergestellt werden können, weiß ich aus Erfahrung; dass die Materialien für die Arbeit billig sind, spricht für sich; Und schließlich wird jedem klar, dass schöne Paneele für Schränke und Türen, ob aus geschnitztem Holz, geprägtem Leder oder *Pappmaché* , einen sehr guten Preis bringen, auch am deutlichsten, wenn er zu einem Modeschreiner geht und sie bestellt. Daher würden wir sagen, dass ein kleiner schlichter Schrank 5 £ kostet. Legen Sie sechs Paneele hinein, was wirklich etwa 6 Tage kostet. jeweils zum Formen , der Preis beträgt 10 £. Solche gepressten Platten eignen sich hervorragend zum Binden von Büchern, da sie sich bei richtiger Herstellung und Trocknung nicht verziehen oder verbiegen können. Wenn sie mit Relief bedeckt sind, können sie sehr schön gemacht werden. Einfach geschwärzt oder gebräunt, dann mit Öl eingerieben, mit SOEHNÉE Nr. 3 lackiert und von Hand gerieben, sind sie so schön wie poliertes Holz oder Leder.

Pappmaché , Zellstoff oder Papierpulver können mit Kautschuk oder Kautschuk kombiniert werden, wobei Letzterer selbst in Benzin, Camphin , Schwefelsäureäther und anderen Lösungsmitteln aufgelöst werden kann , um eine Paste zu bilden, die im trockenen Zustand wie Kautschuk wird es verhärtet. Mit Schwefel vermischt entsteht Vulkanit. Oder es kann mit weißen Farbstoffen fast aller Art kombiniert werden. Dies kann auf die Reparatur gebrochener Nasen von Puppen oder anderer Wunden angewendet werden, die diese hübschen Menschengestalten oft erleiden, da ihre Schönheit leider im Allgemeinen kurzlebiger ist als die ihrer Prototypen. Der letzte Abschluss einer solchen Reparatur ist ein Anstrich. In vielen Fällen ist das Auftragen mit dem Finger besser als beim direkten Auftragen. Der Leser, der dieses Werk studiert hat, wird keine Schwierigkeiten haben, ein Spielzeug zu restaurieren.

Ich möchte hier jedoch anmerken, dass „keine Kautschuklösung ohne eine innige Einmischung von Schwefel , unterstützt durch Hitze und Druck, gut geformt werden kann ." Dies ist ein schwieriger Prozess, und der Amateur tut daher gut daran, Gummimischungen zu kaufen, was er in jedem großen Geschäft tun kann, in dem Gummiwaren als Spezialität hergestellt werden" (*Work* , 21. Mai 1892).

Pappmaché herzustellen, wenn der bloße Anfang einer Form einmal geformt wurde; Denn nachdem das festgelegt ist, müssen wir nur noch hier und da nach und nach ein Stück Papier aufkleben, bis es fertig ist. Dieser Anfang ist sehr einfach, wenn wir ein Objekt haben, mit dem wir beginnen können. Nehmen Sie also eine Vase oder Tasse. Ölen Sie dies und legen Sie dann darauf und rundherum weiches, feuchtes Papier. Zeitungspapier reicht aus — ein *weiches* , weißes Druckpapier. Tragen Sie dann mit einem breiten Pinsel Kleister auf und tragen Sie eine zweite Schicht Papier auf. Drücken Sie währenddessen so fest wie möglich darauf. Machen Sie so weiter, bis das *Pappmaché* dick genug ist. Nehmen Sie nach dem Trocknen ein Taschenmesser und schneiden Sie eine Linie von oben nach unten durch. Skalieren Sie es ab und verbinden Sie die Kanten mit starkem Kleber wieder. Kleben Sie dann einen Streifen Papier über die Verbindungslinie. Dann bekommst du eine Tasse.

Wenn es rau ist, schneiden Sie es glatt und verwenden Sie Glaspapier. Wenn es fertig ist, kann es bemalt oder mit nassem Leder überzogen werden, das als Relief bearbeitet werden kann. Oder es kann durch den an anderer Stelle beschriebenen Prozess so gestaltet werden, dass es wie Elfenbein aussieht. Papier kann dabei mit weichen Lederlappen kombiniert werden; wie zum Beispiel Stücke alter Handschuhe, aus denen der Faden entfernt wurde, alte Gämsen, Buchbinderschnitte oder ähnliches. Dadurch entsteht effektiv Leder.

KARTON-PIERRE oder Steinpapier ist eine sehr nützliche Komposition, die von GEORGE PARLAND in *Work* vom 2. Juli 1893 sehr ausführlich beschrieben wird. Sie besteht aus Papierresten im Verhältnis eines gewöhnlichen Waschkessels oder der Hälfte von Kupfer voll mit kochendem Wasser und etwa der Hälfte Papierabfall. Fügen Sie zwei Pfund beste Mehlpaste hinzu; außerdem in einem separaten Gefäß ein Liter Wasser, in das man eine Handvoll feinen Gips streut. Lassen Sie es zehn Minuten stehen, bevor Sie es mischen. „Wenn das Papier im Kupfer zu einem feinen Brei geworden ist, fügen Sie die Mehlpaste hinzu und rühren Sie das Ganze gut um. Fünfzehn Minuten später den Putz hinzufügen und ein paar Minuten später das Feuer unter dem Kessel löschen. Halten Sie drei Eimer fein gemahlenen Wittling bereit. Gießen Sie einen Eimer Wittling hinein und rühren Sie gut um. Fügen Sie dann mehr Wittling hinzu, bis das zum Rühren verwendete Stäbchen von selbst in der Mischung stehen bleibt. Lassen Sie es abkühlen und es ist gebrauchsfertig.

„Einige Firmen", schreibt Herr PARLAND , „fügen beim Kochen Alaunpulver hinzu, andere fügen einen halben Liter gekochtes Leinöl hinzu; aber wenn man es nach den vorherigen Anweisungen anfertigt, erhält man einen ausgezeichneten *Kartonpierre , der sehr schöne Abdrücke von* Formen ergibt . Wenn es in eine Gipsform gegossen wird , sollte diese zwei oder drei Schichten Schellacklack haben und dann gut geölt werden.... Um den *Karton zu verwenden* , streuen Sie etwas feinen Gips auf eine Bank und nehmen Sie einen Klumpen davon Mischen Sie den neu hergestellten *Karton* gut mit trockenem Gips und fügen Sie mehr Gips hinzu, so wie Bäcker ihrem Teig Mehl hinzufügen würden. Nachdem Sie es auf diese Weise gut bearbeitet haben, bis es nicht mehr an den Fingern kleben bleibt, rollen Sie die Stücke mit sauberen Händen sehr glatt in den Handflächen oder auf einem glatten, ebenen Brett und drücken Sie jede Rolle in die Hohlräume und Vertiefungen der Form , wobei *Sie die Form oft befeuchten Legen Sie die Kanten des Kartons* in die Form , bevor Sie ein neues Stück hineinlegen. Die Abgüsse dürfen nicht dicker als ein Achtel bis ein Viertel Zoll sein, außer an den Außenkanten der Form ... Die Abgüsse müssen etwa vierundzwanzig Stunden stehen und dann in nicht mehr als 100 Stunden gebacken werden ° Hitze."

Pappmaché interessiert, findet eine Reihe von Artikeln zu diesem Thema in *Work* , Nr. 3, 6, 12, 17, 22, 25.

Pfeifenton, zu dem kalzinierte Magnesia, Wittling oder Baryt hinzugefügt oder weggelassen werden kann, je nach gewünschter Masse, kann mit *Pappmaché* und Gluten wie Gummi arabicum oder Dextrin oder Mehlpaste kombiniert werden, die sich unter Druck bildet. oder auch durch Handwalzen, eine sehr harte und feinkörnige Substanz, die speziell zum Malen von Bildern geeignet ist. Teller oder *Tavole* werden in Florenz sehr günstig aus *Pappmaché verkauft* , das so hart, schwer und glänzend wie Ebenholz ist. Es ist nicht allgemein bekannt , dass der Amateur zum Härten *von Pappmaché* keine teure hydraulische Presse oder Dampfmaschine benötigt . Ein gewöhnlicher Brotroller, der viele Male über das Material geführt wird, bearbeitet es „nach unten und innen", genauso gut wie direkter Druck und oft sogar viel besser.

Pappmaché, gemischt und mazeriert mit Kautschuk oder Guttapercha und Benzol (*siehe* Kautschuk (Indiarubber) ist in vielen Fällen ein sehr guter Ersatz für Leder. Es kann auch mit *flexiblem* Lack kombiniert werden, um Leder herzustellen. Sehr wertvolle Sohlen können hergestellt oder kaputte Sohlen repariert werden, indem man Pappe oder Pappe nimmt und sie in einer heißen Kautschuklösung einweicht . Diese wasserdichten Sohlen, egal ob aus Pappe oder Leder, lassen sich leicht vorbereiten, einfach anbringen und erneuern und verhindern, dass die echte Sohle bei Erneuerung für immer abgenutzt wird.

So seltsam es auch erscheinen mag, es gibt nicht viele Menschen, die mit den Eigenschaften oder der Beschaffenheit einer so vertrauten Substanz wie Papier vertraut sind. Wir wissen, dass es bei Benetzung weich wird, aber dennoch sozusagen knorrig bleibt und dass es sich beim Kauen nicht richtig auflöst. Wenn der Leser jedoch ein Stück gründlich angefeuchtetes Papier nimmt und es eine Zeit lang mit einem Messer knetet oder mazeriert, während Gummi in Lösung ist, wird er feststellen, dass daraus nach und nach eine weiche Paste wird, die genauso flexibel und formbar ist wie Kitt oder Ton . Dies ist nicht dasselbe wie *Pappmaché* , das lediglich aus nassem oder mit Kleister vermischtem und gekochtem Papier besteht und Fasern und Knoten enthält. Das fein mazerierte Papier ist in Kombination mit einem Klebstoff dehnbar, gut formbar, härtet gut aus und nimmt beim Rollen leicht Druck auf, wodurch es extrem hart wird. Auf diese Weise *vollständig erweichtes* Papier lässt sich leicht zu Blättern verarbeiten und kann nicht nur leicht zum Ausfüllen von Wurmlöchern in Blättern und vollständig abgerissenen Ecken usw. verwendet werden, sondern ist auch sehr nützlich für Risse und Hohlräume in Holz und anderen Materialien. Es kann aus allen Gummiarten wie Gummi arabicum , Dextrin , Fischleim, aber auch aus Kasein , Guttapercha, Lack und den meisten in Zementen verwendeten Substanzen bestehen . Wenn Papier auf diese Weise erweicht und *beispielsweise mit* feinem Leim und Glyzerin oder mit Mehlpaste vermischt wird, kann es geformt und in ornamentalen Formen auf jede Oberfläche aufgetragen werden.

Es gibt diesen großen Unterschied zwischen einfach *nassem* Papier, wie nass es auch sein mag, und dem, das durch Mazeration vollständig aufgeweicht wird. Ersteres ist immer klumpig, letzteres geht unter der Messerklinge wie weicher Ton oder Kitt hindurch. Wenn es aus Gummi, Leim und Glyzerin oder einer starken Paste hergestellt wird , ist es im trockenen Zustand wie helles Holz, aber weniger spröde. Mit Kautschuklösung und Klebstoff geknetet , wird es lederartig und kann für verschiedene Reparaturen verwendet werden . Zu Bahnen gerollt ergibt sich aus dieser Zusammensetzung ein sehr gutes und preiswertes Kunstleder für Behänge. Um diese herzustellen, verteilen Sie die Masse mit einem breiten Pinsel oder Tupfer auf einem Schiefer- oder Marmortisch und fahren, wenn sie etwas trocken sind, mit einer Holzrolle darüber. Etwas Übung ist nötig, um es nicht zu rollen, wenn es zu weich ist. Wenn Tiefdruckmuster mit der Walze geschnitten werden, erhalten die Blätter ein Relief. Es ist erwähnenswert, dass viele alte Wandbehänge, die als Leder verkauft werden, in Wirklichkeit nur aus *Pappmaché oder* Kartoncuir *und* Leim bestehen. Diese Behänge, ob aus Leder oder nachgeahmt, können oft in beschädigtem Zustand sehr günstig gekauft werden und können mit dieser Zusammensetzung leicht und mit großem Gewinn restauriert werden. Wenn weiches Papier mit Bleiweiß oder Ölfarbe und Leim vermischt wird, wird es härter und fester und ist unter Druck genauso hart und schwer wie jedes Holz. Weißes Papier mit Stechpalmenholz oder weißem Lärchen- oder Lindenholz in Pulverform und weißer Gelatine – besser mit Knochen- oder Elfenbeinstaub und etwas Neapelgelb (Öl) – ergibt einen schönen Kitt.

Aus dem, was ich geschrieben habe, geht hervor, dass Hohlräume, Löcher, Risse und Defekte in den meisten Materialien, einschließlich Holz und Leder, perfekt mit Papier in Kombination mit Leim, Gummi oder anderen Substanzen behoben werden können; Und da es immer wieder erlangt werden muss, ist die Kenntnis seiner Natur und seiner Anwendungen für alle Ausbesserer und Restauratoren von großem Wert.

Pappmaché wird , wie alle festen oder kittartigen Zemente, geformt oder gegossen. Dieses Thema wird im *Vollständigen ausführlich behandelt Anleitung zum Formen und Gießen* , von Eduard Uhlenhuth; Wien , A. Hartleben, Preis 3s. Zum Thema Papier konsultieren Sie das *Handbuch der praktischen Papierfabrikation* von Dr. Stanislaus Mierzinski , drei Bände, das nicht nur das neueste, sondern *auch* das mit Abstand umfassendste Werk zu diesem Thema ist, das mir bekannt ist. Und hier möchte ich in diesem Zusammenhang anmerken, dass, wenn ich mich hauptsächlich auf deutsche Werke beziehe, dies deshalb der Fall ist, weil die Deutschen bei den kleineren technischen Anwendungen der Chemie in den Künsten und bei der Erstellung verständlicher praktischer Abhandlungen zu solchen Themen besonders tätig waren In letzter Zeit mit Abstand die erste Nation in Europa.

Ich möchte erwähnen, dass ich seit dem Schreiben der vorstehenden Passagen für eine Kleinigkeit in Florenz zwei geschnitzte Köpfe aus Walnussholz aus dem 14. Jahrhundert gekauft habe. Sie hatten sehr unter der Zeit und mutwilligen Misshandlungen gelitten, ihnen waren die Nasen abgehackt worden. Ich stellte eine Mischung aus weicher Papierpaste und Gummi arabicum her und verarbeitete die beiden gründlich mit einer Messerklinge, bis die Masse so weich wie Butter war. Diese gründliche Mazeration ist für die Herstellung eines haltbaren Körpers unerlässlich. Damit füllte ich die Löcher, machte neue Nasen und bemalte das Ganze mit Vandyke-Braun, also Braun-Schwarz. In wenigen Minuten war die Restaurierung abgeschlossen und die Köpfe, die je einen Franken gekostet hatten, sind jetzt mindestens dreißig Franken wert. Ich sollte sagen, dass die restaurierten Teile genauso hart sind wie das Originalholz.

Es ist nicht immer einfach, Papier zu einer vollkommen weichen Paste zu zerkleinern, wie sie im französischen *Papierpourri genannt wird* . Eine kleine Menge kann mit einer Messerklinge und Mehlpaste oder Gummi zerdrückt werden. Eine große Menge wird wie folgt zubereitet:

Nehmen Sie Papierausschnitte und lassen Sie diese längere Zeit im Wasser liegen, das gelegentlich gewechselt werden muss. Wenn das Papier vollständig aufgelöst oder weich ist, zerstoßen Sie es in einem Mörser und kochen Sie es schließlich in sehr heißem Wasser. Um ihm Konsistenz zu verleihen, fügen Sie Mehlpaste oder Gummi hinzu. Dadurch entsteht ein sehr feiner Zement, der den feinsten Abdruck erhält. Es ist für alle Arten von Trockenreparaturen von unschätzbarem Wert.

Wie ich gezeigt habe, kann es verwendet werden, um defekte Buchblätter anzufertigen oder zu reparieren, um Wurmlöcher in Blättern zu füllen, um Zeichnungen und Bilder auf Holz oder Leinwand zu reparieren, und wenn es mit jedem Gummi gemischt wird, der hart wird, um es wiederherzustellen, Holzarbeiten ergänzen, füllen oder imitieren. Unter Druck und in Kombination mit verschiedenen Pulvern wird es ebenholzhart und feuerfest. Sein außergewöhnlicher Wert und seine allgemeine Nützlichkeit sind noch sehr wenig bekannt.

Ausbesserung von Steinmosaiken
– Ceresa-Arbeit – Porzellan- oder Geschirrmosaik

Das Ausbessern oder Reparieren *von Steinen* , einschließlich seiner Nachahmungen, ist ein weit verbreiteter Zweig der technischen Wissenschaft, der in den letzten Jahren viele Erfindungen hervorgebracht hat. Das am weitesten verbreitete und älteste Mittel zur Verbindung und Reparatur dieses Materials ist Mörtel oder die Mischung von gebranntem und anschließend gelöstem Kalk mit Wasser. Kalk wird am häufigsten aus Kalkstein oder Marmor hergestellt. Die Qualität wird verbessert, wenn kohlensaurer Kalk in organischer Form, wie z. B. Muscheln, verwendet wird; und bei diesen gibt es Grade der Exzellenz, von gewöhnlichen Austernschalen bis hin zu anderen feinerer Art, wie etwa jenen, aus denen der strahlend weiße und harte *Chunam* Indiens hergestellt wird. An bestimmten Stellen wird Mörtel, wenn er gut verarbeitet ist, mit der Zeit so hart wie Feuerstein. In amerikanischen Städten, wo Anthrazitkohle verbrannt wird, verrottet sie in Schornsteinen unter dem Einfluss schwefeliger Säure mit großer Geschwindigkeit. Auf den pazifischen Inseln, wo Kalk aus zarten kleinen Muscheln oder Korallen hergestellt wird und Mörtel wie Farbe oder Emaille ist, hat ein Missionar berichtet, dass sie, als er den Eingeborenen beibrachte, wie man ihn herstellt, alles weiß getüncht haben, sogar den Kalk Kinder, die so zu weißen Menschen wurden.

Das fälschlicherweise verwendete Wort *Mastix* , das an einen Gummi erinnert, bezieht sich auf bestimmte Mörtelmodifikationen, in die *Öl* eindringt; auch die Oxide von Blei oder Zink. „Öl bildet mit diesen eine unlösliche Seife, die die anderen Materialien einschließt oder bindet und nach einem Monat Trocknen eine sehr harte Substanz bildet", von der manche sagen, sie sei hart wie Stein, aber das hängt ganz von der Qualität und Kombination ab; denn ich habe gesehen, wie sogenannter *Mastix* auf billig gebaute Häuser aufgetragen wurde, der Risse bekam oder abbröckelte wie bloßer Gips.

Um Mastixstoffe gründlich zu vermischen, werden die Zutaten üblicherweise in Fässer gegeben, die zu zwei Dritteln gefüllt sind, und dann maschinell gedreht. Anschließend wird das Öl hinzugefügt. Für den Vorgang sind mindestens zwei Tage erforderlich. Die folgenden Mastixrezepte gehören zu den besten und wurden von LEHNER GENEHMIGT . Es sei hier ein für alle Mal angemerkt, dass der Experimentator nicht nur in Bezug auf Mastixe, sondern auf alle Rezepte in diesem Werk darauf hinweisen kann, dass der Experimentator keinen vollständigen Erfolg erwarten kann, wenn die angegebenen Materialien nicht von allerbester Qualität sind und die Prozesse nicht mit größter Sorgfalt durchgeführt werden . Darüber hinaus darf sich der Experimentator nicht mit einem einzigen Versuch zufrieden geben. Wenn jedes Rezept von jedem Koch auf einmal umgesetzt werden könnte, würden wir auf jedem Tisch in Europa die erlesensten Gerichte finden. Ich habe einmal das richtige Rezept für die Herstellung von Gegenständen aus einer besonderen Art von gehärtetem *Pappmaché veröffentlicht* . Es war sehr einfach zu machen. Ich hatte Exemplare der Ware gesehen und das Rezept vom Erfinder erhalten. Darüber hinaus wurde damit viel Geld verdient. Kurz nachdem ich es veröffentlicht hatte, erhielt ich jedoch einen empörten Brief vom Leiter eines großen Produktionsunternehmens , in dem er erklärte , dass sie mein Rezept ausprobiert und völlig gescheitert seien!

FRANZÖSISCHER MASTIX :—

Quarz- oder Feuersteinsand, Teile 300

Pulverisierter Branntkalk,   "   100

Litharge,   "   50

Leinsamenöl,   "   35

PAGETS MASTIX :—

Feuersteinsand   315

Gewaschene Kreide   105

Bleiweiß   25

Mindestens   10

Bleizucker in Lösung   45

Leinsamenöl   35

Die so entstandene Paste oder der „Teig" sollte mit horizontalen Walzen in einer Mühle, wie sie für Schokolade verwendet wird, gemahlen werden, bis alle Zutaten *sehr* gut vermischt sind.

EIN SEHR GUTER ZEMENT ZUM AUSBESSERN , insbesondere wenn Gegenstände aus Stein oder Ton sind, die Wasser ausgesetzt sind, wird wie folgt hergestellt:

Pulverisiertes Glas   40

Gewaschenes Litharge 40

Leinölfirnis   20

Das pulverisierte Glas wird hergestellt, indem Glas glühend erhitzt, in Wasser gegossen, gemahlen und gesiebt wird. Dieses Pulver wird mit Leinölfirnis getränkt und in einem Wasserkocher erhitzt. Dieser Zement härtet innerhalb von drei Tagen aus. LEHNER bemerkt, dass Glaspulver in solchen Rezepten dazu dient, der Wirkung von Säuren usw. zu widerstehen. , da es in Kombination auf der Oberfläche eine Glasur von großer Härte bildet; das heißt, Glas und Blei bilden eine chemische Verbindung. Pulverisiertes kalziniertes Glas fungiert daher nicht als „indifferent", sondern als chemischer Inhaltsstoff.

KASEIN oder Käse bildet die Grundlage für mehrere Rezepte zum Ausbessern von Steinen, beispielsweise wenn ein Block Löcher aufweist oder der Mörtel nachgegeben hat. Um sie gebrauchsfertig zu machen (LEHNER), lassen wir die Milch an einem kühlen Ort stehen und schöpfen dabei sorgfältig den gesamten Rahm ab. Legen Sie dies auf einen Filter und gießen Sie Regenwasser darüber, bis es von allen Spuren von Milchsäure gereinigt ist . Binden Sie es dann in ein Tuch, kochen Sie es in Wasser und verteilen Sie es an einem warmen Ort auf Löschpapier, bis es eine hornartige Substanz ist. Das bleibt lange haltbar. Um es für den Gebrauch vorzubereiten, reiben Sie es in einer Untertasse mit Wasser ein.

UM STEINE ZU REPARIEREN, gehen Sie wie folgt vor:

Kasein   12

Getrockneter Kalk 50

Feiner Sand   50

Noch ein Rezept:—

Kochen Sie neuen Käse in Wasser, bis er in Fäden austritt, und rühren Sie dabei gelöste Limette und gesiebte Holzasche in den folgenden Anteilen ein:

Käse   100

Wasser   200

Getrockneter Kalk   25

Holzasche   20

Damit können auch Hohlräume in Bäumen oder im Holz verschlossen werden.

EIN KÄSEZEMENT FÜR STEIN und für viele andere Zwecke wird wie folgt hergestellt. Es ist lange haltbar und sehr langlebig (LEHNER):—

Kasein   200

Kalzinierter Kalk   40

Kampfer   1

Dieser muss eng eingearbeitet und gut verkorkt gehalten werden. Vor der Anwendung mit Wasser vermischen und sofort auftragen.

Der folgende Zement wurde von den Römern insbesondere zum Setzen von Mosaiken verwendet. Es wird hart wie Marmor und härtet sehr schnell aus: – Zu einem Liter Milch das Eiweiß von fünf Eiern hinzufügen und gebrannten Kalkpulver einrühren, bis eine Paste entsteht. Diese Zusammensetzung kann zur Reparatur oder Herstellung *von Scagliola* verwendet werden , bei dem es sich um Marmor- oder Steinfragmente handelt, die in eine harte Masse eingebettet sind. Wenn es ausgehärtet ist, polieren Sie die Oberfläche mit Raspeln, reiben Sie sie mit einem rauen Stein ab und polieren Sie sie schließlich mit Marmorstaub und anschließend mit Schmirgel oder Tripolis . So lassen sich wunderschöne Platten für Tische, Säulen, Böden und Wände herstellen. Es ist wertvoll für die Reparatur.

CERESA ist damit verbündet. Wir stellen eine Basis aus diesem oder einem anderen Zement her, der *fest hält* , und drücken in die Oberfläche Glaspulver, das fein oder beliebig grob sein kann. Grobe Körner glänzen am brillantesten; Feiner Puder eignet sich am besten für zarte Schattierungen. Der Effekt ist am besten, wenn Mosaiksteine und Goldwürfel sparsam eingesetzt werden. Um die Goldwürfel herzustellen, nehmen Sie zwei kleine Fensterglasscheiben, bedecken Sie jeweils eine Seite mit Lack oder Mastixzement, legen Sie Blattgold dazwischen und verbinden Sie sie. Auf diese Weise lassen sich sehr schöne Bilder machen. Auch für die gewöhnliche Dekoration ist es überhaupt nicht notwendig, dass sie fein ausgeführt sind . Alles, was man für diese schöne und wenig bekannte Kunst braucht, ist Zement, eine Menge Glas oder Stein in verschiedenen Farben sowie Mörser und Stößel. Die Mosaikwürfel können zusammen mit denen aus Gold in London gekauft werden.

Damit verbunden ist eine Kunst, die ich meiner Meinung nach erfunden habe. Es besteht darin, gebrauchtes Porzellan, Geschirr oder fiktives Geschirr in kleine Quadrate oder Dreiecke zu zerlegen und sie als Mosaik in Zement zu setzen. Der Vorteil liegt in der Billigkeit des Materials und der unendlichen Auswahl an Farbtönen . Sein Nachteil besteht darin, dass es sich als Gehweg nicht abnutzt, sich aber perfekt an Wände anpasst.

EIN STARKER, GROBER ZEMENT FÜR ZIEGEL- ODER STEINARBEITEN im Bauwesen wird wie folgt hergestellt :

Getrockneter Kalk 40

Ziegelstaub   10

Eisenspäne   10

Ochsenblut   8

Wasser   8

Fasern aufzubrechen . Anschließend sollte es mit dem Wasser vermischt und mit dem Pulver verknetet werden. Das Blut kann durch Leim ersetzt werden. Dieser Zement härtet bei richtiger Herstellung sehr hart und klebrig aus.

FÜR FLIESEN, ZIEGEL ODER ZUSAMMENSETZUNG :—

Getrockneter Kalk   100

Gesiebte Steinkohlenasche 50

Gerührtes Ochsenblut   15

Es ist zu beobachten, dass viele der billigeren Zemente durch Kombination mit gebrochenem Stein oder Schutt, Kies, Kieselsteinen, Ziegelsteinen usw. zur Herstellung großer Ziegelsteine verwendet werden können. Eine andere Methode, BETON GENANNT , besteht darin, Kisten aus Brettern herzustellen und eine feste Wand zu bilden, indem man die Mischung je nach Härte hineingießt oder feststampft. So entsteht ein Haus ganz aus einem Guss; Seine Exzellenz hängt jedoch ausschließlich von der Qualität des verwendeten Zements und der Sorgfalt beim Bau ab. Wie ich gesehen habe, neigt einfacher Kalkmörtel, wenn er nicht von höchster Qualität ist, schnell zu reißen und abzubrechen. Wo hydraulischer Zement günstig und gut ist, können Häuser so fest wie Granit gebaut werden. Ein guter und fester Zement dieser Art kann wie folgt hergestellt werden:

Gebrannter Kalk   10

Kasein   12

Hydraulischer Zement 30

Die Mengenverhältnisse können bei solchen Zementen je nach Preis sehr unterschiedlich sein, im Allgemeinen jedoch mit einem zufriedenstellenden Ergebnis.

Brüche oder Verfärbungen im Marmor, wie auch in der Bildhauerei, werden in Florenz so perfekt repariert, dass die Verbindungsstelle nicht wahrnehmbar ist. Selbst dunkle Stellen werden ausgebohrt. Der Vorgang besteht darin, ein rundes, konkaves Loch zu bohren und das einzuführende Stück so zuzuschneiden, dass es genau als konvexer Stopfen passt. Anschließend wird es mit transparentem Mastix oder einem anderen klaren Zement befestigt. Bei reiflicher Überlegung wird sich herausstellen, dass dies äußerst genial ist, da nur dadurch ein absolut fester Sitz gewährleistet werden kann. Durch Drehen des Stopfens in der Mulde zermahlt er sich schnell zu einem präzisen Stopfen; So kann der Zement beim Auftragen auf ein Minimum reduziert werden – tatsächlich wird dadurch die Verbindungslinie auf ihre feinste Grenze reduziert.

Wenn für Steinarbeiten ein sehr starker Zement benötigt wird, kann dieser durch Mischen eines feinen Zementpulvers – z. B. Portlandzement – mit flüssigem Sodasilikat hergestellt werden. Da es fast sofort trocknet, muss es umgehend aufgetragen werden. Es eignet sich besonders gut für den Bau unter Wasser, da es dann extrem hart wird. Vor dem Auftragen den Stein mit reinem Silikat bestreichen.

Folgendes wird von LEHNER BESONDERS GELOBT:

Das Ausbessern von Statuen aus Gips oder Gips ist mit Steinarbeiten verbunden. Die gebrochenen Kanten werden mit Wasser gewaschen, bis kein Wasser mehr absorbiert wird und die Oberfläche feucht bleibt. Dann rühren Sie frischen, kalzinierten weißen Gips mit viel Wasser zu einem dünnen Brei an und rühren Sie diesen weiter, bis er abgekühlt ist. Tragen Sie diese Paste dann schnell auf die gebrochenen Kanten auf und drücken Sie die beiden weiterhin zusammen, bis sie fest werden.

Es sei, sagt LEHNER, eine Besonderheit von Gips, dass er beim Mischen mit in Wasser gelöstem *Alaun* viel länger zum Aushärten brauche, am Ende aber sehr viel härter sei. Wenn wir also den pulverisierten Gips vierundzwanzig Stunden lang in Alaunwasser liegen lassen, ihn trocknen und dann erneut kalzinieren, erstarrt das Pulver, wenn es mit Wasser vermischt wird, zu einem Stein, der so hart wie Marmor ist.

Gips und Alaun bilden zusammen mit dem feinen Pulver aus kalziniertem Glas einen sehr harten und haltbaren Zement, der bei allen Ausbesserungen von Steinarbeiten von großem Nutzen ist.

Für eine umfassende Arbeit zum Thema nicht nur der Reparatur von Steinarbeiten, sondern auch der Herstellung von Kunststein und vielen

Zementen sowie der Kombination und Anpassung der Verwendung von Papier, Zellulose, Sägemehl und -spänen, Gips, Kreide, Leim usw. mit nicht nur alten, sondern auch neuesten Rezepten finden Sie in *Die Fabrikation künstlicher plastischer Massen* , von Johannes Hofer; Leipzig, A. Hartleben, Preis 4s.

REPARATUR VON ELFENBEIN

Kunstwerke aus geschnitztem Elfenbein oder Knochen sind sehr wertvoll, wenn sie perfekt sind, doch wenn sie kaputt oder defekt sind, können sie oft für eine Kleinigkeit gekauft werden. Dennoch ist der Prozess, sie zu reparieren oder die fehlenden Teile wiederherzustellen, nicht schwierig.

Das erste, worauf es ankommt, ist die Farbe. Wenn altes Elfenbein nur einen zarten Farbton angenommen hat, wie zum Beispiel das Neapelgelb, erhöht dies seine Attraktivität; Auch die bräunlichen Schatten und Markierungen, die sich in den Ecken der Reliefs sammeln, sind nicht abstoßend. Diese können unangetastet bleiben und sogar nachgeahmt werden. Aber ein großer Teil des alten Elfenbeins wird zu einem schwärzlichen Bistre oder zu einem schmutzigen, fleckigen Braun oder einer neutralen Tönung, die nichts mit künstlerischer Wirkung zu tun hat und, wie alte Slums in Städten, eher abstoßend als malerisch wirkt. Um solche Stücke zu reinigen, lösen Sie Steinalaun in Regenwasser auf, bis es weiß ist oder eine vollständige Sättigung erreicht. Kochen Sie dies und lassen Sie das Elfenbein etwa eine Stunde lang in der kochenden Lösung. Nehmen Sie es von Zeit zu Zeit heraus und reinigen Sie es mit einer weichen Bürste. Anschließend in einem feuchten Leinen- oder Musselinlappen trocknen lassen; es wird dann gereinigt.

Elfenbein wird oft dadurch gebleicht, dass man es einfach anfeuchtet oder mit Wasser abwischt und es dann den Sonnenstrahlen aussetzt. was allerdings häufig wiederholt werden muss. Laut LEHNER BESTEHT DER EINZIG PERFEKTE UND SICHERE PROZESS, MIT DEM ELFENBEIN GEREINIGT WERDEN KANN, DARIN, DEN ARTIKEL EINIGE ZEIT IN ÄTHER ODER Benzol einzuweichen, um alle Fettstoffe zu extrahieren, ihn dann in Wasser zu waschen und ihn schließlich darin aufzubewahren Superoxid von Wasserstoff (*Wasserstoff, Superoxid*), bis es gebleicht ist, und dann erneut in Wasser waschen.

FEHLENDE TEILE LIEFERN. — Nehmen Sie Elfenbeinstaub, wie man ihn von jedem Elfenbeindreher kaufen kann, sieben Sie ihn zu einem unfühlbaren Pulver, oder zerreiben Sie ihn unter Wasser so fein wie Mehl in einem Mörser. Dann kombinieren Sie dies mit Gummi arabicum, einer Alaunlösung oder dem Kalisilikat. Der Elfenbeinstaub kann durch zerlassene Eierschalen ersetzt werden, bei denen die Wahrscheinlichkeit, dass sie grau werden, noch geringer ist; und sehr feiner weißer Leim oder Gelatine der klarsten Sorte kann anstelle des Gummiarabikums verwendet werden.

LOUIS EDGAR ANDÉS erklärt in seiner meisterhaften Arbeit über Elfenbein, Horn, Perlmutt und Schildpatt einen Prozess, der dem bereits beschriebenen sehr ähnlich ist. Seiner Meinung nach nimmt man fein pulverisierten

Knochen (oder Elfenbeinstaub) und vermischt ihn mit Eiweiß. Das Ergebnis ist eine äußerst harte Substanz, die wie Elfenbein gedreht oder geschnitzt werden kann. Um dies zu perfektionieren, sollte die Masse einer Hitze von 50° bis 60° Celsius und anschließend starkem Druck ausgesetzt werden. Gelatine oder bester Leim mit Glyzerin ist genauso gut wie das Eiweiß und kann vorteilhaft mit letzterem kombiniert werden. Nachdem Sie die Zusammensetzung sehr gründlich gemischt haben, nehmen Sie den zerbrochenen Elfenbeinartikel, reparieren Sie die fehlenden Teile und füllen Sie die Hohlräume mit der Paste. Obwohl dieser Zement als Nachahmung von neuem und frischem Elfenbein Zelluloid nicht gleichkommt, ähnelt er doch sehr stark altem Knochen und Elfenbein , und *nach ein wenig Experimentieren* kann es dem künstlerischen Amateur gelingen, das *Bindemittel* oder den Klebstoff so mit dem Staub zu vermischen, dass er Abgüsse anfertigt sind nahezu perfekte Nachbildungen der Originale. Aber es sei darauf hingewiesen, dass man hier, wie bei allem, nicht gleich beim ersten Versuch einen vollkommenen Erfolg erwarten darf, wie es zu viele tun .

Wenn die Paste trocken ist, glätten Sie die Oberfläche mit einem scharfen Fräser, um eventuelle kleine Vorsprünge zu entfernen, und polieren Sie sie dann zunächst mit feinem Schmirgel oder Tripolis , dann mit einer Poliermaschine und schließlich von Hand.

Wenn Sie zum Beispiel einen alten flachen Teller aus Elfenbein haben, wie er vor mir aus dem vierzehnten Jahrhundert stammte und den ich für eine Kleinigkeit gekauft habe, weil er zerbrochen war, legen Sie ihn in eine genau passende Schachtel – einen Streifen Zinn in einem Square wird antworten – und die freie Stelle besetzen. Das fehlende Ornament auf der Oberseite kann geschnitzt oder sogar aus einem gehärteten Stempel oder einer Form aus gerollten, weichen Brotkrumen geliefert werden. Durch die Zugabe von etwas Salpetersäure und Wasser lässt sich dieses Brot sehr hart machen. Aus dieser Komposition werden durch Druck Imitationen von Meerschaumpfeifen hergestellt, die eher Elfenbein oder Knochen ähneln.

Ich möchte hier erwähnen, dass dieser wenig bekannte Elfenbein- oder Knochenzement hervorragend zur Reparatur gebrochener Intarsien geeignet ist. Im 16. Jahrhundert gab es in Florenz eine umfangreiche Herstellung zarter Flachreliefs für kleine Schatullen aus *Linden- und Reisholz* , die stark an Knochen oder Elfenbein erinnerten. Es war extrem langlebig, wahrscheinlich weil es extrem gut verarbeitet war. Exemplare davon bringen einen hohen Preis.

Ein sehr leichter Aufguss von Neapelgelb, zu dem ein Hauch von Braun, reduziert in chinesischem Weiß, hinzugefügt wurde, verleiht der Paste eine altelfenbeinfarbene Farbe . Die Ecken und Umrisse können in Vandyke-Braun schattiert werden.

Bevor Sie versuchen, zerbrochenes Elfenbein zu kleben oder zu mastixieren, sollten Sie es immer in der Alaunlösung waschen, da es sonst häufig nicht mehr haften bleibt.

Wenn ein wenig Schlämmling und etwas Öl hinzugefügt, sehr gut in die Elfenbeinpaste eingearbeitet und gründlich getrocknet werden, kann sie in jede beliebige Form geschnitten oder geschnitzt werden.

Wenn Elfenbein oder Knochen sehr alt sind, werden sie spröde oder zerbröckeln und zerfallen zu Pulver, weil bestimmte organische Substanzen austrocknen und als Rückstände hauptsächlich Kalk zurückbleiben. Als die Elfenbeinstücke aus Ninive ins British Museum gebracht wurden, schlug der berühmte Sir Joseph Hooker vor, sie in Gelatine einzuweichen. Dies führte zu einer perfekten Restaurierung. Wenn ein Elfenbeingegenstand, ein Knochen oder ein Schädel so zerbrechlich ist, dass er nicht die geringste Berührung aushält, ohne zu Staub zu zerfallen, kann er oft durch sanftes Aufsprühen *von* Wasser , in dem Gelatine oder Leim gelöst ist, gerettet werden . Da der Leim durch Auskochen alter Handschuhe hergestellt werden kann und ein Spray leicht improvisiert werden kann, zeigt sich, dass Ausgräber und Öffner antiker Gräber auf diese Weise Tausende seltsamer Relikte retten könnten, die dann vergehen. Da es sich sicherlich um eine Art der Ausbesserung oder Wiederherstellung handelt, ist es in diesem Werk vorhanden. Dies ist insbesondere bei Schädeln aus frühester Zeit wünschenswert, die von unschätzbarem Wert sind, von denen wir nur sehr wenige haben und von denen Tausende umgekommen sind, die auf die von mir angegebene Weise hätten konserviert werden können.

Sprays zum Verteilen von Parfüm oder medizinischen Flüssigkeiten, die an dünnflüssigen Kleber angepasst werden können, sind in allen Apothekern erhältlich. Aber wir können den Zweck besser erreichen , indem wir eine Zahnbürste oder eine Bürste dieser Art nehmen, sie anfeuchten und sie dann über eine stumpfe Messerkante oder einen Blechstreifen ziehen. Laut JC WIEGLEB erhielt ein Franzose seiner Zeit eine sehr hohe Rente für diese Erfindung, die auf das Sprühen von Pastellkreiden angewendet wurde. Die Römer stellten einen Sprühnebel her, der sehr unvollkommen war, indem sie plötzlich Flüssigkeiten aus einem Schwamm drückten oder herausschleuderten.

Elfenbeingriffe an Messern und Gabeln lassen sich, wenn sie locker sind, am besten zurücksetzen, indem man zuerst etwas starken Essig hineingießt. Nach dem Trocknen angesäuerten Kleber verwenden. Ein gängiges Rezept für diesen Zweck ist das Folgende:

Harz (Kolophonium) 20 Teile

Schwefel   5   ”

Eisenspäne   8   ”

Erhitzen und weich verwenden.

Bei der Reparatur von Elfenbein ist es oft notwendig, es in verschiedenen Farben zu beizen . Die meisten alten Rezeptwerke enthalten hierzu Anleitungen. In dem von RIS PAQUOT werden sie wie folgt angegeben :

Bereiten Sie zunächst eine Mischung aus Kupferspänen, Alaun und römischem Vitriol vor. Kochen Sie es, lassen Sie es sechs Tage lang stehen und fügen Sie dann etwas Alaun hinzu. Das zu färbende Stück Elfenbein wird eine halbe Stunde in dieser Lösung belassen. *Rot färben.* — Scheitholzspäne oder Cochenille in Wasser kochen; Wenn es heiß ist, fügen Sie etwa 25 Gramm Bleischlacke (*Cendre Gravelée*) hinzu, lassen Sie es im Feuer, bis die Farbe angenommen ist, und fügen Sie dann Steinalaun hinzu. Dieses wird durch Leinen gesiebt und das zu färbende Elfenbein in diese Flüssigkeit gegeben. *Grün.* — Nehmen Sie einen Liter Lauge aus Weinasche (*cendre de sarment*), 7 Gramm gemahlenen Grünspan, eine Handvoll Kochsalz und etwas Alaun. Kochen Sie es auf die Hälfte; Sobald es vom Feuer genommen wird, legen Sie das Elfenbein hinein und lassen Sie es stehen, bis es richtig gefärbt ist . *Blau.* — Lösen Sie Indigo und Kali in Wasser auf und mischen Sie dies dann mit einem Liter Weinaschelauge. *Schwarz.* – Kochen Sie das Elfenbein in der folgenden Zusammensetzung: – Essig, 500 Gramm; Gallnüsse pulverisiert , 12 Gramm; Nussschalen, 12 Gramm. Auf die Hälfte einkochen. Dies sind alles sehr starke Farbstoffe, die auch für andere Stoffe verwendet werden können.

„Elfenbein kann durch Einweichen in Phosphorsäure weicher und fast plastisch gemacht werden. Wenn es mit Wasser gewaschen, gepresst und getrocknet wird, erhält es seine alte Konsistenz zurück.“ So behandelter Elfenbeinstaub kann wirklich plastisch gemacht werden. Der Prozess erfordert Sorgfalt.

In der *Magia Naturalis* von HILDEBRAND , einem Werk aus dem 16. Jahrhundert, wird uns gesagt, dass Elfenbein mit einem Zement aus pulverisierten Eierschalen, gelöstem Gummiarabikum und dem Eiweiß nachgeahmt oder repariert werden kann. Trocknen Sie es in der Sonne.

Mit Elfenbein verbündet ist Horn. Hirschhorn wurde häufig als Material zur Herstellung einer Substanz verwendet, die in viele Formen geformt werden konnte . Zu diesem Zweck wurde der härteste Teil der Hörner ausgewählt und gefeilt oder gemahlen und anschließend in starker Kalilauge gekocht. So entstand eine Paste, die umgehend in Formen gepresst wurde . Nach dem Trocknen wurden die Figuren sorgfältig poliert. Ochsenhorn kann auf die gleiche Weise behandelt werden. Rissige, geschnitzte Hörner oder Pulverflaschen können mit dieser Paste repariert werden; auch mit Mastix und Wittling . Horn in weichem Zustand lässt sich leicht färben , indem man einen beliebigen Farbstoff damit mischt. [3]

Kürzlich wurde in einer führenden Zeitschrift in einem Artikel über den Verkauf antiker Kunstwerke beklagt, dass Nachahmungen antiker Elfenbeinarbeiten mittlerweile so perfektioniert seien, dass selbst die in solchen Dingen Gelehrten getäuscht worden seien. Das ist vollkommen richtig, und deshalb ist es umso bedauerlicher, dass eine solche Nachahmung, die nicht unbedingt sehr teuer ist, nicht auf unsere großen Museen ausgedehnt werden kann, von denen die reichsten bisher selten über grobe, schlichte Gipsabdrücke hinauskommen, um Duplikate davon anzufertigen Elfenbein-Arbeit. Die Künstler der Nachahmung scheinen vollständig im Dienste der Leute zu stehen, die absichtlich Fälschungen für echte Relikte der Antike verkaufen. Aber wie Martin Luther oder jemand anderes einmal in Bezug auf die Anpassung von Hymnen an Volkslieder bemerkte: „Es gab keinen Grund, warum der Teufel alle guten Melodien für sich behalten sollte", und es gibt auch keinen Grund, warum Duplikate von Tausenden exquisiten Elfenbeinwerken sind , Knochen und Horn sollten der Welt nicht besser bekannt sein. Es ist möglich, dass in der Welt insgesamt wenig *wirkliches* Interesse an solchen Werken besteht; aber das Interesse wird mit der Zeit mit der Vertrautheit kommen.

Was Elfenbein oder Horn betrifft, gibt es ein Verfahren, bei dem eine Imitation davon auf jede Art von Oberfläche aufgetragen wird, was bei geschickter Ausführung bemerkenswert effektiv ist. Es wird hauptsächlich in Wien ausgeführt und auf Leder, Gips, Holz und Tapeten aufgetragen. Mit Variationen ist es im Wesentlichen wie folgt:

Bedecken Sie den Untergrund mit flexiblem Lack und übermalen Sie ihn dann mit hellem Neapelgelb, das so schön wie möglich zu einem alten Elfenbeinmodell abgestuft ist. Es ist am besten, es nicht zu einheitlich in einem Farbton zu gestalten, da alte Arbeiten oft ihre eigenen Schattierungen haben. Das Ziel muss hier nicht sein, alte Werke nachzuahmen oder zu kopieren, sondern das Schöne daran einzufangen. Füllen Sie dann die Umrisse des Musters sowie die Punkte und Unregelmäßigkeiten in der Nähe oder irgendwo anders mit mehr oder weniger dunklem Braun aus. Studieren Sie dazu altes Elfenbein. Anschließend mit SOEHNÉE NR. 3 lackieren . Von der Qualität dieser zweiten Schicht hängt viel ab. Zum Schluss sehr gründlich mit Fensterleder und Hand abreiben und den Vorgang mehr als einmal wiederholen, wenn Sie möchten, dass es sehr an Elfenbein erinnert. Mit diesem Verfahren können sehr außergewöhnliche und perfekte Imitationen von Elfenbein, Knochen, abgenutztem und glänzendem Pergament und braunem Leder, Holz, Marmor – kurz gesagt, von jeder Art von Kunstwerk,

das über Jahrhunderte von Hand gerieben und glattgeschliffen wurde –
hergestellt werden aus Elfenbein mit abwechselnden Schichten aus Lack,
Farbe , Lack usw.

Wenn kein Relief vorhanden ist, kann die Farbe selbst mit Rad und Taster
bearbeitet und anschließend neu gestrichen und lackiert werden. Dies ist eine
sehr schöne Kunst, die besonders auf Bucheinbände anwendbar ist und oft
bei der Reparatur alter Arbeiten nützlich ist. Ich möchte hier wiederholen,
was ich gesagt habe, dass das Ziel der Nachahmung von Effekten in alten
Kunstwerken oder in anderen Arten von Kunst – das von bloßen
Handwerkern, die selbst im Allgemeinen nur Nachahmer der Entwürfe
anderer sind, so entschieden abgelehnt wird – nicht darin besteht, sie zu
imitieren Fälschungen zu machen, sondern dem Alter oder der Kunst schöne
Effekte zu entnehmen, wie auch immer sie erzeugt wurden, und sie auf die
Arbeit anzuwenden. Diejenigen, die zu gewissenhaft sind, um Schablonen an
einer Wand auszuführen oder Formen für Lederarbeiten zu verwenden ,
sollten zunächst überlegen, ob sie *genug wissen* , um eine wirklich gute oder
bewundernswerte Schablone oder eine ausgezeichnete Form zu entwerfen ,
denn das ist in der Genie, das nicht nur in den eingesetzten Mitteln,
Werkzeugen und Materialien entsteht und ausführt, aus denen Kunst besteht.
In der Kunst kommt es nicht im Geringsten darauf an, das Können zu
erschweren oder die Methoden zu vereinfachen; es zeigt Können, verachtet
aber den chinesischen Standard bloßer Industrie. Ein Künstler wie ALBERT
DÜRER wäre nie stolz darauf gewesen, nur bestimmte Werkzeuge als
„künstlerisch" zu verwenden; Er hätte jedoch Entwürfe gemacht, die einem
Foto Originalität und Kunst aufgezwungen hätten. Es gibt wunderbare
Welleneffekte in antiken Mauern, Licht- und Schattenspiele, Farb- und
Polituretfekte in Steinen, Sandsträngen und Aschehaufen, die LEONARDO
DA VINCI einzufangen und auf verschiedene Motive zu übertragen verstand
und wozu vielleicht seine Kunsthandwerker beigetragen haben Die Zeit
höhnte als „nicht künstlerisch".

Das Alter, das dem Wein und den Worten der Weisheit einen gewissen
exquisiten Zauber verleiht, hat das Gleiche mit allen materiellen Dingen
getan, von denen man in der Tat merkwürdigerweise sagen kann, dass sie
überall dort, wo sie einen Zauber nicht zerstören, einen verleihen, wie das
Mondlicht macht nächtliche Schatten schrecklicher oder schöner.

Es ist bedauerlich, dass dieses sehr wichtige Prinzip nur wenig verstanden
wird. Die Hersteller aller dekorativen Kunstwerke sind derzeit ausnahmslos
bestrebt , alles augenscheinlich, grausam brandneu oder auch nur eine Kopie
alter Arbeiten herzustellen. Was sie brauchen, ist, wie REMBRANDT , aus dem
Alter so viel von seinem besonderen Charme zu ziehen, dass es an die
moderne Arbeit angepasst werden kann.

Ich habe diese Bemerkungen eingeführt, weil der Ausbesserer und Restaurator alter Elfenbeinarbeiten, Bucheinbände und Bilder, wenn er seinen Beruf als Kunst ansieht – was er wirklich ist –, besonders geeignet ist, sie voll und ganz zu schätzen. Das Wiederherstellen führt ebenso wie das Kopieren zur Schaffung eines neuen Werkes. Ich denke, dass jeder Mensch mit normaler Intelligenz mit Eifer und Fleiß lernen kann, alles wie in diesem Werk beschrieben zu reparieren, und dass es durch solche Reparaturen viel einfacher ist, zu lernen, Werke von geringerer Kunst zu schaffen. „Kürzer der Schritt vom Senator zum *Podestá* – kürzer der Schritt vom *Podestá* zum König."

Ein großer Vorzug und eine Besonderheit von Elfenbein wie auch von Horn besteht darin, dass es zäh und elastisch ist und außerdem eine schöne transparente oder durchsichtige Qualität aufweist. Diese Eigenschaften konnten, mit Ausnahme der Maserung oder Textur, bisher nur bei *Zelluloid gut nachgeahmt werden*, das für eine sehr allgemeine Verwendung leider zu teuer und, was noch schlimmer ist, zu anfällig für Zerstörung ist. Ich gehe jedoch zuversichtlich davon aus, dass bald eine Substanz entdeckt wird, die Zelluloid als Ersatz weit überlegen und wahrscheinlich viel billiger und weniger verderblich ist. Zu *Zelluloid* kann ich jedoch die geschwefelten Präparate von Kautschuk und Guttapercha, bekannt als Vulkanit oder Ebonit, hinzufügen. Diese sind zwar perfekt hart, zäh und elastisch, aber sehr dunkel und undurchsichtig.

LEHNER STELLT in seinem Werk „*Die Imitationen*" fest, dass Elfenbeinimitationen variiert werden müssen, um der Farbe und Qualität der Originale gerecht zu werden. Dies erfordert zunächst eine Untersuchung des zu verwendenden Klebers bzw. Leims. Wenn diese farblos ist, wird sie als französische Gelatine bezeichnet und ist sehr teuer. Stattdessen kann der Experimentator den besten weißen Salisbury-Kleber oder mit Alaunwasser zubereitetes Gummi arabicum verwenden. Zweitens der Körper, der aus Karbonat von Magnesia, Karbonat von Kalk, wie pulverisiertem Marmor, geschwefeltem Kalk oder pulverisiertem Gips, Kreide, Stärke oder Mehl, weißem Zinnoxid, Zink, Sulfat von Schwerspat oder chinesischem Weiß bestehen kann, weißes Bleioxid. Bei der Verbindung von z. B. Magnesia mit dem Leim ist ein Zusatz von zehn Prozent erforderlich. Glycerin sorgt für Elastizität und eine hornartige Klarheit. Um mit Leim hergestelltes künstliches Elfenbein auszuhärten, werden die Gegenstände etwa vier Minuten lang in eine starke Alaun- oder Tanninlösung getaucht. Das Tannin wird am besten aus Galläpfeln gewonnen. Die so hergestellten Gegenstände haben einen antiken, elfenbeinfarbenen, gelblichen Farbton. Anstelle von Tannin kann auch rotes Chromalkali in Lösung mit Wasser verwendet werden, es ergibt jedoch ein kräftigeres Gelb.

Laut HYATTS Patent wird künstliches Elfenbein durch die Kombination eines Sirups aus acht Teilen Schellack und drei Teilen Ammoniak mit vierzig Teilen Zinkoxid hergestellt. Dieses wird erhitzt und unter Druck gesetzt.

ZELLULOID ist das beste Material zur Herstellung von künstlichem Elfenbein. Es wird durch die Kombination von Zellulose oder Pflanzenfasern in Form von mit Säure behandelter Watte hergestellt; das heißt Schießbaumwolle und Kampfer. Es wird in dünnen Blättern usw. verkauft, die bei 100 bis 125 °C erweicht werden können, sodass sie in jede beliebige Form gebracht werden können . Durch die Zugabe von Farbstoffen wie Zinkoxid, Zinnober usw. wird Zelluloid Elfenbein, Koralle oder Schildpatt ähnlich gemacht. Es wurde oft verwendet, um eine perfekte Nachahmung eines florentinischen Mosaiks herzustellen, und eignet sich natürlich hervorragend zur Reparatur solcher Arbeiten, wenn sie kaputt sind.

Ein sehr starker Zement für Elfenbein, Knochen oder feines Holz wird hergestellt, indem transparente Gelatine in Wasser zu einer dicken Masse gekocht wird. Fügen Sie diesem in Alkohol aufgelösten Gummimastix hinzu, wobei diese Lösung ein Viertel ausmacht, und rühren Sie reines weißes Zinkoxid hinein, bis eine Flüssigkeit wie Honig entsteht . Auch dieses ist an sich ein künstliches Elfenbein, wenn es in der Masse zubereitet und getrocknet wird. Eine andere kann durch die Kombination von Diamantzement (*siehe* Glas) mit Elfenbeinpulver und etwas Glycerin hergestellt werden . Auch mit dem gleichen oder sehr starkem Weißleim und Eierschalenpulver, wobei letzteres gekocht sein sollte. Außerdem Eiweiß, Gummi arabicum , etwas starker Essig und zerlassene Eierschalen.

Ein anderes Rezept zum Ausbessern oder Herstellen von Elfenbein und ähnlichen Stoffen besteht darin, weiches und sehr weißes Papier in Brei zu nehmen, mit Watte zu verbinden und mit sehr verdünnter Säure oder *starkem* Essig zu behandeln. Fügen Sie dazu pulverisierte Eierschalen hinzu, die mit etwas Glyzerin zu einer Paste verarbeitet wurden . Diese möglichst gründlich mit der Papier-Baumwoll-Mischung vermischen und kräftigem Druck oder Rollen aussetzen.

ZELLULOSE in jeglicher Form, ob aus Baumwolle, Leinen, Holz oder anderen pflanzlichen Faserstoffen, stellt eine Basis dar, die mit verdünnter Säure behandelt werden kann, um eine hornige oder pergamentartige Substanz zu erzeugen. Eine Modifikation davon zeigt sich bei der Herstellung von Zelluloid mit Kampfer. Diese modifizierten Formen der organischen Schöpfung können in großer Vielfalt mit anderen organischen Stoffen oder Mineralien kombiniert werden. So verleiht Glycerin und manchmal Öl verschiedener Art in solchen Beimischungen Elastizität oder ein durchsichtiges Aussehen; Elfenbeinstaub hat eine Affinität zu Öl und

Leim; und diese alle verbinden sich mit Pergament, gekochtem Elfenbeinstaub und Fibrin oder Zellulose.

Bestimmte Meerespflanzen, wie z. *B. Seetang* , liefern eine faserige Substanz mit ganz besonderen Eigenschaften, die eine raffinierte Kombination zulässt. Bestimmte Experimente und Beobachtungen überzeugen mich davon, dass es hier ein riesiges, noch unerforschtes Gebiet gibt, in dem die Wissenschaft noch Entdeckungen machen und wertvolle Beiträge zur Technologie leisten wird.

Der Leser, der sich besonders für dieses Thema interessiert, kann mit Vorteil *Die Verarbeitung des Hornes, Elfenbeines , Schildpatts und der Perlenmutter* usw. von Louis Edgar Andés konsultieren ; Wien, A. Hartleben, Preis 3s.

REPARATUR VON BERNSTEIN
, WIE MAN GEBROCHENEN BERNSTEIN PERFEKT WIEDER VERBINDET UND IHN NACHMACHT – WIE MAN BERNSTEIN IN FRAGMENTEN ZU EINEM EINZIGEN KÖRPER SCHMITZT

Bernstein wurde zu allen Zeiten und überall wegen seiner exquisiten Farbe und Halbtransparenz bewundert. Viele Aberglauben hingen damit zusammen und viele glauben immer noch, dass das Tragen einer daraus gefertigten Perle gut für die Sehkraft sei. Man findet ihn hauptsächlich an der preußischen Küste vor dem Deutschen Meer, kommt aber auch in beträchtlichen Mengen an der englischen Küste vor. Es handelt sich um das Gummi oder Harz einer inzwischen ausgestorbenen Kiefernart, die wahrscheinlich der Kiefernart in Neuseeland sehr ähnlich war, aus der das Gummi *kauri entsteht* , das so sehr dem Bernstein ähnelt.

Manche Bernsteine sind gelb und klar wie Zitronenbonbons. Dies wird häufig für Zigarrenhalter und Pfeifenmundstücke, Perlen usw. nachgeahmt. Dann gibt es die wolkigen Farben , die von Weiß bis Strohgelb variieren , und das schöne Goldbraun, das im Sonnenlicht so reich erscheint; auch das Dunkelbraun und Schwarz. Diese dunkelbraunen Bernsteine sind meist in alten Schmuckstücken zu finden und werden aus der Erde ausgegraben. Heller Bernstein kann durch einen künstlichen Prozess braun werden.

Gummikopal , das aus Afrika stammt, ähnelt stark *dem* Bernstein, ist jedoch weniger schön und spröder. Gum *Kauri* aus Neuseeland ist ihm sehr ähnlich. Beide werden zur Nachahmung von Bernstein verwendet.

Es gibt nicht viele, die wissen, wie man zerbrochenen Bernstein repariert. Ich bin versichert, dass das Folgende eine vertrauenswürdige Methode ist : – Erwärmen Sie die Stücke, befeuchten Sie sie mit Kalilauge (*ætz -kali*) und drücken Sie sie dann zusammen. Wenn es gut gemacht ist, wird die Verbindung nicht wahrnehmbar sein. Es wird gesagt, dass durch dieses Verfahren kleine Stücke Bernstein, Bernsteinstaub usw. zu Blöcken verarbeitet werden können.

Bei der Bernsteinimitation werden die besten Kopalstücke herausgesucht, in ein luftdichtes Gefäß gegeben und in Petroleum, Schwefelether oder Benzol gelöst . Nach dem Trocknen in Blöcken wird dieser einem großen Druck ausgesetzt. Beim Trocknen wird der Druck erhöht.

Vor vielen Jahren kam mir der Gedanke, dass der richtige Weg, Kopal zu einem zähen Körper wie Bernstein zu vereinen, darin bestehen würde, einen zähen oder flexiblen Lack als Bindemittel zu verwenden. Ich finde durch die Arbeit von LEHNER über Imitationen, dass er dies durch Experimente bestätigt hat. Wichtig ist auch, dass der Prozess der Aushärtung durch Druck dadurch wesentlich erleichtert wird. Ich würde nach allen chemischen Gesetzen davon ausgehen, dass ein mit Glyzerin in Kombination mit Kopal, Kauri oder Bernsteinstaub angereicherter Lack auch ohne Druck mit der Zeit eine Substanz bilden würde, die genauso hart wie Bernstein und viel weniger spröde ist. Es wäre zu wünschen , dass ein Techniker auf diese Weise mit verschiedenen Zahnfleischarten experimentiert und so deren Schönheit *festigt* oder dauerhaft macht. Hier gibt es ein weites Feld zu bearbeiten. Das Thema Meerschaum und Bernstein wird in einem Werk mit dem Titel ausführlich behandelt *Die Meerschaum- und Bernstein-Fabrikationen* , von GM Raufer; Wien, A. Hartleben, 2 Mark.

Ich möchte hinzufügen, dass das Schnitzen von Bernstein eine sehr elegante Kunst ist, die wunderschöne Ergebnisse liefert. Ich habe eine junge Dame gekannt, die verstorbene Miss Catherine L. Bayard, die sich darin hervorgetan hat. Dies erfolgt hauptsächlich mit feinen Feilen und Schmirgel- oder Glaspapier, da aufgrund seiner extremen Sprödigkeit die Verwendung von Schneidwerkzeugen für jeden erfahrenen Fachmann mit einem hohen Risiko verbunden ist. Bernstein ist ein sehr teures Material, aber daraus hergestellte Gegenstände sind von mehr als angemessenem Wert. Wer das Schnitzen üben möchte , sollte mit Kopalstücken beginnen. Wie ich bereits erklärt habe, können kleine Fragmente und der Staub von Bernstein und Kopal geschmolzen und mit klarem Terpentin zu großen Massen verbunden werden, die noch zäher sind als die natürlichen Gummis.

gefärbten Gummis hergestellt werden ; wie zum Beispiel Gummi arabicum oder Dextrin mit Gelatine (weiße beste Qualität) und Glycerin . Wenn es gut vermischt und getrocknet wird, lässt es sich genauso gut tragen wie Bernstein. Einige der Zahnfleische von Obstbäumen – z. B. von Pfirsichen und Kirschen – sind sehr schön gefärbt und klar und scheinen vorzüglich dazu geeignet zu sein, durch dasselbe Verfahren gehärtet zu werden. Sie kommen in alten Rezeptbüchern sehr häufig als Klebstoffe oder Kitte vor. Perfekt klarer Kleber oder Gelatine mit Glycerin und transparenten Farbstoffen bilden eine hervorragende Imitation für Perlen.

INDIARUBBER UND GUTTAPERCHA, DIE
INDIARUBBER-SCHUHE FESTLEGEN UND KLEIDUNGSSTÜCKE WASSERDICHT MACHEN, MIT ANDEREN ANWENDUNGEN

Kautschuk oder Guttapercha kommt in so vielen bekannten und nützlichen Gegenständen vor, dass es nur wenige Menschen gibt, die nicht gerne wissen würden, wie man sie im Falle einer Verletzung repariert.

Wie das spröde oder unelastische Zahnfleisch wird auch Kautschuk (zu dem ich die fast verwandte Guttapercha zähle) durch die Beimischung bestimmter pulverisierter Substanzen stark verändert, die mit ihm eine teils mechanische, teils chemische Verbindung eingehen. Wer das Thema in all seinen Zusammenhängen gründlich studieren möchte, kann *Kautschuk (Caoutchouc) und Guttapercha* von Raimund Hoffer zu Rate ziehen; Wien, 1892, Hartleben.

Vergaser teilweise löslich Schwefel , Äther, reines Erdöl oder Benzol , aber Guttapercha ist vollkommen geeignet. In diesem Zustand kann es als Lack oder Beschichtung für Reparaturen aufgetragen werden, da es an der Luft aushärtet. Wenn Guttapercha mit Schwefel vermischt und einer Hitze von 110 bis 115 °C ausgesetzt wird, wird es zu etwas, was man „ vulkanisiert “ nennt, nimmt eine sehr hellgraue Farbe an , ist elastischer und behält diese Elastizität in einem viel geringeren Ausmaß als zuvor . Wenn die Hitze auf (maximal) 180° erhöht wird, wird die Masse sehr hart, zäh und schwarz oder hornartig. Die Bedingungen seiner Zähigkeit, Elastizität und Härte hängen von der Menge des verwendeten Schwefels ab; Wie in anderen Kombinationen gilt auch hier: Je härter das Material wird, desto weniger elastisch ist es, d. h. desto spröder.

EBONIT ist extrem gehärteter Kautschuk. Es wird zunächst mit Chlor behandelt, mit in Wasser aufgegossenem Sodasulfat gewaschen und schließlich mit härtenden Substanzen vermischt und starkem Druck ausgesetzt.

Da Gummi- oder Gummischuhe allgemein verwendet werden, würden die meisten Menschen sie zunächst einmal für die richtigen Gegenstände halten. Treffen Sie dazu zunächst zwei getrennte Vorbereitungen wie folgt:

ICH.

Kautschuk   10

Chloroform 280

II.

Kautschuk 10

Harz   4

Terpentin   2

Terpentinöl 40

Nein. I. wird einfach eine Zeit lang allein in einer Flasche oder einem fest verschlossenen Glas aufbewahrt. Nr. II. wird hergestellt, indem man das Gummi sehr fein schneidet, es mit dem Harz mischt, dann Terpentin hinzufügt und schließlich das Ganze im Terpentinöl auflöst. Dann kombinieren Sie I. und II. Um den Schuh zu reparieren, nehmen Sie ein Leinenflicken, tauchen Sie es in die Mischung und legen Sie es über den Riss. Nach dem Trocknen eine oder mehrere Schichten auftragen.

Gummischuhe , sondern auch für viele andere Gegenstände verwendet werden kann . Auf die Sohlen von Lederstiefeln aufgetragen und dann ein paar Mal erhitzt, werden sie absolut wasserfest. Das geht besser, wenn der Schuhmacher eine Schicht zwischen den beiden Sohlen anfertigt. Ich habe das oft getestet. Die Innensohle kann durch einfaches Auflösen des Kautschuks in Benzol oder Ether hergestellt werden. Eine Lösung für normale Reparaturen kann durch einfaches Einweichen des Kautschuks in Benzin hergestellt werden .

Risse oder Löcher in gewöhnlichen Lederschuhen oder anderen Gegenständen lassen sich auf diese Weise sehr gut reparieren. In diesem Fall kann der Leinenlappen durch ein Stück Leder ersetzt werden. Stiefel oder Schuhe, die starker Nässe ausgesetzt sind, sollten erwärmt und dann mit einer Kautschuklösung getränkt oder getränkt werden . Präparate zu diesem Zweck sind bei allen Händlern für Gummi und Guttapercha erhältlich.

Stoff wird im Allgemeinen wasserdicht gemacht, indem man ihn in eine leichte Kautschuklösung einweicht.

Ein anderes Rezept (LEHNER) lautet wie folgt:

Kautschuk   150

Talg   10

Getrockneter Kalk   10

Dies dient zum Verkorken oder Verschließen von Flaschen. Um es widerstandsfähiger zu machen, ersetzen Sie den Kalk durch Pfeifenton. Oder wenn wir stattdessen rotes Bleioxid verwenden, bildet sich mit der Zeit ein äußerst harter und vollkommen wasserfester Zement von großem Wert.

EIN STARKER KAUTSCHUK ZEMENT :—

Kautschuk, ca   90

Pulverisiert Schwefel   10

Oder von 6 bis 12 der letzteren.

Dies wird besonders als nützlich zum Verschließen von Dosen mit Früchten usw. empfohlen. Es wird einfach vulkanisiert Indienkautschuk .

MEERESLEIM ist ein sehr wertvoller und allgemein nützlicher Zement. Es wird so genannt, weil es vollkommen wasserdicht ist und für viele Zwecke auf Schiffen verwendet wird. Es gilt nicht nur für die Reparatur von Kleidungsstücken aus Kautschuk oder Guttapercha, sondern auch für Gegenstände aus Metall, Holz, Glas, Stein, Papier oder Stoff; wie zum Beispiel Regenschirme, auf die, wenn sie zerrissen werden, ein Flicken oder Streifen aus Seide oder Musselin geklebt werden kann, der genauso lange hält wie die anderen. Es eignet sich auch gut zum Imprägnieren von Schuhen. Es wird von Händlern in Schiffsläden, Apotheken und anderen Geschäften verkauft. „Es ist eine gute Sache, es im Land zu haben."

HARTER MEERESLEIM : —

Kautschuk   10

Rektifiziertes Erdöl 120

Asphalt   20

Um dies zuzubereiten, hängt man den Kautschuk in einem Leinenbeutel in ein Fass mit sehr großem Spund oder in ein großes Glas, so dass der Beutel nur zur Hälfte eingetaucht ist. Dies wird zehn bis vierzehn Tage lang an einem warmen Ort aufbewahrt, bis die Lösung erfolgt ist . Anschließend kann der Asphalt in einem Eisenkessel geschmolzen werden. Lassen Sie die Gummilösung bei schwacher Hitze langsam in den Kessel laufen und rühren Sie so lange ein, bis die Masse vollständig konserviert ist. Geben Sie sie in den Beutel. Der Rand wird dann umgedreht eingearbeitet . Wenn dies geschehen ist , gießen Sie die Mischung in Formen , die geölt wurden, um ein Anhaften zu verhindern. Das Ergebnis sind dunkelbraune oder schwarze dünne Kuchen, die sich nur schwer brechen lassen. Die Qualität dieses Zements wird durch die Schwierigkeit oder Sorgfalt, die bei seiner Verwendung beachtet werden muss, etwas zunichte gemacht. Stellen Sie dazu das Gefäß, in dem es geschmolzen werden soll, in ein anderes oder ein *Balneum mariæ* , wie für Leim, mit kochendem Wasser gefüllt. Wenn Flüssigkeit vorhanden ist, nehmen Sie den Kessel vom Feuer und erhitzen

Sie ihn direkt, bis er eine Temperatur von 150 °C erreicht. Wenn möglich, erhitzen Sie das zu klebende Objekt auf 100°. Je dünner die Schicht und je heißer die Oberfläche, desto besser haftet sie, es sei denn, es handelt sich um harte Platten. In allen Fällen sollte ein möglichst starker Druck ausgeübt werden, um die beiden Teile zusammenzubringen, und zwar so lange, bis der Kleber getrocknet ist. Kisten, die mit Seeleim zusammengeklebt und auch genagelt werden, sind von außerordentlicher Festigkeit und können dadurch luft- und wasserdicht gemacht werden. Wer Artikel verschicken möchte, die durch Seeluft beeinträchtigt werden können, wie Seide und Tee, die ihre Farbe und Qualität ändern, selbst wenn sie in engsten, gewöhnlichen Kartons verpackt werden, sollte Kartons verwenden, die gut mit gutem Seekleber gesichert sind. Es ist auch von unschätzbarem Wert, die Kleidung vor Motten zu schützen, denn wenn etwas sehr gründlich abgestaubt ist und sich keine Motten darin befinden, können keine eindringen, wenn es in einer luftdichten Box eingeschlossen ist.

Apropos dazu würde ich sagen, dass in Amerika Motten, die weitaus größere Schädlinge darstellen als in Europa, durch Tüten aus starkem Papier, gut abgedeckt oder geteert, wirksam ausgeschlossen werden. Die Gegenstände werden darüber gelegt und erwärmt, so dass es sich abdichtet. Um Motten fernzuhalten, sind stabile Papiertüten besser als jede Truhe, sie müssen aber immer gut zugeklebt sein. Tabak schützt überhaupt nicht vor diesen Insekten. Ich habe sogar eine alte türkische Tabaktasche aus Wolle besessen , die zehn Jahre lang in Gebrauch war und teilweise mit Tabak gefüllt war, fast von Motten aufgefressen, die dabei keine geringe Menge Tabak gefressen haben mussten. Auch Kampfer oder andere Duftstoffe sind nicht halb so wirksam wie der hermetische Verschluss einer Substanz, die Insekten nicht fressen.

LEHNER macht einen Vorschlag, Wände luftdicht zu machen, der von so bemerkenswertem praktischen Nutzen ist, dass er in jedem Haus durch Gesundheitsgesetze durchgesetzt werden sollte. Wenn Wände dazu neigen, Feuchtigkeit aufzunehmen – und das haben alle bei feuchtem Wetter, vor allem in unterirdischen Räumen –, ist es *weitaus* gefährlicher, als allgemein angenommen wird, sie mit Papier zu versehen. Dies ist so sehr der Fall, dass dort, wo Arbeiter aus Unvorsichtigkeit eine Schicht Papier über die andere auf eine feuchte Wand kleben, die Masse mit der Zeit einen sehr giftigen Ausdünst abgibt, so dass ein Vorfall berichtet wird, bei dem mehrere Menschen nacheinander starben das andere, weil man in einem solchen Zimmer geschlafen hat. Um dies zu verhindern, verwenden Sie den folgenden wasserfesten Zement:

Kautschuk   10

Gewaschene Kreide   10

Terpentinöl   20

Schwefelkohlenstoff _ 10

Harz (Kolophonium)   5

Asphalt   5

Diese werden in einem großen Kolben zusammengegeben, an einem mäßig warmen Ort aufbewahrt und oft geschüttelt, bis sie gut eingearbeitet sind. Die zu verkleidende Wand sollte gebürstet und abgewischt und in manchen Fällen erhitzt werden, bis sie extrem trocken ist. Tragen Sie dann das Papier wie gewohnt mit dem Kleber auf. Es haftet mit großer Zähigkeit, da es sich um einen sehr festen und starken Kleber handelt. Alle Tapeten verursachen bei feuchtem Wetter mehr oder weniger Malaria, ebenso wie der Geruch einer *feuchten* Bibliothek oder einer Bibliothek, in der der Geruch von altem Papier streng und unangenehm wahrnehmbar ist. Deshalb sollten alle Vorkehrungen getroffen werden, um es unschädlich zu machen.

Auch wenn kein Papier aufgetragen wird, ist dieser Zement sehr wertvoll, wenn er einfach zum Beschichten der Innen- oder Außenseite feuchter Wände verwendet wird. Es kann natürlich zum Reparieren vieler Artikel aus Kautschuk sowie zum Ausbessern von Schuhen, Bräunungskleidung usw. verwendet werden. *Zu* Letzterem möchte ich hier anmerken, dass alle Personen, die als Kolonisten im Busch zu kämpfen haben oder in eine Gegend gehen, in der es schwierig ist, sich zu reparieren oder repariert zu werden – wie ich selbst schon oft erlebt habe –, gut daran tun würden, einen zu tragen dichte Blechdose mit wasserfestem Kleber, mit der zerrissene Schuhe und sehr oft zerrissene Kleidung umgehend repariert werden können. Tatsächlich können Kleidungsstücke aus Leder, Musselin und sogar Stoff mithilfe von ein wenig grobem Nähen oder sogar ohne diese so hergestellt werden, dass sie mit bestimmten Klebstoffen zusammenhalten, die buchstäblich alles binden.

Für diejenigen, die vorhaben, in der Wildnis zu leben, wo immer sie auch sein mag, lohnt es sich auf jeden Fall, zu wissen, wie man Kleidung aus Kautschuk anfertigt oder herstellt . Das Rezept ist ganz einfach zuzubereiten:—

Guttapercha 10

Benzin   100

Leinölfirnis 100

Die Guttapercha wird im Benzin gelöst; Sobald die Lösung klar ist, wird sie in eine Flasche gegossen, die bereits den Lack enthält, und dann wird alles gründlich geschüttelt. Wenn diese Mischung auf gewebte Stoffe jeglicher Art aufgetragen wird, werden diese vollständig wasserdicht. Anschließend können die Kleidungsstücke ausgeschnitten und „genäht" werden; das heißt, mit dem gleichen Zement zusammengebunden. Laut LEHNER kann dieser Zement zur Herstellung von Schuhsohlen verwendet werden und ist wunderbar elastisch. Alle Reisenden und erst recht alle Haushälterinnen sollten diesen Zement in ihrem Besitz haben.

Es kann auch vorkommen, dass ein Reisender mit einem schmerzenden Hohlzahn in einer Region landet, in der kein Zahnarzt erreichbar ist. Sollte er etwas Guttapercha bei sich haben (für diesen Zweck ist gebleicht am besten), kann er es mit sehr fein pulverisiertem Glas kombinieren. (Um etwas so Feines wie Mehl *zu zerkleinern* oder zu pulverisieren, muss es in einem Mörser oder auf Metall oder hartem Stein *unter Wasser zerstoßen werden* .) Dann die Guttapercha und das Glas erwärmen und gründlich vermischen. Machen Sie daraus kleine Stifte, die zum Gebrauch in heißes Wasser getaucht werden müssen. Dieser Zement kann auch für viele andere Zwecke verwendet werden.

Ein sehr bewundernswerter Zement, der in jedem Stall zu finden und jedem bekannt sein sollte , der ein Pferd besitzt, wird wie folgt hergestellt:

Hartshorn und Harz ammoniacum (*Ammoniakharz*)   10

Gereinigte Guttapercha   20-25

Erhitzen Sie die Guttapercha auf 90–100 °C und vermischen Sie sie gründlich mit dem pulverisierten Harz. Der Hauptzweck dieser bewundernswerten Zusammensetzung besteht darin, Risse oder Risse in Pferdehufen zu füllen. Gelegentlich kann es auch für Gips verwendet werden. Um es auf die Hufe aufzutragen, erwärmen Sie es und verteilen es mit einem erwärmten Messer. Es härtet so hart aus, dass es Nägel hält.

Beim Ausbessern oder Herstellen kann man beobachten, dass sehr wenig Kautschuk oder Guttapercha mit Benzol oder Äther oder rektifiziertem Petroleum in großen Mengen kombiniert wird, wodurch es bald dicht wird. Um eine Oberfläche oder eine Haut zu erzeugen, tragen wir daher zunächst eine *dünne* Schicht auf den Gegenstand oder die Form auf und tragen dann mit einem breiten, weichen Pinsel oder „Tupfer" eine weitere Schicht mit großer Sorgfalt auf, um eine gleichmäßige Dicke zu erzielen. Daher ist es am besten, die Zubereitung immer eher dünnflüssig zu machen und sie zum richtigen Zeitpunkt zu verwenden, und nicht, wenn sie durch langes Aufbewahren dick geworden ist. Im letzteren Fall mehr Lösungsmittel zugeben.

Glasflaschen oder Fläschchen mit Flüssigkeiten zerbrechen oft, selbst wenn sie in Koffern verstaut werden, selbst durch den Druck weicher Gegenstände wie Kleidung. Es ist daher ratsam, sie in diese Lösung einzutauchen oder damit zu beschichten, wodurch ein Beutel entsteht, der die Flüssigkeit enthält. das heißt, es sei denn, es ist von einer Art, die es mildert. Ich habe erlebt, dass eine Flasche Haaröl in einem wertvollen Kaschmirschal verpackt war, der durch das Zerbrechen fast ruiniert worden wäre, was durch diese einfache Vorsichtsmaßnahme leicht hätte verhindert werden können.

Jeder Apotheker wird diese Rezepte zusammenstellen.

Eine sehr merkwürdige und wertvolle Nachahmung eines wasserdichten Kautschukgewebes wird wie folgt hergestellt: – Kasein wird mit Wasser und Borax zu einer Lösung mazeriert. Das Tuch wird darin getaucht und, wenn es ganz trocken ist, erneut in einen starken Aufguss von Galläpfeln getaucht . Dies ist eine Art Bräunung.

Für umfassende Informationen zum Thema Kautschuk kann der Technologe *Kautschuk und Guttapercha* von Raimund Hoffer, Leipzig, 1892, konsultieren, das meiner Meinung nach das neueste und beste Werk zu diesem wichtigen Thema ist.

Ausbessern von Metallarbeiten oder Reparieren von
feuerfesten Zementen mit Eisenbindern

Metallarbeiten, insbesondere Eisenarbeiten, erfordern so viel Schmieden und so viele Geräte, dass sie in gewissem Maße über den gewöhnlichen Ausbesserer hinausgehen, der in den meisten Fällen auf den Schmied oder Kunsthandwerker zurückgreifen muss. Aber es gibt immer noch viel, was der Amateur bewirken kann, und das werde ich beschreiben.

Eine der häufigsten Anforderungen bei der Reparatur von Koffern und vielen anderen Gegenständen besteht darin, einen Riemen oder Streifen aus Metall entweder an einer Oberfläche oder an sich selbst zu halten. Dies ist zeitnah durch *Nieten zu* bewerkstelligen . Wenn das Eisenband an einem Stamm gebrochen ist, kann man es nicht mehr gut an seinen Platz nageln. Auf der dünnen Seite, möglicherweise einer Pappe, hält ein Nagel nicht. Um zu lernen, wie man in einem solchen Fall repariert, nehmen Sie ein Stück gewöhnliches Eisen, legen Sie es auf einen Holzblock oder ein Brett und schlagen Sie mit einem feinen Nagel oder einer Ahle und einem Hammer ein Loch hinein. Nehmen Sie dann eine Niete oder einen anderen Flachkopfnagel, stecken Sie ihn durch das Loch, legen Sie ihn möglichst mit dem Kopf des Nagels nach unten auf Eisen oder Stein und schlagen Sie dann leicht seitwärts auf die Spitze. Das Ergebnis ist, dass die Spitze abgeflacht wird und der Stift fest gehalten wird. Das Ergebnis ist das gleiche, wenn die Niete durch zwei dicke Metallstücke geführt wird. Auf diese Weise werden die beiden Enden eines Eisenbügels für eine Kiste befestigt. Wenn wir also ein Stück Blech oder Blech nehmen, es an die Seite des Kofferraums legen und den gebrochenen Streifen an der Außenseite nach unten ziehen, können wir es mit etwas Vorsicht vernieten. Es ist ratsam, dabei ein starkes Stück Musselin oder Leder über die Dose zu kleben, um zu verhindern, dass etwas in den Stamm schneidet. Diese genieteten Streifen eignen sich *weitaus* besser zum Umschließen und Halten vieler Bündel als Kordeln. Sie eignen sich besser für Bücher, da sie keine Spuren an den Rändern hinterlassen, sich nicht lösen lassen und auch schwer zu befestigen sind, da kein Verknoten erforderlich ist.

Vernietete Bänder, Ecken oder gebogene Blechstücke sind bei kaputten Möbeln allgemeiner anwendbar, als allgemein angenommen wird. Die so aufgebrachte Platte kann im Allgemeinen verdeckt werden, indem entweder eine Stelle dafür gemeißelt oder in das Holz gehämmert und anschließend zementiert und überstrichen wird.

Draht eignet sich auch sehr gut zum Ausbessern vieler Arten, sei es in Metall oder Holz. Zur Bewältigung benötigen wir eine Schneid- oder Kneifzange sowie eine Spitz- und Flachzange. Um also zwei Körper zu befestigen – zum

Beispiel die beiden Teile eines zerbrochenen Gewehrschafts –, befestigen Sie zunächst ein Ende des Drahtes in einem Stück, wickeln Sie es um beide und ziehen Sie es mit der Flachzange so fest wie möglich. Wenn das andere Ende zusammengefügt ist, befestigen Sie es, indem Sie es unter die *Drehung* oder in das Holz treiben. Auch dieser kann so geschickt bearbeitet werden, dass der mit einer Feile abgeflachte und niedergeschlagene Draht unter Farbe und Lack verborgen werden kann. Mithilfe von Draht, der durch mit langen Ahlen oder feinen Bohrern hergestellte Löcher geführt wird, können Bilderrahmen stabil repariert werden. In vielen Fällen sollte der Draht herumgeführt und die Enden befestigt oder zusammengewickelt werden; In anderen Fällen machen Sie einen doppelten Ring an einem Ende des Drahtes und nageln ihn fest. Führen Sie dann den Draht durch das Loch und befestigen Sie das andere Ende auf die gleiche Weise. Viele Arten kaputter Geräte können auf diese Weise repariert werden. Bemühen Sie sich um starke, *flexible* Drähte für solche Zwecke.

Kisten mit Waren sind doppelt so stabil, wenn sie durch festgenagelte Eisenstreifen geschützt werden. Zu diesem Zweck wird im Allgemeinen Reifeisen verwendet.

Das Löten ist jedoch das beste und gebräuchlichste Mittel zur Reparatur aller Arten von Metallarbeiten, und dies ist bei weitem nicht so schwierig, wie allgemein angenommen wird; Tatsächlich geht eine Autorin über Metallarbeiten sogar so weit zu behaupten, dass sie faszinierend sei. Da jeder Kesselflicker und Klempner weiß, wie man „ sprudelt ", und bereitwillig Anweisungen für eine Kleinigkeit gibt (Kinder sehen den ganzen Vorgang in der Tat oft bewundernd umsonst zu), und schließlich, da es höchst unwahrscheinlich ist, dass irgendein Leser dieses Werks an einem Ort sein sollte, an dem weder Kesselflicker noch Blecharbeiter zu finden sind – denn ich habe gelesen, dass einst ein Zigeunerkessel entdeckt wurde, der im Schatten der Chinesischen Mauer einen Kessel reparierte –, ist es kaum notwendig, die Prozesse im Detail zu beschreiben, die Jeder kann es auf einen Blick erfassen. Das Prinzip ist folgendes: – Wie beim Zementieren von Glas erfordert der Kleber, der bindet, die Beimischung von Glaspulver, damit es eine schnellere und engere Verbindung mit dem Glas herstellen kann; Um also zwei metallische Oberflächen zu vereinen, benötigen wir ein Flussmittel oder eine schmelzbare Substanz als Vermittler. Zu diesem Zweck werden verschiedene Substanzen wie Harz und Borax zusammen mit dem Lot verwendet, einer Verbindung von Metallen, die sehr leicht schmilzt, sich fest mit anderen Metallen verbindet und sofort aushärtet. Es gibt viele Varianten davon, angepasst an verschiedene Metalle. Es wird im Allgemeinen in kleinen Stäbchen zum Gebrauch verkauft.

Ich betone die Tatsache, dass es in jeder Familie jemanden geben sollte, der sich mit Reparaturen auskennt, insbesondere mit Metall, denn es gibt keinen

Haushalt, in dem nicht Blech- und Eisengeschirr, Truhen, Küchenutensilien und oft sogar beschädigt werden von Schmuckstücken , die ein kluger Jugendlicher oder eine junge Dame leicht restaurieren könnte. Von einer Brosche wird eine Anstecknadel gelöst. Sie könnten es in fünf Minuten selbst reparieren, für einen halben Penny; Aber nein, es muss zu einem Juwelier geschickt werden, um es für einen Schilling reparieren zu lassen. Das Gleiche gilt für Ohrringe, Ketten, Armbänder, Verschlüsse und Sicherungsringe. Wenn sie wackeln, befestigen Sie sie mit einem Faden. Das wird natürlich vorerst so bleiben; und dann kommt eine Anzeige in der *Times* : „Verloren – 25 Pfund Belohnung!" Alles nur, weil Sie nie gelernt haben, wie man repariert oder lötet.

Aber da es nie zu spät ist, sich zu bessern, und niemand sich selbst heilen sollte, weil ich es nicht kann, oder andere anflehen sollte, für ihn zu tun, was er selbst tun kann, vertraue ich darauf, dass das Nachdenken über dieses Thema viele anregen wird praktische Reparaturarbeiter zu werden. Wenn Sie eine wertvolle Münze haben, nehmen Sie ihr nicht, wie die meisten Menschen, die Hälfte ihres Wertes ab, indem Sie ein Loch hineinbohren. Machen Sie eine einfache Drehung und Öse aus einem Stück Silberdraht und löten Sie es an der Kante an . Binden Sie eine Goldkette nicht mit Bindfaden; repariere es richtig. Nieten Sie Ihre kaputte Schere fest, und wenn die Scharniere herauskommen, schrauben Sie sie wieder fest. Wenn bei all dem wirklich etwas *Schwieriges* wäre, würde ich das ehrlich sagen, aber das ist nicht der Fall, und Menschen, die eine gewisse Ausbildung erhalten haben, lernen in kurzer Zeit, wie man das alles mit Leichtigkeit schafft.

Ein Rezept für einen Zement zum Befestigen von Metall an anderen Substanzen lautet wie folgt:

Gereinigter Feuersteinsand (oder Glaspulver) 10

Kasein oder Quark   8

Getrockneter Kalk   10

Gründlich vermischen und Wasser hinzufügen, bis eine cremige Konsistenz entsteht.

Folgendes gilt für Metalle ebenfalls sehr stark:

Störblasenlösung 100

Salpetersäure   1

Die Säure wird gleichzeitig mit dem möglichst dichten Zement eingerührt und mit dieser Mischung werden die Oberflächen des Metalls bedeckt. „Die Salpetersäure soll die Oberflächen des Metalls aufrauen, hat aber den Nachteil, dass sie das Trocknen des Leims behindert" (LEHNER). Dieses langsame Trocknen ist jedoch ein großer Vorteil. Das Gleiche gilt, wenn es mit gewöhnlichem Leim vermischt wird, der im Allgemeinen zu schnell trocknet. Zemente, die eher langsam trocknen, haften am feststen und dauerhaftesten. Die Säure verhärtet die Masse, indem sie das Zellgewebe zusammenzieht. Um das Trocknen zu beschleunigen, müssen die Metallteile, die sehr stark zusammengepresst werden sollten, Hitze ausgesetzt werden.

Eine einfachere Methode für leichte Metallgegenstände besteht darin, die Oberflächen einige Minuten lang mit Salpetersäure zu benetzen, bis sie aufgeraut sind, dann die Säure mit Wasser abzuwaschen und das Metall mit Störblasenzement zu zementieren.

Ein spezieller Zement für Zink wird durch die Verdickung eines sehr starken, dichten Leims mit pulverisiertem Kalkkalk hergestellt, in den ein Zehntel der Schwefelblüten eingeknetet wird .

Ein sogenannter Juwelierzement , der fest hält, ist der an anderer Stelle angegebene sogenannte Diamant; außerdem Folgendes:—

Die Blase des Störs 100

Gummimastix-Lack   50

Die Blase des Störs wird in möglichst wenig Wasser mit starkem Weingeist (entspricht gewöhnlichem Alkohol) aufgelöst. Um den Mastixlack herzustellen, mischen Sie fein gemahlenen Mastix mit hochrektifiziertem Wein und Benzin und verwenden Sie so wenig Flüssigkeit wie möglich. Anschließend müssen die beiden Mischungen möglichst intensiv miteinander verrieben werden. Bei sorgfältiger Herstellung eignet sich dieser Zement für alles – Glas, Porzellan usw.

EIN ZEMENT FÜR ZINK , insbesondere für Verzierungen und kleine Arbeiten: – In zehn Gewichtsteile Sodasilikat (Lösung) zwei Teile gereinigte Kreide und drei Teile Zinkpulver einrühren. Dieses wird einige Zeit zu einer Spachtelmasse geknetet, mit der sich Mängel, Unebenheiten etc. beheben lassen. Nach 24 Stunden, wenn er mit Achat poliert wird, sieht dieser Zement wie Zink aus.

Es ist zu beobachten, dass das Zink durch andere Metalle in feiner Pulverform ersetzt werden kann und dass mit Bronzepulvern, Metalloxiden und tatsächlich mit der gesamten Palette von Malerfarben Kombinationen gebildet werden können, die in der Kunst unendlich nützlich sind. Laut LEHNER soll das Silicat von Natron 33° betragen.

Ein besonders starker und wertvoller Zement, der für viele Zwecke in Metall, Holz, Glas oder Porzellan oder zum Befestigen von Glas an Metall geeignet ist, wird wie folgt hergestellt: – Nehmen Sie bestes gereinigtes Litharge und rühren Sie es mit Glyzerin , bis eine dünne, homogene Masse entsteht , das in weniger als einer Stunde zu einer sehr harten Masse wird, die nahezu universell einsetzbar ist. Es wird von Wasser nicht angegriffen und widersteht (nach LEHNER) der Einwirkung fast aller Säuren, der stärksten Laugen sowie veretherten Ölen und den Dämpfen von Chlor und Alkohol. Die Flächen, die damit verbunden werden sollen, müssen zunächst mit reinem, dickflüssigem Glyzerin bedeckt werden .

Dem Leser wird leicht auffallen, dass in diesem, wie in jedem Rezept in diesem Buch, Modifikationen, Änderungen und Ergänzungen vorgenommen werden können, die von sehr großem Wert sind und an eine Vielzahl von Substanzen angepasst werden können. Es ist zu beachten, dass es in solchen Fällen, in denen man sich des genauen Ergebnisses nicht sicher sein kann, am besten ist, z . B. zunächst mit sehr wenig feinstem pulverisiertem Bleioxid mit dem Glycerin zu experimentieren .

Eine andere Form dieses kraftvollen metallischen Zements wird wie folgt angegeben:

Konzentriertes Glycerin   ½ Liter

Litharge   5   Kilo .

So stellen Sie einen Zement zum Füllen oder Schließen von Fugen in Zinkarbeiten her : – Drei Gewichtsteile Leim in Wasser einweichen, überschüssiges Wasser abgießen, den Leim in warmem Wasser auflösen, sechs Teile gelöschten Kalk und einen Teil Blumen hineinrühren von Schwefel .

Wenn Eisenarbeiten, wie zum Beispiel Fenstergitter, in Stein gemeißelt werden sollen, wird Folgendes als fester Halt empfohlen:

Kalzinierter Gips   30

Fein pulverisiertes Eisen 10

Essig   20

Die folgenden Rezepte stammen, obwohl ich viele davon in anderen Werken gefunden habe, mit Anerkennung von LEHNER , da seine Proportionen ausnahmslos korrekt sind oder durch Experimente bestätigt wurden.

EIN EISENZEMENT , der Hitze und Feuchtigkeit widersteht : –

Ton   10

Eisenspäne 5

Essig   2

Wasser   3

EIN SEHR STARKER WASSERFESTER ZEMENT FÜR EISEN : –

Eisenspäne 100

Salmiak   2

Wasser   10

In ein paar Tagen beginnt sich daraus harter Rost zu entwickeln.

Ein weiterer OXIDIERTER ZEMENT, der wie Eisen hält, wird wie folgt hergestellt:

Eisenspäne   65

Salmiak   2 .5

Blumen aus Schwefel 1 .5

Schwefelsäure _   1

Die Schwefelsäure wird mit Wasser verdünnt und zu den gemischten Pulvern gegeben.

feuerbeständiger ROST- ODER OXIDZEMENT : –

Gängige Eisenspäne   45

Ton   20

Feinster Porzellanton 15

Salz in Wasser   8

Wenn kein feinster Porzellanerde vorhanden ist, kann auch feiner Ton verwendet werden.

hitzebeständiger EISENZEMENT : –

Eisenspäne   20

Ton in Pulverform 45

Borax   5

Salz   5

Manganperoxid   10

Borax und Salz werden in Wasser geschmolzen und dann schnell mit den restlichen Zutaten vermischt, die in einem kombinierten Pulver vorliegen. Bei der Weißglut wird daraus eine glasige Substanz, die hermetisch abschließt.

EISENZEMENT, um starker Hitze standzuhalten :—

Manganperoxid   52

Weißes Zinkoxid 25

Borax   5

Dies wird mit Silikat-Natron aufgetragen. Es muss allmählich trocknen.

EISENZEMENT gegen Hitze: –

Eisenspäne   100

Ton   50

Salz   10

Feuersteinsand   20

Feuerfester Zement :—

Eisenspäne   140

Hydraulischer Zement   20

Feuersteinsand   25

Salmiak   3

Dieses Pulver wird mit Essig zu einer Paste verarbeitet. Es muss lange trocknen, bevor es erhitzt werden kann.

Ein anderer Zement der gleichen Art ist wie folgt:

Eisenspäne 180

Ton   45

Salz   8

Auch dieser besteht aus Essig und muss lange getrocknet werden.

Um Eisen in Stein zu setzen : –

Eisenspäne, gut   10

Kalzinierter Gips 30

Salmiak   0 .5

Auch mit Essig kombiniert.

Bei Eisengussstücken können Mängel mit folgendem Zement aufgefüllt werden:

Eisenspäne reinigen   100

Blumen aus Schwefel   0 .5

Salmiak   0 .8

Mit Wasser zu einer Paste verrühren. Es schmilzt nicht und wirkt auch nicht wie eine Paste, bis es großer Hitze ausgesetzt wird. Waschen Sie vor dem

Auftragen die zu verbindenden Kanten mit flüssigem Ammoniak. Schwefel oder Schwefel schmilzt Eisen sehr schnell, wenn es glühend heiß ist, und wenn man es darauf aufträgt, tropft das Eisen wie geschmolzenes Siegellack.

EIN ZEMENT FÜR EISENÖFEN wird wie folgt hergestellt :

Eisenspäne   100

Kreidemergel   40

Feuersteinsand   50

Essig   20

Daraus wird eine Paste hergestellt, die durch Mischen von Borsten, gehäckseltem Stroh, Sägemehl oder Spreu porös gemacht werden kann. Wenn letztere durch Hitze in Kohle umgewandelt wird, ist der Zement natürlich voller Hohlräume. Ebenso wird Ton für Wasserkühler durch Mischen mit Salz leicht und schwammig gemacht. Das Salz schmilzt nach und nach im feuchten Ton und bildet eine poröse Substanz.

Wenn Eisentüren bei sehr hohen Temperaturen hermetisch abgedichtet werden sollen, kann Folgendes verwendet werden:

Feinste Eisenspäne 100

Salmiak   1

Kalkstein   10

Silikat von Soda   10

Wenn die Eisenplatten um einen Kamin nachgeben, kann Folgendes verwendet werden:

Eisenspäne   20

Eisenschlacke oder Müll 12

Kalzinierter Gips   30

Normales Salz   10

Diese Mischung kann entweder mit Blut oder Silikatnatron kombiniert werden, vorzugsweise mit letzterem, da ersteres einen unangenehmen Geruch hat.

Mit Essig vermischte Eisenspäne werden stehen gelassen, bis sie eine braune Farbe annehmen , und dann mit Stopfen und Hammer in Hohlräume getrieben, wo sie einen Rostzement bilden.

in EISENTÖPFEN usw.:—

Eisenspäne 10

Ton   60

Dieses wird mit Leinöl zu einer Paste vermischt. Das Aushärten dauert mehrere Wochen, bildet aber einen harten Zement.

EIN SCHWARZER ZEMENT FÜR EISENWAREN :—

Eisenspäne   10

Sand   12

Elfenbeinschwarz   10

Getrockneter Kalk 12

Kalkwasser   5

SCHWARTZ' EISENZEMENT für Löcher in Töpfen usw.:—

ICH.

Fein gepulverter Kleber 4-5

Feinster Eisenstaub   2

Manganperoxid   1

Normales Salz   ½

Borax   ½

Extrem fein pulverisieren oder zerreiben und mit Wasser zu einer Paste verarbeiten. Beständig gegen Feuer und heißes Wasser.

II.

Pulverisiertes Manganperoxid 1

Weißes Zinkoxid   1

Fein pulverisieren und mit Soda-Silikat vermischen.

Ein wichtiger Teil aller Metallreparaturarbeiten ist das Löten. Dies basiert auf dem Prinzip, dass bestimmte Metallverbindungen , die bei sehr geringer Hitze schmelzen, jedoch mit anderen, die eine Affinität zu ihnen haben, durch Schmelzen verbunden werden können, um härtere Objekte zu vereinen. So hat Wismut, das in heißem Wasser schmilzt, eine Affinität zu Blei, das sich leicht mit Zinn und Messing usw. verbindet; ebenso Borax und Harz mit Eisen.

NEWTONS LOT (LEHNER):—

Wismut 8

Zinn   3

Führen 5

Dieses schmilzt bei 94,5° Celsius.

ROSES LOTE :—

ICH.

Wismut 2

Führen 1

Zinn   1

II.

Wismut 5

Führen 3

Zinn   2

EIN METALLISCHES GLASLOT : –

Führen 30

Zinn   20

Wismut 25

Zuerst wird das Blei vorsichtig geschmolzen, dann das Zinn hinzugefügt und die geschmolzene Mischung sorgfältig gerührt; das Wismut wird zuletzt hinzugefügt.

Holzasche   10

Ton   10

Kalzinierter Kalk   4

Mit Wasser zu einer festen Paste verrühren. Gilt auch für Löcher in Bäumen. Auch mit Altpapier vermischter Ton ist für letzteren Zweck geeignet (LEHNER). (Kleber kann hinzugefügt werden.) Diese Mischung aus Ton und Papier sollte gut mit Sauermilch vermischt werden.

CLAUSS ZEMENT FÜR METALL UND GLAS : 40 Gramm Stärke und 320 Gramm gereinigte Kreide werden in 2 Liter Wasser gelöst, in das ½ Pint Natronlauge eingerührt wird.

Der wichtigste Teil des Ausbesserns zerbrochener Metallarbeiten ist *das Löten* , und es ist so schwierig, es praktisch durch bloßes *Schreiben zu lehren* , während es von jedem Blechschmied oder sogar Bastler so leicht erlernt werden kann, dass ich es vernünftigerweise für das Beste halte, es zu erlernen es von letzterem. Wer es in all seinen wissenschaftlichen oder technischen Details studieren möchte, kann dies in „ *Das Löthen und die Bearbeitung der Metalle* " von Edmund Schlosser tun; Wien, A. Hartleben, Preis 3s.

REPARATUR VON LEDERBAHNEN
, SCHUHEN ODER ANDEREN FORMEN – VERBINDEN VON RIEMEN – HERSTELLUNG VON GÜNSTIGEN SCHUHEN

Lederarbeiten, die stark abgenutzt sind, werden selten wiederhergestellt und gelten, außer von einigen Experten, allgemein als unheilbar. Das heißt, dass Lederarbeiten nur mit der gleichen Methode repariert werden, mit der sie hergestellt wurden, nämlich durch Nähen, obwohl tatsächlich viel verloren geht, was gerettet werden könnte, und vieles unvollkommen repariert wird, was wie neu erscheinen könnte durch den Rückgriff auf einen wissenschaftlicheren Prozess. Und da ich dem Thema viel Aufmerksamkeit gewidmet habe, bin ich davon überzeugt, dass die schlimmsten Fälle geheilt werden können. Innerhalb einer Woche kaufte ich zwei kleine Foliobände, die um 1520 wunderschön in schwarzes Leder gebunden und mit tiefem Relief geprägt waren, in einem Stil, der damals veraltet war. Das Muster wurde in einer Holzform ausgeschnitten , auf das nasse Leder gestempelt und anschließend komplett per Hand mit Filzstiften nachbearbeitet und in den Untergrund mattiert bzw. gestempelt. Aber die schwarze Farbe war vom Relief abgenutzt und braun geworden, außerdem war es an den Rändern baufällig.

Ich nahm ein Volumen, befeuchtete es dort, wo die Oberfläche zerfranst war, trug eine Gummiarabikumlösung auf und glättete es mit einem Achatglätter. Auf diese Weise behandeltes Leder wird bald wie eine Paste. Als alles gleichmäßig war , habe ich es mit kräftiger flüssiger Tusche übermalt. Gewöhnliche Tinte wäre auch geeignet gewesen. Dann habe ich es leicht mit dem bewundernswerten *Vernis à Retoucher* Nr. 3 von SOEHNÉE überlackiert , der flexibel und konservierend ist und keine Risse aufweist. Für Damen darf ich hinzufügen, dass es nach *Eau de Cologne riecht* . Dies trocknet fast sofort. Es ist in allen Künstlerbedarfsläden erhältlich. Zum Schluss habe ich es einige Zeit mit der Hand gerieben. Dann war die Bindung so gut wie neu, aber nicht zu neu. Es wurde einfach perfekt restauriert.

Ich habe in der Einleitung ein weiteres Werk erwähnt, das ich ebenfalls restauriert habe. Dies war eine Madonna im Hochrelief, sehr heruntergekommen; das heißt, es war aus dünnem Leder, das ursprünglich in einer Form hergestellt worden war und dementsprechend sozusagen wie ein Tortenboden aufgebläht war. Auf die Form war eine Schicht Musselin- oder Baumwollstoff gelegt; Dies war im trockenen Zustand sehr dünn mit *Gesso oder Gips* bedeckt worden , und darauf war im trockenen Zustand ein dünnes, nasses Leder gepresst worden. Ich möchte an dieser Stelle anmerken, dass das *Gesso dann* sehr oft geschwärzt wurde, ohne dass Leder aufgetragen wurde, und dass es, wenn es so geschwärzt, überzogen und lackiert wurde, genau wie Leder aussah – eine einfache Kunst, die jeder , der schnitzen kann, mit Gewinn praktizieren kann oder Formen kaufen .

Als ich das untersuchte, stellte ich fest, dass es sehr schwierig sein würde, es mit gutem Leder zu reparieren. Ich fand in einem Geschäft dünnes schwarzes Scheinleder, wie es die Japaner offenbar aus Lederstaub herstellen, indem sie Lederabfälle aller Art zu Pulver zermahlen. Es war ein elendes, morsches Zeug wie Leder, aber umso besser für meinen Zweck geeignet. Einiges davon schnitt ich in kleine Stücke und zerstampfte es bald mit einem Messer, vermischt mit Gummi arabicum und Wasser, zu einer sehr glatten Paste. Mit einer solchen Paste kann man alle Risse, Aufrauungen oder Unvollkommenheiten reparieren, wobei darauf zu achten ist, dass die Paste und das Leder farblich gleich sind . Damit füllte ich die Hohlräume auf der Rückseite aus und machte das Werk stabil; und nachdem alle ausgefransten Kanten und gebrochenen oder zerrissenen Stellen angefeuchtet waren, glättete man sie mit Gummi und einem Stift oder einem Papiermesser und füllte die Mängel mit der schwarzen Paste aus. Als alles glatt und trocken war, habe ich eine Schicht SOEHNÉE- Lack aufgetragen und dann mit der Hand gut abgerieben. Es wurde ziemlich restauriert.

Da dieses Lackieren von Leder für kunsthandwerkliche Lederverarbeiter wie eine Ketzerei klingen mag, würde ich sie fragen, ob sie die Anwendung von Tannin in Lösung – dem Konservierungsprinzip des Leders selbst – als „unkünstlerisch" betrachten würden. Dies ist sicherlich nicht der Fall, und auch das Auftragen von SOEHNÉE (bei dem es sich eher um ein einfaches Konservierungsmittel als um eine Glasur handelt) ist kein bloßer Show-Finish.

Die Lederpaste, von der ich spreche, hat bestimmte Eigenheiten, die sie von allen anderen Substanzen deutlich unterscheiden. In die „Lederpaste" dürfen wir nicht nur den reinen Staub der getrockneten Substanz einbeziehen, sondern auch alle Reste und auch jedes dünne Leder, das gründlich aufgeweicht oder mazeriert ist. Auch in letzterer Form handelt es sich in Verbindung mit einem Bindemittel tatsächlich um einen plastischen Stoff, da er sich problemlos in jede beliebige Form verarbeiten lässt. Gemischt mit Kautschuk oder Kautschuk in Lösung und dann getrocknet, ist es von unschätzbarem Wert für die Reparatur von Stiefeln und die Herstellung wasserdichter Sohlen. Wie ich bereits angedeutet habe, eignet es sich hervorragend zum Ausbessern alter Bücher. Und hier möchte ich erwähnen, dass Sie das Duplikat sehr einfach, sehr kostengünstig und sehr einfach liefern oder anfertigen können, wenn Sie beispielsweise einen Hochreliefeinband eines Buches haben und der andere möglicherweise verloren oder abgenutzt ist in kurzer Zeit wie folgt auftragen: – Nehmen Sie ein Blatt weiches, weißes Zeitungspapier, befeuchten Sie es und drücken Sie es auf das Relief. Füllen Sie so bald wie möglich die Rückseite des Drucks *entweder* mit anderen Schichten nassem Papier, geschmolzenem Wachs oder flüssigem Gips aus. Achten Sie dabei darauf, das Buch nicht nass zu machen. Wenn dies trocken ist, wachsen oder ölen Sie vorsichtig die Oberfläche der Quetschstelle, wischen Sie sie trocken und machen Sie daraus einen Abdruck mit *Lederpaste* . So erhalten Sie ein Faksimile des Reliefs. Von einer festen Gipsform , gut geölt oder in Wachs gekocht, kann ein Abdruck aus weichem oder nassem Leder gemacht werden, was noch besser ist; es wird hart und zäh.

Ich möchte an dieser Stelle erwähnen, dass es sehr ungewöhnlich ist, Bücher zu sehen, die in tiefem Relief mit *handgearbeiteten* , schwarzen oder schwarz-goldenen antiken Mustern gebunden sind, und dass ein solcher Einband, sagen wir 20 mal 25 Zentimeter, wahrscheinlich mindestens 1,50 Euro kosten würde Pfund, und sei dabei billig. Und doch könnte jedes Mädchen mit normaler Begabung, sagen wir, Formen im Wert von fünfzig Schilling und zwei Wochen Übung im Pausieren und Stempeln von Flächen, an einem Tag zwei bis vier solcher Buchumschläge wie die vor mir herstellen.

Mittlerweile gibt es in Möbelgeschäften oder Drogerien meist einen guten wasserfesten Kleber zu kaufen. Weich gemachtes und dann gut eingearbeitetes Leder ist ebenfalls wasserdicht und kann zum Ausbessern von Koffern verwendet werden. Ich habe erlebt, dass ein zerrissener Stiefel auf diese Weise repariert werden konnte, und zwar so gut, dass es lange hielt. Sogar ein Lederarmband, an dem stark gezerrt wurde, kann nach einem Schnitt oder Bruch in zwei Teile wiederhergestellt werden, indem man die Kanten schräg abschneidet, um sie zu schärfen.

Tragen Sie dann den Kleber mit Säure auf und üben Sie, bevor er ganz trocken ist, Druck aus, allerdings nicht so stark, dass der Kleber herausgedrückt wird. Beim Flicken und Zusammenfügen von Leder sind das Rasieren der Kanten, das sorgfältige Zusammenpressen und das abschließende Glätten von größter Bedeutung, da es darauf ankommt, die Verbindung nicht wahrnehmbar zu machen. Nur sehr wenige Menschen – selbst Schuhmacher – sind sich der Perfektion bewusst, die das Ausbessern von Rissen in Fußbekleidung durch die Verwendung von wasserfestem Kleber, wie er von vielen Apotheken verkauft wird, erreichen kann. Ich trage seit Monaten ein solches Pflaster und es war kaum wahrnehmbar. Aber wie bei jeder Kunst erfordert es etwas Übung, solche Flicken richtig anzubringen, und ich kann keiner Dame versprechen, dass sie einen Stiefel perfekt und sauber flicken kann, indem sie beim ersten Versuch einfach ein Stück Leder auftupft.

Es ist anzumerken, dass bei einer solchen Riemenverbindung, wie ich sie beschrieben habe, die Reparatur erheblich verbessert wird, wenn sehr dünne

Lederstücke oder sogar Musselinstücke über die Kanten geklebt und eingedrückt werden. Es stimmt, dass dieser Bezug wird sich bald abnutzen, aber in der Zwischenzeit wird das geflickte Leder immer stärker und verbindet sich immer perfekter. Selbst aufgeklebtes und aufgedrücktes Papier trägt wesentlich dazu bei, die freigelegte Verbindung zu verbinden.

Und hier kann ich sagen, dass viele Damen und Jugendliche gut daran täten, bei einem Schuhmacher ein paar praktische Lektionen in der edlen Kunst des Schusters zu nehmen; das heißt, das Aufsetzen, Besohlen und Flicken, die alle so leicht zu erlernen sind wie Tanzschritte und noch interessanter oder amüsanter sind, wenn sie einmal gemeistert werden. Darüber hinaus ist es eine Kunst, die ein Leben lang von Nutzen sein wird. Diejenigen, die das können, werden wahrscheinlich, wenn sie von Natur aus ehrgeizig sind, Fortschritte bei der Herstellung von Hausschuhen machen, vielleicht von Schuhen; und wer dies kann, kann sicher sein, dass er nie ganz verhungern muss , während die Menschen beschuht werden. Es ist nicht so schwierig, wie viele denken , denn ich habe Schuhmacher mit ganz gewöhnlichem Verstand kennengelernt, und ich kannte auch einmal einen Mechaniker, der in wenigen Wochen lernte, ein gutes Paar Schuhe herzustellen. Tatsächlich gibt es für diejenigen, die einmal gelernt haben, mit den Fingern umzugehen, in vielen Dingen einen Lebensunterhalt.

Nur wenige Menschen sind sich der außergewöhnlichen Haltbarkeit bestimmter Lederarbeiten bewusst. Im Britischen Museum gibt es römische Sandalen, die wahrscheinlich aus Rohleder gefertigt, aber in hübsche Formen geschnitten sind, die in der Themse gefunden wurden und so neu aussehen, als wären sie erst kürzlich hergestellt worden. Ich habe innerhalb eines Tages, während ich schreibe, einen anmutig geformten Krug aus dem frühen fünfzehnten Jahrhundert aus sehr festem schwarzem Leder gesehen, wie die alten Blackjacks, die einst in England üblich waren, der wahrscheinlich Jahrhunderte des Gebrauchs überstanden hat und so perfekt wie eh und je ist. Holz splittert, Steingut bricht und Metall rostet, aber rohes Fell oder *Cuir Bouilli* , wie es im alten Lied vom „Leather Bottél " heißt, scheint jeder Prüfung standzuhalten. Wie der Mann, dem in „ Äsops Fabeln" gedacht wird, erklärte: „Schließlich gibt es nichts Besseres als Leder." Der Leser, der sich besonders für diese einfachste aller Nebenkünste interessiert, kann zu diesem Thema mein *Handbuch der Lederverarbeitung* (5s.) konsultieren; Whittaker & Co., 2 White Hart Street, Paternoster Square, London, EC

Rohhautstreifen eignen sich hervorragend zum Reparieren von kaputten Fahrzeugen, Rädern, Sätteln und ähnlichen Gegenständen, da sie beim Trocknen schrumpfen, alles zusammenziehen und nach dem Trocknen so hart aushärten, dass das, was repariert wird, oft stärker ist als zuvor. Ich habe an anderer Stelle erwähnt, dass die stärksten Stämme der Welt in Amerika daraus hergestellt werden, was auch nötig war, da es kein Land auf der Welt gibt, in dem der „Gepäckzertrümmerer" im übertragenen oder wörtlichen Sinne so sehr vorkommt gefürchtet.

Der Leser, der Gelegenheit hat, etwas aus Leder zu reparieren, sollte das Kapitel dieses Buches lesen, in dem es um Kautschuk und Guttapercha geht, da die Themen in vielerlei Hinsicht die gleichen sind.

, indem Guttapercha und *Schwefelkohlenstoff mit* Erdöl zu einer sirupartigen Konsistenz kombiniert werden. Ein sehr guter Kleber, der speziell zum Verbinden von Lederbändern geeignet ist, ist wie folgt:

Asphalt   12

Harz   10

Guttapercha   40

Schwefelkohlenstoff _ 150

Petroleum   60

Die Materialien, mit Ausnahme des *Schwefelkohlenstoffs* , werden in einer Flasche zusammengegeben, die mehrere Stunden in heißem Wasser steht; Wenn die Masse mit dem Petroleum dick geworden ist, den Rest hinzufügen und das Ganze mehrere Tage lang stehen lassen, dabei sehr oft schütteln. Werden die zu verbindenden Lederstücke zunächst erhitzt und dann sehr fest zusammengedrückt, erhöht sich die Haftung. Dieser Kleber eignet sich sowohl für Glas, Geschirr, Horn, Elfenbein, Holz oder Metall als auch für Leder. Es eignet sich hervorragend zum Ausbessern von Koffern, egal ob aus Leder, Holz oder Pappe.

Wenn ein Stamm aus einem dieser Materialien besteht und an der Seite oder an der Oberseite ein Loch entsteht, nehmen Sie ein Zeitungspapier und bestreichen Sie es mit diesem Zement und tragen Sie einen weiteren auf, bis Sie ein Dutzend oder mehr Dicken haben. Wenn es beim allmählichen Trocknen mit einer Walze oder sogar einem runden Lineal gedrückt und gehärtet wird, wird es viel besser. Kleben Sie dieses in oder auf den Bruch. In den meisten Fällen kann es mit Sorgfalt so stark wie nie zuvor gemacht werden. Wenn eine Rippe gebrochen ist, sollte sie umgehend ersetzt werden. (*Vide* Metal-Work.) Alle Stämme sollten mit wasserfestem Kleber oder Lack bedeckt sein, da dies sie wirksam vor Regen schützt. Dies geschieht jedoch sehr selten, was zu einem immensen Verlust für alle Reisenden führt . In jeder Stadt, in der es eine Apotheke gibt und in der ein wenig Kautschuk zu haben ist, sogar beim Schreibwarenhändler, kann man sofort einen wasserfesten Zement herstellen. Am einfachsten zuzubereiten ist Folgendes :

Guttapercha 100

Kiefernharz 200

Das Harz wird zunächst in einer Pfanne geschmolzen, wobei die Guttapercha in sehr kleinen Stücken nach und nach untergerührt wird, bis alles verschmolzen ist. Bei Verwendung muss es erneut erwärmt werden. Dieser Zement kann für ebenso viele verschiedene Artikel wie die oben genannten verwendet werden.

An dieser Stelle sei darauf hingewiesen, dass große Mengen an Lederabfällen von Schuhmachern und Buchbindern, die für eine Kleinigkeit verkauft werden, zur Herstellung bewundernswerter wasserdichter Teppiche und Wandbezüge verwendet werden können. Das Leder wird zunächst weich eingeweicht, dann geglättet, mit wasserfestem Zement vermischt und zu einem flachen Stück gerollt. Dies macht ihn zu einem sehr günstigen Unterteppich für den Winter – besser als Wachstuch, da er weicher ist. Für Wände kann es in Formen gepresst , vergoldet oder bemalt werden. Wenn es lackiert ist, entsteht kein unangenehmer Geruch. Je stärker es komprimiert oder gerollt wird, desto mehr verschwindet der gesamte Geruch. Selbst durch das Ausrollen von Hand mit einem Brotroller können fast alle Stoffe – zum Beispiel Papier, Stofflappen, Sägemehl, Leder, Ton, Wolle, Watte, in Kombination mit jedem geeigneten Kleber oder Zement – sehr hart bzw. hart gemacht werden hart; und angesichts der Billigkeit der Materialien ist es bemerkenswert, wie wenig dieses Prinzip bisher angewendet wird.

Es sei angemerkt, dass es viele Menschen gibt, die nicht wissen, was sie tun sollen, wenn die Sohle eines Stiefels abplatzt oder abgenutzt ist und kein Schuhmacher zur Hand ist. Wenn der Absatz verloren geht und kein Leder mehr erhältlich ist, kann ein sehr guter Ersatz aus Holz geschnitten und aufgeklebt werden. Mit ein paar Heftzwecken hält es fast so lange wie Leder. Wenn ein Stück Sohlenleder erhältlich ist, auch von einem anderen alten Schuh, können ein oder zwei Schichten darauf geklebt werden, um eine Sohle herzustellen. Eine kurze Schraube oder ein Nagel durch drei Viertel der Ferse trägt erheblich dazu bei, dass die Schichten haften. Dies kann auch mit einem Schraubstock erfolgen.

In der Stadt Bagni di Lucca, wo ich jetzt bin, kostete ein Paar Lederschuhe mit Holzsohlen, wie sie üblicherweise von Frauen und Kindern getragen werden, nur fünf Pence. Sie sind natürlich grob, aber immer noch weitaus besser als keine. Die Sohle ist grob und sehr leicht geschnitten , mit hohem Absatz, aus Weißkiefern- oder Lärchenholz. Das Obermaterial besteht aus einem einzigen Stück Leder, das nur die vordere Hälfte des Fußes bedeckt. Es wird angefeuchtet, in Form gebogen und anschließend geheftet oder aufgeklebt. Viele Leute kaufen einfach die Sohlen, dann das Leder und fertigen die Schuhe selbst an. In diesem Fall betragen die Kosten nicht mehr als zwei Pence . In Florenz kommt oft noch das Fersenteil hinzu, das zwei Pence mehr kostet und einen fast perfekten Schuh ergibt. Diese Kunst wäre in einem wilden Land wissenswert.

Italienischer (Lucchese) Bauernschuh, kostet ab 5 d. bis 8d. pro Paar, unverziert.

LEHNER (*vide* Indiarubber und Guttapercha) empfiehlt besonders für die Ausbesserung von Sohlen die Zusammensetzung von – Guttapercha, 10; Benzin, 100; Leinölfirnis, 100. Er ist äußerst elastisch und zäh und daher für Sohlen geeignet. Mit schwarzem Farbstoff gemischt oder mit Japan hergestellt , ergibt es Lackleder oder poliertes Leder. Zu diesem Zweck sollte es mit einem breiten Pinsel in *dünnen aufeinanderfolgenden Schichten* aufgetragen und gut getrocknet werden, bevor eine neue Schicht aufgetragen wird. Dies ist dem gewöhnlichen Schwärzen weit überlegen; Es lässt sich leichter auftragen und schädigt das Leder nicht so sehr, da letzteres oft mit Vitriol hergestellt wird, das zwar sofort Glanz verleiht, aber die Fasern auffrisst . Tatsächlich halten Stiefel und Schuhe mit dieser Beschichtung viel länger als ohne.

Dies gilt umso mehr für viele Reparaturarbeiten an Pferdegeschirren, Sätteln und Zaumzeug sowie für die Restaurierung von Lederlaken in jeder Form; wie zum Beispiel Wagenvorhänge , wenn sie abgenutzt und trocken sind. Machen Sie das Leder zunächst weich und stellen Sie dann bei Bedarf seine Qualität mit gelöstem Tannin oder Kautschuk wieder her. Bei sehr trockener und erschöpfter Haut kann zunächst eine mehrtägige Behandlung mit Hufklauenöl erfolgen. Dann nähen Sie die Naht zu oder reparieren Sie sie, indem Sie Leder und Kleber auftragen. Wenn alle Personen, die viel Geschirr besitzen, dieses Thema sorgfältig studieren würden, würden sie erstaunt sein, wie viel Wirtschaftlichkeit durch eine umsichtige Reparatur erzielt werden kann .

Es kann vorkommen, dass der Leser den Wunsch verspürt, schwarze, glasierte Lederarbeiten zu erneuern oder in geprägtem Leder ein leuchtend schwarzes Muster auf braunem Grund zu erzeugen. Ich habe es oft mit Erfolg ausgeführt. In einem solchen Fall genügt es, das Leder einfach mit

Tinte oder Färbemittel zu schwärzen und es dann mit einem flexiblen Lack zu überziehen; das heißt, einer, in den Glycerin oder Guttapercha infundiert wurde. Jeder , der zeichnen kann, kann auf diese Weise sehr schöne Arbeiten zur Verkleidung von Wänden, Paneelen, Truhen oder Türen ausführen. Oder es kann direkt flexibler schwarzer Lack aufgetragen werden.

LEHNER gibt ein Rezept zum Befestigen von Leder an Metall, das auch auf jede andere Substanz angewendet werden kann: – Bedecken Sie das Leder mit einer dünnen und sehr heißen Schicht Leim, drücken Sie es auf das Metall und befeuchten Sie dann die andere Seite mit einer starken Lösung von Galläpfeln oder Tannin (*Lohe* , Extrakt aus Eichenrinde), bis es vollständig durchdrungen ist. Das Tannin verbindet sich mit dem Kleber und verbindet das Leder mit extremer Zähigkeit mit dem Metall usw. Um die Haftung zu erleichtern, empfiehlt es sich, die metallische Oberfläche aufzurauen.

Durch die direkte Kombination von Leim (und vielen anderen Klebstoffen) mit dem Adstringens Tannin oder Gallnuss erhalten wir *einen wasserfesten Zement* von großer Festigkeit, der für Schuhe sehr nützlich ist. Es ist in der Tat überhaupt keine schwierige Sache, wenn andere Geräte fehlen, aus Leder ohne Nähen einen Schuh mit Sohle herzustellen, wenn Tannin und Leim erhältlich sind. Dasselbe kann mit Leinwand gemacht werden.

Während der großen Kriege in Amerika liefen Tausende von Soldaten im Winter oft barfuß, und überall um sie herum wurden zahlreiche Pferde oder Rinder getötet, weil sie nicht wussten, dass man einen starken Mokassin herstellen kann, indem man ein Stück rohes Fell herausschneidet und durchstich Löcher darin machen und es wie eine Tasche um die Knöchel ziehen, wie es hier in den Bergregionen Italiens so üblich ist. Ich habe einmal einen Soldaten im Krieg mit diesem Vorschlag überrascht, und er erklärte, er müsse es versuchen. Es ist bemerkenswert, wie selten ein Mensch in einem ungebildeten Zustand jemals etwas *erfindet* , sei es ein Mythos, eine Geschichte oder eine praktische Erfindung.

Wenn man das Oberleder eines Pantoffels oder Schuhs ausschneidet, kann man es, wenn es nass ist, leicht in die Form eines Fußes bringen, indem man es an einem Leisten oder sogar an einem anderen Schuh trocknet. Lassen Sie die Naht der Rückseite über die Kante hinausragen oder überlappen und lassen Sie die gesamte Kante frei, damit sich der Rest unter der Sohle drehen kann. Letzteres kann aus Sohlenleder bestehen. Wenn keines vorhanden ist, kleben Sie zwei oder drei Lederstücke mit dem Gerbzement zusammen und rollen Sie sie kräftig an. Kleben Sie dann die Rückseite und die Unterkante sorgfältig fest. Mit etwas Übung lässt sich so ein einigermaßen guter Schuh herstellen. Leinwand kann auf die gleiche Weise verwendet werden. Für Bewohner der Wildnis kann dies eine wertvolle Information sein. Aber auch junge Damen können aus bunten Lederresten sehr hübsche Zierpantoffeln basteln . Sie können ein Paar Sohlen kaufen und das Leder bei einem Lederhändler bekommen . Dies alles ersetzt lediglich das Nähen durch Kleben, und starker Tanninkleber hält *genauso* stark wie ein großer Teil des Nähens billiger, maschinell hergestellter Schuhe. Es wäre in der Tat keine sehr schwierige oder teure Sache, der gesamten Menschheit bequeme Schuhe oder Kleidung zu bieten, wenn es nicht die Moden gäbe, denen die Reichen folgen.

Diese sehr billigen Schuhe sind entweder mit Holz- oder Ledersohlen gefertigt und so einfach, dass ein Kind sie in einer Stunde herstellen kann. Sie können leicht verziert werden, sodass sie wirklich attraktiv sind. Nehmen Sie das Leder, befeuchten Sie es mit einem Schwamm und zeichnen Sie dann mit einem Zeichenstift, der wie die Spitze eines Schraubenziehers aussieht, ein

Muster in das feuchte, weiche Leder. Beim Trocknen bleibt das Muster erhalten. Dann mit einer Spitze oder einem Stempel den Boden punktieren oder aufrauen. Zum Schluss das Muster nach dem Trocknen schwarz anmalen und anschließend lackieren. Jeder mit den geringsten Zeichenkenntnissen kann solche verzierten Schuhe herstellen und mit gutem Gewinn verkaufen, da sie bisher kaum jemandem bekannt sind. Schwarz kann durch andere Farben ersetzt oder vergoldet werden.

Ich habe an anderer Stelle gezeigt (*siehe* Papier-Mâché), wie gutes Kunstleder durch die Kombination von Papier – am besten aus Zellstoff – mit Kautschuk und einer Benzolflüssigkeitslösung hergestellt werden kann . Auch wie man durch Einweichen von Pappe Sohlen herstellen kann und wie man diese, die sehr leicht und billig herzustellen sind, auf das Leder kleben kann, um es bei Erneuerung für immer vor Abnutzung zu schützen . Eine Flasche dieses Zements, kombiniert mit Diamant- oder türkischem Zement, repariert auf ähnliche Weise Stiefel, wenn die Sohle zu splittern oder sich zu lösen beginnt; und wenn es aufgetragen wird, wenn es zu klaffen beginnt, bleibt es für lange Zeit geschlossen. Dies ist eine so praktische, billige und einfache Methode, Stiefel und Schuhe langlebig zu machen, dass ich mich wundere, dass nicht jeder Mann, der Schuhe trägt, und besonders jeder Reisende , eine Flasche davon bei sich hat. Beachten Sie, dass die beiden Kanten gut zusammengeklemmt oder verschraubt werden sollten (ein Sechs-Penny-Schraubstock reicht dafür aus) und dass das Leder zuerst erhitzt werden sollte, obwohl dies alles keine unabdingbare Voraussetzung , *sondern nur* eine Verbesserung ist.

Auf diese Weise mit einem sehr starken Kleber befestigtes Leder ist genauso langlebig und viel angenehmer zu tragen als „Kupferzehen" oder Eisenabsätze, die ihre Träger an Pferde erinnern. Und es dauert nicht länger, einen Absatz oder eine Sohle auf diese Weise anzufertigen und anzubringen, als ein Paar Stiefel zu schwärzen, wie ich selbst innerhalb weniger Stunden feststellen konnte.

Wo Nähte *reißen* , repariert man sie am besten durch Nähen, wie es Schuhmacher machen. Das ist nicht schwer zu lernen, und ich rate allen jungen Leuten, es zu lernen. Aber wo auf Nähen nicht zurückgegriffen werden kann, hält der Zement, gut aufgetragen und bis zum Trocknen komprimiert, fast jeden Bruch für lange Zeit.

Ich fordere Damen aller Klassen und Schichten auf, dieses Kapitel sorgfältig zu lesen. Sie sind mit dem Reparieren vertrauter als Männer und gehen intelligenter damit um. Da ihre *Schuhe* aus dünnerem Leder als unsere bestehen, müssen sie zwar häufiger repariert werden, sind dafür aber umso einfacher zu reparieren. Jede Mutter einer Familie wird zumindest von der Lektüre dieses Buches profitieren.

Schuhmacherpaste, die häufig für Schuhe verwendet wird, gehört eigentlich zur Lederverarbeitung. Es wird hergestellt, indem zerkleinerte Gerste zu einer dicken Masse gekocht wird, wobei das Wasser extrem heiß gehalten wird. Dann wird es beiseite gestellt, bis die Gärung beginnt, die sich durch einen äußerst unangenehmen Geruch ankündigt. Von da an entsteht eine bräunliche, sirupartige Masse mit großer Klebekraft. Nun wird es vom Feuer genommen und mit etwas Karbolsäure versetzt, um die Gärung zu stoppen. Dies kann allein als Klebstoff verwendet werden; Es lässt sich auch gut mit *neutralen* Substanzen wie Kalkpulver oder Kreide, weißem Zink, Ocker, Ton oder Umbra kombinieren. Es kann auch zum Binden von Büchern verwendet werden.

Ich habe bereits ein sehr gutes Rezept zum Zusammenfügen gebrochener Lederbänder gegeben. Ich füge hier noch einen von LEHNER HINZU . Es ist sehr gut, aber den erheblichen Mehraufwand und die Kosten im Vergleich zum ersteren kaum wert:

Vergolderleim   250

Die Blase des Störs   60

Gummi arabicum   60

In Stücke zerkleinern und in Wasser zu einer Lösung kochen, zu der hinzufügt:

Terpentin aus Venedig 5

Terpentinöl   6

Die Riemenenden oder Lederstücke werden nun, nachdem sie gründlich gereinigt wurden, mit dem Kleber bedeckt und zwischen heißen Platten zusammengedrückt, wo die Arbeit bis zum Erkalten bleiben muss.

Ein sehr gutes, vollkommen wasserdichtes Kunstleder kann hergestellt werden, indem man einen Streifen starkes Papier oder, noch besser, einen Streifen aus glasiertem Musselin mit Guttapercha-Zement überzieht. Fügen Sie dazu frische Zement- und Papierschichten hinzu, bis die erforderliche Dicke erreicht ist. Dies ist nützlich zum Ausbessern von Sohlen. Wenn kein Guttapercha- oder Kautschukzement verfügbar ist, ersetzen Sie ihn durch Kopallack und Glyzerin oder durch dicken Terpentinlack und etwas Glyzerin

.

ZUM FILZEN VON HÜTEN, DECKEN UND ÄHNLICHEN STOFFEN

Wenn Wolle in ein Paar Schuhe eingearbeitet wird, verdichtet sie sich bekanntlich oder setzt sich in einer festen Filzsohle ab, wenn die Schuhe getragen werden. Dieser Filz ist wie Stoff. Dasselbe kann man erreichen, indem man ihn wie Teig auf einem Brett mit einer Walze ausrollt. Legen Sie den zu reparierenden Stoff oder Hut so hin, dass der zu fertigende Filz darin eingearbeitet werden kann. Nehmen Sie dann feine Wolle, reinigen Sie sie, rollen Sie sie gründlich auf und arbeiten Sie sie an den Rändern ein. Es kann einem Mann ohne Nadel oft passieren, dass es ihm gelingt, Kleidungsstücke auf diese Weise zu reparieren.

Um die Haftung des Filzes am Stoff oder Filzgrund zu erleichtern, kann wasserfester Leim oder Kleber hinzugefügt werden, wie er im Kapitel über Kautschuk ausführlich beschrieben wird. Es gibt eine besondere Kunst oder Fertigkeit, angefeuchteten Filz in die Ränder von Stoffen einzuarbeiten und sie so zu bügeln oder festzudrücken, dass sie nicht sichtbar sind, die man sich jedoch schnell aneignen kann. Auf diese Weise kann Stoff auf Stoff mit sehr guter Wirkung geklebt werden. Die außergewöhnliche Zähigkeit und Feinheit der heute hergestellten Klebstoffe macht, wenn man sie besonders beobachtet, eine Reparatur dieser Art (die vor einer Generation noch unmöglich war) jetzt durchaus möglich. Wer daran zweifelt, dem rate ich, sich ein Stück Stoff zu besorgen und selbst zu experimentieren . Das Pflaster ist vielleicht nicht unsichtbar, sieht aber besser aus, als wenn man es mit einer Nadel verpfuscht hätte. Filz lässt sich jedoch problemlos und perfekt reparieren.

Große Stoffstücke können durch Rollen leicht gummierter Wolle hergestellt werden, was viele Männer nicht wissen, selbst wenn sie in der Wildnis leben, wo Wolle oder Haare im Überfluss vorhanden sein können. Nichts ist so üblich, wie Hirten in völliger Zerlumptheit zu sehen, wo die Wollfetzen, die ihre Schafe auf den Dornen hinterlassen haben, sie mit ein wenig Fleiß kleiden würden. Die Qualität, Haltbarkeit und Feinheit des Filzes hängt von der Qualität der Wolle sowie der Sorgfalt und dem Können des Bedieners ab. Viele der billigen Tücher, die als Shoddy bezeichnet werden, sind in Wirklichkeit Filze.

Filz formt sich leicht, da er unter bestimmten Bedingungen eine seltsame Tendenz zu haben scheint, sich selbst zu formen. Der Leser weiß, dass sich eine Schnur in der Tasche, wenn sie jeder unserer Bewegungen ausgesetzt wird, unweigerlich auf die geheimnisvollste Art und Weise verheddert und verknotet; und so verflechten und verbinden sich die Wollfasern, wenn sie aneinander gerieben werden, zu einer innigsten Verbindung. Ich rate allen, die erwarten, dort zu leben, wo es viele Schafe gibt und es nur wenige Schneider oder Näherinnen gibt, dringend, mit der Filzherstellung zu experimentieren und, wenn möglich, von einem Hutmacher zu lernen, wie es gemacht wird. Es gab einmal in New York eine Fabrik, in der starke, brauchbare Anzüge aus Filzstoff hergestellt wurden, und diese, bestehend aus Mantel, Weste und Hose, wurden im Einzelhandel für fünf Dollar oder ein Pfund verkauft – ich selbst hatte sie gesehen .

Wenn ein Stück Stoff auf diese Weise angepasst oder verwendet wird, um ein Loch zu füllen oder einen Riss zu reparieren, können die Kanten entweder einfach gummiert und angepasst werden, oder sie können mit einer Mischung aus Filz oder Stoffstaub und Gummi behandelt werden. In diesem Fall legen Sie, bevor der Kleber *ganz* hart ist, aber nachdem er nicht mehr weich ist, ein Stück Stoff genau der gleichen Art über den Flicken und drücken Sie ihn mit einem warmen Glätteisen an. (*Vide* Unsichtbares Ausbessern von Kleidungsstücken, Spitzen oder Stickereien.)

lässt sich ein zerrissenes Wollkleidungsstück sehr gut reparieren, indem man vorsichtig ein Stück in das Loch einnäht oder die Kanten mit langen Stichen verbindet. Machen Sie dann eine Paste aus Filz oder Staub oder kurzen, feinen Fäden desselben Stoffes mit Kautschukzement und tragen Sie diese auf die Oberfläche auf. Mit etwas Übung kann dies so sauber durchgeführt werden, dass die Ausbesserung vollständig verdeckt wird. Führen Sie ein Bügeleisen über das Ganze. Wenn kein Kautschukzement erhältlich ist, kann Leim, gemischt mit einem Viertel Glycerin, verwendet werden.

Ammoniak bildet in Verbindung mit Wolle ein Lösungsmittel, das auch ein Zement ist. Ich habe damit nicht experimentiert.

Unsichtbares Ausbessern von Kleidungsstücken, Spitzen oder Stickereien

geschickt nähen können, dass der Riss nicht zu sehen ist. Ich habe selbst gesehen, wie dies in feinem schwarzen Stoff so bewundernswert ausgeführt wurde, dass nicht nur kein Anzeichen einer Träne erkennbar war, sondern auch nach langem Tragen des Kleidungsstücks keine sichtbar war. Diese Feinheit ist zum Teil dem Können geschuldet, aber es steckt auch eine Methode dahinter. Solche Ausbesserungen werden in Italien besonders von Jüdinnen bei der Ausbesserung wertvoller alter Spitzen, Stickereien und dergleichen praktiziert. Da ein sehr großer Teil derjenigen, die solche Waren kaufen und verkaufen, Juden sind, ist es nur natürlich, dass ihre Frauen und Freundinnen besonders mit der Reparatur beschäftigt sind. Der Prozess, den sie anwenden, ist wie folgt:

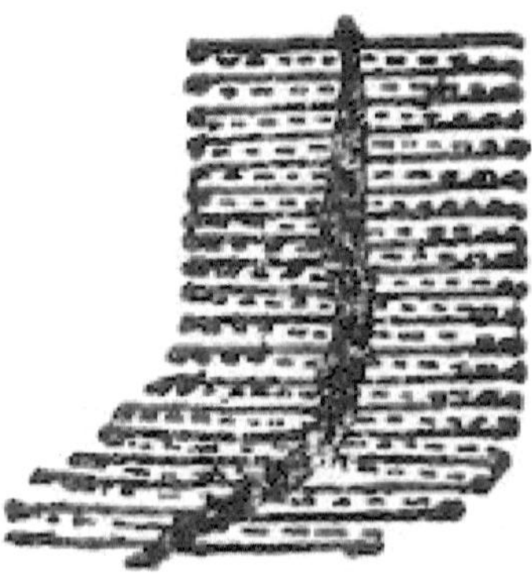

„Führen Sie eines Ihrer eigenen Haare in eine Nadel ein, ziehen Sie dann den Rand des Risses oder Risses auf diese Weise zusammen und stopfen Sie ihn sozusagen sehr fein und sorgfältig, denn darin besteht die ganze Kunst."

„Nehmen Sie danach ein Stück Stoff, das dem Stoff, den Sie reparieren möchten, möglichst nahe kommt. Legen Sie dieses Stück überdeckend auf die Miete, befeuchten Sie es dann leicht und drücken Sie es mit einem heißen Bügeleisen fest, bis die Oberfläche ganz eben aussieht."

Dabei ist erstens zu beachten, dass die Wahrscheinlichkeit, dass die Reparatur sichtbar wird, umso geringer ist, je *dünner* der verwendete Faden ist, sodass er nur stark genug ist, um zu halten. Zu diesem Zweck ist ein menschliches Haar bei äußerst feiner Ausbesserung nahezu unsichtbar; Für die meisten Arbeiten reicht Seidenfaden aus. Es ist jedoch wahrscheinlicher, dass die Kante durchtrennt wird als bei einem Haar, da das Haar elastischer ist.

Zweitens kann man beobachten, dass es sich beim sogenannten Stopfen in Wirklichkeit um eine Art unsichtbares Weben handelt und nicht um ein Zusammennähen oder Vernähen von Kanten, wobei letztere, da sie sich immer kräuseln oder ansteigen, die Linie der Reparatur zeigen müssen. Die Stärke des Stopfens liegt in der Ferne, nicht in der Nähe der Ränder; es bildet sozusagen eine Art Netzwerk oder ein Zusammenweben des Stoffes – das heißt, der Stoff wird durch einen unsichtbaren Faden, der sich in dem dickeren Stoff verbirgt, wieder zu einem Stück verwoben. Das Auflegen eines Stoffes mit *genau der gleichen Beschaffenheit* wie der reparierte Stoff und das anschließende Bügeln ist sehr raffiniert, da ein Stoff einer anderen Art einen anderen Eindruck hervorrufen würde.

Die Freundin, von der ich das Obige erhalten habe, Miss ROMA LISTER, fügt hinzu, dass die Jüdinnen diese Art von Arbeit sehr gut machen, aber für die Ausbesserung der kleinsten Miete einen Franc oder fünfundzwanzig Sous verlangen. Wenn der zerrissene Schal jedoch einmal fertig ist, kann man nicht mehr sehen, wo das Loch war.

Etwas damit verbunden ist die geduldige deutsche Methode, Strümpfe durch Neustricken zu reparieren; auch das Auftragen von starkem, flexiblem Kleber auf ein Stück Gämse. Dieser wird unter die Miete gelegt, die Kanten werden darüber sorgfältig wieder zusammengefügt. Ich würde hier vorschlagen, dass die Reparatur viel länger halten würde, wenn der Riss zuerst sorgfältig gestopft würde, sogar mit Menschenhaar oder feinster Seide, und dann das gummierte Leder auf die Rückseite aufgetragen würde.

Es gibt einen Stich, der in Deutschland als „ *Kettenstich* " *bekannt ist* – obwohl es sich bei uns *nicht um den Stich* handelt, der allgemein als „deutscher Kettenstich" bekannt ist. Es ist besonders lang und stark und hält die Kanten sogar von weichem Leder zusammen. Aus diesem Grund wird es in der Türkei und in Russland im Allgemeinen zum Zusammennähen der vielfarbigen Lederstücke verwendet, wie wir sie bei Kasan-Arbeiten sehen – Hausschuhe und Stiefel – und Kissen aus Konstantinopel. Dies ist ein wertvoller Stich für dichte, unsichtbare Ausbesserungen. Es ist mit dem Steppstich der Nähmaschine verwandt.

Farbe) zusammengezogen werden, das mit wasserfestem Kleber – z. B. Kautschuk oder Leim und Gummizement – bedeckt ist, sodass die Ausbesserung nicht sichtbar ist. Dieses Verfahren eignet sich sehr gut für weite Röcke oder für alle Kleidungsstücke, die nicht so stark beansprucht werden, wie z. B. Hosen oder Mantelärmel. Um diese und alle anderen Reparaturen perfekt durchführen zu können , müssen einige Experimente durchgeführt werden. Leider machen ausnahmslos fast alle Amateure keine Experimente, bis es notwendig ist, etwas zu reparieren, und bemängeln dann, weil sie es ganz natürlich vermasseln, das Rezept. Doch so seltsam es auch klingen mag, es gibt viele Fälle, in denen das Ausbessern oder Herstellen von Stoffen mit einem sehr starken Kitt wie dem aus Mastix und Störblase viel sauberer ausgeführt werden kann als mit Nadel und Faden, wobei ersteres tatsächlich weniger erfordert Der zu haltende Spielraum muss größer sein als die durchschnittliche Breite einer Naht, denn dort, wo der Kleber stark ist, reicht eine möglichst geringe Überlappung aus, um zu binden. Dieser Ausbesserungsprozess ist wenig bekannt, wahrscheinlich weil es bisher nur sehr wenige allgemeine Kenntnisse über die enorme Festigkeit und Zähigkeit bestimmter Zemente gibt, die tatsächlich erst in letzter Zeit entdeckt wurden. Für alle gewöhnlichen Ausbesserungen verwenden Sie tatsächlich Kleber mit Glyzerin oder Kleber und Kautschuk Eine Lösung in Benzol ist ebenso geeignet wie der weitaus teurere Türkisch- oder Diamantzement.

Wenn der Leser nur darüber nachdenkt, dass ein großer Teil aller schwarzen und glänzenden Seiden stark gummiert ist, manchmal bis zu ihrem eigenen Gewicht, wird er verstehen, dass es keine Substanz gibt, mit der sie besser repariert werden können als mit Zement – a Tatsache, die vielen bekannt ist, die Briefmarken oder schwarzen Gerichtspflaster verwenden, um ihre Miete zu heilen; Da dies jedoch im Allgemeinen sehr teuer ist und alte Seide und Leim oder Gelatine oder Dextrin genauso gut funktionieren, sollte Letzteres besser in Betracht gezogen werden.

Im Osten werden die erlesensten Stoffe häufig und sogar unter den Wilden fast ausschließlich von Hand gewebt; Das heißt, die Fäden werden einfach an einem Stab befestigt, während der Schuss mit einer Nadel eingearbeitet wird. Die meisten Stoffe können durch einen analogen Prozess repariert werden, bei dem der Stoff neu hergestellt wird. Viel hängt von der richtigen Bearbeitung oder Bearbeitung der Oberfläche ab, indem man ein Stück Stoff darauf legt und bügelt.

Ausbessern von Perlmutt und Koralle

Perlmutt ist die Schale der Perlmuster (*Avigula) . margaritifera*), die wegen ihrer schönen Textur und weißen Farbe , in der es ein eigenartiges Schillern oder Regenbogenfarbenspiel gibt, sehr bewundert wird . Der beste und bei weitem größte Teil des Handels kommt von den Inseln des Stillen Ozeans. Der Wert ist in den letzten Jahren enorm gestiegen. Fast, wenn nicht ganz, gleichwertig ist das Ostindien, das von den Sulu-Inseln, Ceylon und Aden oder dem Persischen Golf stammt. Eine minderwertige Art stammt aus dem östlichen Mittelmeerraum, eine weitere aus Amerika.

Die schillernde Glasur, begleitet von mehr oder weniger Mutter- oder Feststoffsubstanz, findet sich in sehr vielen Muscheln; *zB* das Petersohr (*Halyotis iris*) des Pazifiks; auch in gewöhnlichen Muscheln, insbesondere der *Unio* , die in den meisten klaren Bächen in Europa und Amerika vorkommt, wo es nicht viel Kalk gibt. Daraus ergeben sich oft Perlen von großem Wert.

Perlmutt lässt sich ohne große Schwierigkeiten in Platten sägen, die mit feinem Sand und anschließend mit Tripoli poliert werden . In letzter Zeit gelangten zahlreiche Kleinmöbel mit Intarsien aus Quadraten und Dreiecken aus diesem Material aus der Türkei und Persien nach London. Diese Stücke werden einfach mit Zement aus Störblase, Mastix, Salmiak oder sogar Leim befestigt. Sie sind in der Regel bei Händlern für orientalische Waren erhältlich. ABRAHAM SASSOON aus der Wardour Street wird sie in beliebiger Menge liefern.

LOUIS EDGAR ANDÉS und SIGMUND LEHNER , beide experimentelle Technologen, haben mehrere kuriose Rezepte zur Nachahmung von Perlmutt gegeben. Durch Feilen oder Mahlen wird die beste Perlmuttschale zu einem weißen Metall, das sich mit Eiweiß oder reiner weißer Gelatine zu einer feinen marmorartigen Substanz verbinden kann, der es jedoch an Schillern mangelt. In sehr kleine Stücke zerbrochen, die in ein Bett aus Leim und Glyzerin gelegt und dann, wenn sie trocken sind, mit einer weiteren Schicht desselben überzogen werden, haben wir etwas, was sein Erfinder, LEHNER , uns versichert, eine sehr gute Nachahmung von Perlmutt ist. Hülse.

Perlmutt oder farbiger Glasur abgeschält , die im pulverisierten Zustand immer noch den perlmuttartigen Glanz behält . Dies kann sogar von der gewöhnlichen amerikanischen Auster oder allen Muscheln stammen. Laut ANDÉS , der sich meiner Meinung nach darauf bezieht, kann es auf jede Substanz aufgetragen und mit einer Gummiglasur überzogen werden. Er teilt uns auch mit, dass die perlenartigen Innenschichten von Austernschalen oder anderen Schalen, zu Pulver zerkleinert und mit Störblase und Spiritus vermischt, in mehreren Schichten auf graues Papier gemalt, das Aussehen von Perlmutt *haben*. Ich habe Exemplare solcher Gemälde gesehen, die zwar sehr hübsch waren, deren perlmuttartiges Schillern jedoch eher schwach war. Nach Angaben des Autors wird der perlmuttartige Glanz durch den Zusatz von Silber-Bronze-Pulver deutlich gesteigert.

Daraus schließe ich, da ich in diesem Fall, außer beim Schnitzen von Perlen, nicht persönlich experimentiert habe, dass grobe Pulver der stark gefärbten grünlichen und anderen *Perlmuttfarben* tropischer Muscheln sowie der europäischen Muschel und einiger anderer Muscheln mit Bindung kombiniert werden können -Gummi von transparenter Natur, um eine sehr bewundernswerte Imitation von Perlmutt zu bilden.

Ich möchte hier in diesem Zusammenhang bemerken, dass die gewöhnliche amerikanische Muschel (*Venus mercernaria*) eine weiße Schale von intensiver Härte hat, die, wenn sie poliert ist, so schön ist wie Porzellan oder Elfenbein; auch, dass der purpurne Fleck in der amerikanischen Austernschale, aus dem die Indianer eine sehr harte und schöne Perle machten, leicht für Knöpfe ausgebohrt werden könnte.

In Japan wird eine sehr schöne Perlmuttimitation hergestellt. Es ist jedoch nicht schillernd. Es soll mit Reis zubereitet werden. Ich vermute, dass es sich hierbei um mit verdünnter Säure behandelter Reis handelt.

Ich habe jetzt eine Reihe von 400 imitierten roten *Korallenperlen* zum Preis von zwei Pence vor mir, wie sie überall verkauft werden. Sie werden aus Zinnoberpulver, Reismehl und Gummi hergestellt und sind bei sorgfältiger Herstellung äußerst hart und haltbar, sodass die Zusammensetzung zur Reparatur zerbrochener Gegenstände aus roter Koralle verwendet werden kann. Solche zerbrochenen Gegenstände sind in Kuriositätenläden weit verbreitet, doch die Kunst, sie zu reparieren, scheint noch unbekannt zu sein, obwohl sie äußerst profitabel ist.

Von Korallen sagt uns LEHNER, dass Zelluloid in Kombination mit verschiedenen Substanzen – *z*. B. weißem Zink oder Zinnober – von zartem Rosa bis feurigem Zinnoberrot gefärbt werden kann und eine sehr ähnliche Nachahmung von Korallen ergibt. Eine sehr gute und viel billigere Nachahmung lässt sich herstellen, indem man perfekt weißen Papierkleister (*vide* Papier-Mâché) herstellt und ihn mit Zinnoberrot, Zink usw. kombiniert. Aus solchen künstlichen Korallen lassen sich sehr schöne Tassen, Teller und Verzierungen zum Einlegen, Perlen, Anhänger für Schmuck, Buchumschläge usw. leicht herstellen. Die Farbe kann durch einfaches Wechseln der verwendeten Farbpulver in Türkis, Smaragd, Ebenholz, Elfenbein usw. variiert werden.

Es gibt eine sehr billige und weit verbreitete Nachahmung von Korallen, die durch Eintauchen von Fadennudeln, Zweigen usw. in eine Lösung aus rotem Siegellack in Weinspiritus hergestellt wird. Dieses ist jedoch äußerst spröde. Weißer Marmorstaub oder sehr feiner weißer Feuersteinsand soll in Kombination mit Zinnoberrot und silikatischem Natron eine sehr bewundernswerte Nachahmung von Korallen hervorbringen. Die Basis aus gemahlenem Sand oder kohlensaurem Kalk mit Silikat kann mit den Farbstoffen variiert werden, um beliebige Edelsteine zu imitieren, und ist für die Ausbesserung von Töpfer- oder Steinarbeiten von unschätzbarem Wert.

Korallen und mehrere andere Substanzen werden ebenfalls imitiert, indem etwa neun Teile sehr klarer Leim mit einem Teil Glycerin kombiniert werden . Dies wird mit einem Äquivalent Weißzink oder Farbstoffen qualifiziert. So wird die Leimbasis mit Colcothar, Ocker-Sepia, Umbra, Ocker oder Chrom kombiniert. Dies ist auch ein wertvoller Zement zum Ausbessern verschiedenster Gegenstände.

Alle zu Pulver zermahlenen feinen weißen Muscheln können mit Gummi und etwas Glyzerin und Zinnoberrot zur Herstellung künstlicher Korallen kombiniert werden; auch Weißleim oder Gelatine mit Glycerin . Dies kann in großen Mengen für Abgüsse aller Arten von Objekten erfolgen, beispielsweise für Teller mit Intarsienarbeiten.

BILDER WIEDERHERSTELLEN UND REPARIEREN

„ Die Restaurierung entstellter und verfallener Kunstwerke steht neben deren Herstellung an zweiter Stelle. " – Feld, Chromatographie.

Ich veröffentlichte 1864 ein Werk mit dem Titel „ *Das ägyptische Skizzenbuch"* , das mit dem folgenden gekürzten Bericht darüber begann, wie Ölbilder gereinigt werden:

„Drei junge Maler hatten oft gehört, was die American PAGE BEWIESEN HAT, DASS MAN DURCH SORGFÄLTIGES ABZIEHEN DER BILDER BESTIMMTER GROßER KÜNSTLER SCHICHT FÜR SCHICHT ALLE IHRE GEHEIMNISSE DER Farbe erfahren kann ." Nachdem sie einen zweifelsfreien Tizian erhalten hatten, der die Heilige Jungfrau darstellte, legten sie ihn auf einen Tisch und begannen, den äußeren Lack durch Reibung mit den Fingern zu entfernen; Dieser Lack stieg sehr bald in einer weißen Staubwolke auf und wirkte ganz ähnlich wie ein Schnupftabakregen.

„Dann gelangten sie zu den ‚nackten Farben ‘, die zu diesem Zeitpunkt eine sehr grobe Form angenommen hatten, da eine bestimmte Menge Likörtinktur, etwa aus türkischem Rhabarber, oder *Tinktur enthalten war. Rhabarbara* , das in den Lack eingearbeitet war und dem die Farben ihre goldene Wärme verdankten.

„Dies brachte sie zur *eigentlichen Verglasung* , der durch die Entfernung der *Patinae* , oder kleinen Näpfchen, die sich in der Leinwand zwischen dem Netz und dem Schuss gebildet hatten, die Spuren des Alters oder der Antike entzogen worden waren.

„Der nächste Schritt bestand darin, die *Glasur* von der Safranrobe zu entfernen, die aus gelbem Seelack und gebrannter Siena bestand. Dies brachte sie zu einer Flammenfarbe , in der die *Modellierung* vorgenommen worden war. Als nächstes griffen sie das Gewand der Jungfrau Maria an, und nachdem sie den purpurnen See weggenommen hatten, waren sie erstaunt, einen grünlichen Streifen zu finden. Als sie auf diese Weise der Reihe nach jede Farbe des Bildes entfernt, jeden Teil mit sorgfältiger Sorgfalt zerlegt und jede Glasur durch zu viele Lösungsmittel, um sie aufzuzählen, gelöst hatten – darunter Alkohol und verschiedene Adaptionen von Alkali –, hatten sie die unbeschreibliche Genugtuung, das *Design* in einem guten Zustand zu sehen aus rohem, leerem Hell-Dunkel. Blind vor Begeisterung, nachdem sie sich alles, was sie getan hatten, sorgfältig notiert hatten, stürzten sie sich mit Bimsstein und Kali auf die Weißen und Schwarzen; wann, siehe da! Etwas sehr Rubinrotes kam zum Vorschein und weitere Ausgrabungen ergaben, dass es sich um die Spitze der roten Nase von König Georg dem Vierten handelte! Der Tizian, für den sie so viel geopfert hatten, war ein falscher Gott."

Die vorstehenden Auszüge wurden vom verstorbenen HENRY MERRITT DIKTIERT , einem sehr angesehenen Restaurator und Künstler, dem Autor von „ *Pictures and Art Separated in the Works of the Old Masters*" und anderen Werken, von denen ich mit Fug und Recht sagen kann, dass der Name MERRITT AUF DIESEN *Namen* hinweist *Es ist ein Omen* . Ich war oft bei ihm bei seiner Arbeit und hatte den Vorteil, die angewandten Prozesse und die Fortschritte zu sehen, die er machte, um die „vergrabenen Schönheiten" der Bilder großer Künstler ans Licht zu bringen. Was ich seitdem darüber hinaus gelernt habe, finden Sie auf den folgenden Seiten.

Obwohl es einfach und leicht ist, die Art und Weise zu beschreiben, wie alte Bilder im Allgemeinen restauriert werden, muss man bedenken, dass diese Aufgabe im Hinblick auf eine detaillierte und umfassende Beschreibung die schwierigste im gesamten Bereich der Reparatur wäre; Denn wenn ein Bild so sehr gelitten hat, dass ein Neumalen unbedingt erforderlich ist, kann ihm nur die Kunstfertigkeit des ursprünglichen Künstlers selbst gerecht werden. In vielen Fällen sind Bilder, ähnlich wie verfallene Holzarbeiten, so weit verschwunden, dass vom Original nur noch eine Andeutung oder Skizze übrig ist, sodass sie in der Regel als nicht mehr wert erachtet werden, aufbewahrt zu werden. In solchen Fällen kann der Restaurator oder Reparaturbetrieb durchaus sein Bestes geben. Es gibt und wird immer ein riesiges Feld für jeden geschickten Reparateur bei der Neuanfertigung von Antiquitäten geben, mit großem Gewinn, denn es gibt fast überall einen unbegrenzten Vorrat an Material, mit dem man arbeiten kann.

Um ein vollkommen versierter Restaurator von Bildern zu sein, sollte man ein Experte in der Chemie sein und nicht nur mit allen Stilen und Schulen der Kunst bestens vertraut sein und über große Kenntnisse der *Technik* großer Künstler verfügen, sondern auch selbst kein schlechter Maler sein. Es herrscht ein sehr allgemeiner, aber sehr vulgärer und dummer Volksglaube, dass das Restaurieren und Reinigen alter Bilder eine rein mechanische Kunst sei, die in puncto Geschick und Intelligenz der Hausmalerei in etwa ebenbürtig sei; Aber das leugne ich ernsthaft, da ich, da ich es selbst praktiziert habe, herausgefunden habe, dass es dem Einfallsreichtum ein weites Feld bietet und dass die größten lebenden Künstler – es ist mir egal, wer sie sein mögen – in der Restaurierung Aufgaben finden können, die alle völlig beanspruchen würden ihre Fähigkeiten, ihr Wissen oder ihr Genie.

Bevor man mit der Reinigung oder Reparatur eines Bildes beginnt, empfiehlt es sich oft, dass der Künstler mit großer Sorgfalt eine Umrissskizze davon anfertigt, um ihn im Detail zu korrigieren und anzuleiten. Nehmen Sie dazu ein sehr transparentes Pauspapier – das Rezept für die Herstellung finden Sie an anderer Stelle – und zeichnen Sie dann mit einem weichen Buntstift oder einem sehr schwarzen Bleistift (von 3 bis 4 B) das Ganze nach. Wenn das Papier nicht transparent genug ist, verwenden Sie dünnes Glas oder, was weitaus besser ist, Glimmerblätter, die an den Rändern zusammengeklebt sind und auch beim Herunterfallen nicht zerbrechen. Zeichnen Sie das Bild mit einem feinen Pinsel und schwarzer Ölfarbe oder einer anderen schwarzen Farbe, die hält, nach. Zeichnen Sie davon dann auf Transparentpapier nach. Um eine Buntstift- oder Bleistiftzeichnung auf Holz oder Papier zu übertragen, befeuchten Sie dessen Oberfläche ganz leicht, legen Sie die Zeichenvorlage mit der Vorderseite nach unten darauf und reiben Sie die Rückseite mit einem Polierer oder einem elfenbeinfarbenen Papiermesser ab. Es wird somit perfekt übertragen. Das Anfertigen vorbereitender Skizzen oder Kopien wird sich in vielen Fällen als äußerst nützlich erweisen, da es das Auge sorgfältig auf die auszuführende Arbeit schult.

Das ist nicht *immer* wahr, obwohl ein großer Experte auf dem Gebiet der Bildreinigung (HENRY MOGFORD) das Gegenteil erklärt hat – dass „Bilder … zweifellos im ersten Moment der Produktion ihre höchste Vollkommenheit genießen". Viele Künstler erkennen die Wahrheit, dass ein Jahr oder sogar Jahre erforderlich sind, um bestimmten Bildern einen bestimmten zarten Ton zu verleihen, der der Reife von Früchten gleicht; und das Gleiche gilt für bestimmte Künstler, wenn auch keineswegs im gleichen Maße für alle. Aber es gibt viele Menschen, die die sanften Töne des Alters oder das ehrwürdige Grau der Antike mit nichts als Schmutz, Verfall und Armut assoziieren können; So war es auch bei einem italienischen Marquis, der, als er hörte, dass ein angesehener Künstler [4] eine alte moosbewachsene Mauer oder ein Fragment einer Ruine auf seinem Anwesen kopiert hatte, sich bei diesem entschuldigte und erklärte, wenn er das gewusst hätte Wenn ein angesehener Mensch es kopieren wollte, hätte er es reinigen und kalken lassen, nicht in grellem Weiß (er wüsste es besser, sagte er), sondern in Hellblau! So habe ich einen amerikanischen Gentleman erlebt, der bestürzt war, als er das Aussehen von Flechten an einer Ecke einer „blitzsauberen, brandneuen Villa" entdeckte, von der er sofort erklärte, sie müsse gereinigt und überall gestrichen werden. Menschen, die unter dieser vulgären Manie des übermäßigen Scheuerns leiden, neigen dazu, sich vorzustellen, dass das kleinste Anzeichen von Alter auf einem Bild auf Schmutz und Vernachlässigung hindeutet, und beeilen sich, es zur Reinigung zu bringen; es sei denn (was allzu oft der Fall ist), dass sie – mit unzureichendem Wissen und mit „Vorstellungen, die im Allgemeinen auf Vermutungen beruhen und durch die üblichen Vorkehrungen für die Pflege anderer Haushaltsgegenstände nahegelegt werden" – versuchen, das Werk selbst wiederherzustellen , was die Ursache für den Untergang Tausender großer Kunstwerke war.

Es ist hier zu beobachten, dass sich moderne Bilder aufgrund der beschleunigten Herstellungsprozesse und der Verwendung billiger Materialien in maschinell hergestellten Farben so schnell verändern, dass viele in fünfzig Jahren die Hälfte ihres Wertes verlieren. Und als ob das nicht genug wäre, haben wir noch die Schwefelsäure , die bei Kohlebränden entsteht (insbesondere die aus Anthrazitkohle in Amerika, die sogar den Kalk in Schornsteinen auffrisst), sowie die schädlichen Auswirkungen von Gasen und Dämpfen aus Lebensmitteln und schließlich der Mangel an Luft und Licht in immer vorgehängten und schattigen Räumen.

Tatsächlich sind die Ursachen, die zu einer Verschlechterung der Bilder führen, fast so vielfältig wie diejenigen, die Krankheiten beim Menschen hervorrufen, und in nicht wenigen Fällen wird man feststellen, dass sie dieselben sind. Dies sind, wie ich bereits sagte, schlechte Luft oder Malaria oder Mangel an frischer Luft, Feuchtigkeit, Kerzenrauch in Kirchen, zu lange Sonneneinstrahlung, Ausdünstungen von Holzkohle, Schwefel , Waschbecken usw.; „Kurz gesagt, alle eindringenden Gerüche schaden dem Gemälde, besonders wenn es neu ist." Aufgrund der Verbreitung von Gas- und Kohlenrauch in den Häusern, verbunden mit der schlechten Qualität der Farben, die heute billig mit Maschinen hergestellt werden, wird es tatsächlich als zweifelhaft angesehen, ob eines der während der Herrschaft von Königin Victoria gemalten Bilder jemals existieren wird. „halbsichtbar"-Zustand in fünfzig oder hundert Jahren. Was sie betrifft, hat der Restaurator eine große Zukunft. Man muss sich nur die meisten früheren Bilder von Turner ansehen, um vollständig zu bestätigen, was hier behauptet wird.

Das Gesicht aller alten Bilder, die lange unberührt geblieben sind, wird immer mehr oder weniger mit einfachem Dreck bedeckt sein; das heißt, Staub, der durch Feuchtigkeit mehr oder weniger gelöst wird. Nun besteht Staub einfach aus allen möglichen Substanzen, sogar aus unsichtbaren, ausgestorbenen tierischen Organismen in großer Zahl. Der erste Schritt besteht darin, diesen Schmutz einfach mit destilliertem Wasser oder Regenwasser und Ochsengalle abzuwaschen. Verwenden Sie einen sehr weichen, sauberen Schwamm und fahren Sie damit mehrmals über das Bild. Wickeln Sie den Schwamm zum letzten Mal in ein sauberes, weißes Leinen- oder Musselintaschentuch, um zu sehen, ob die Oberfläche recht sauber ist. Dies und nichts weiter führt oft zu einer erstaunlichen Verbesserung.

Die nächste Aufgabe besteht darin, den Lack zu entfernen. *Heißes* Wasser greift jeden Lack an und verwandelt ihn in ein trockenes Pulver; aber, wie M. GOUPIL bemerkt, ist dies *très hasarde* bzw. sehr riskant, da es auch alles wie Gummi oder Kleber in den Farben angreifen und auflösen kann . M. GOUPIL sanktioniert jedoch die Verwendung von kaltem Wasser beim Reinigen sogar als bloßen Missbrauch, womit er im Widerspruch zu HENRY MOGFORD STEHT, dessen Werk ich für das mit Abstand beste halte, was ich zum Thema Reinigen und Restaurieren kenne Bilder, die ich gelesen habe. [5] Zu diesem Thema sagt er:

„Bei allen Vorgängen des Kaschierens und der Bildreinigung im Allgemeinen hat die Sättigung mit Wasser katastrophale Auswirkungen, und die Verwendung des Wassers sollte daher auf die Anwendung mit einem zusammengedrückten Stück Schwamm oder, was besser ist, beschränkt sein Stück Büffelleder, durchnässt und ausgewrungen. Wasser ist ein äußerst gefährlicher Feind für Bilder; Es dringt in die Grundierung oder den Untergrund ein, lockert sie, indem es die Zersetzung der Leimmasse fördert, mit der sie bearbeitet wurden, und legt so den Grundstein für deren letztendlichen Zerfall und Verfall. Durch die Aufnahme von Feuchtigkeit wird früher oder später jedes gewebte Material zerstört, und während unsere tägliche Erfahrung ihre beklagenswerten Auswirkungen auf die Wände unserer Wohnungen zeigt, sollten wir uns daran erinnern, dass sie für die Leinwand unserer Bilder nicht weniger zerstörerisch ist und auf die Materialien, die seine Grundierung bilden.

„Alle Bilder der frühen Meister der italienischen Schule sowie die von Claude und William Vandervelde, die auf Kreide und saugfähigem Untergrund gemalt sind, sind beim Abwaschen mit Wasser der größten Gefahr ausgesetzt. Es dringt durch eventuell vorhandene kleine Spalten in der Farbe ein und zerstört das Bild oft völlig. Wenn das Gemälde auf Leinwand ist, wie bei den beiden letztgenannten Meistern, zerbricht es in tausend kleine Linien oder Risse; und wenn auf Tafeln, wie bei den Bildern von Raffaelle, Andrea del Sarto oder Fra Bartolomeo, wird die Farbe aufgebrochen, indem es in kleine Punkte von der Größe eines Stecknadelkopfes abgeschuppt wird. Wenn das Bild wiederum von der spanischen Schule ist und auf rotem, absorbierendem Grund und auf einer rauen Leinwand gemalt ist, zerstört das Wasser nicht nur die Einheit seiner Oberfläche, sondern auch, weil die Leinwand eine gröbere Textur hat als die Bilder von Claude oder William Vandervelde, dringt es oft in größerem Ausmaß ein und schuppt häufig Stücke von der Größe eines Sixpence ab, insbesondere in den dunklen Schatten oder dort, wo der Boden nicht ausreichend durch eine dicke *pastose* Farbe (schwere Schicht oder Grundierung) geschützt wurde. Zu jeder Zeit und für alle Bilder ist Wasser mehr oder weniger gefährlich, es sei denn, es wird mit größter Vorsicht verwendet, und dann sollte es nur mit einem gut ausgewrungenen Stück dickem Wildleder aufgetragen werden, das gerade nass genug ist, um leicht darüber zu gleiten der Oberfläche des Bildes. Bei einigen Meistern, wie bei denen, auf die wir uns oben spezialisiert haben, kann die freie Nutzung von Wasser als unmittelbar der absoluten Zerstörung nahestehend angesehen werden; und je wärmer und trockener das Wetter ist, desto aktiver und ruinöser ist der Betrieb. Es sind Fälle vorgekommen, in denen ein Andrea del Sarto, ein Claude und ein William Vandervelde in wenigen Minuten durch den unüberlegten Einsatz von einfachem Wasser zerstört wurden."

Ich habe dieses Zitat vollständig wiedergegeben, da Wasser im Allgemeinen das erste ist, was Unwissende bei der Herstellung sauberer Bilder freiwillig nutzen. So habe ich von sehr wertvollen Bildern gehört, die gewöhnlichen Dienstboten oder der Wäscherin tatsächlich zum Reinigen gegeben wurden, was mit Seife, heißem Wasser und Sand durchgeführt wurde , was die Arbeit schnell zunichte machte. Es ist auch kein großes Wunder, dass dies getan werden sollte, wenn wir in GOUPILS WERK FINDEN, DASS ER ZWAR ZUGIBT, DASS KALTES WASSER „TEILWEISE IN DIE RISSE EINES GEMÄLDES EINDRINGT UND GROßEN SCHADEN ANRICHTET", ER JEDOCH ERKLÄRT, DASS „ *heißes* Wasser anders wirkt. " „" was den Eindruck erweckt, dass es sehr frei verwendet werden kann, und erklärt, dass „sauberes kaltes Wasser Fett und Schmutz, der durch in der Luft abgelagerten Staub entsteht, unschädlich löst." Das stimmt, aber er scheint, wie Herr MOGFORD , die andere Seite der Frage nicht vollständig verstanden zu haben. (*Manuel Général et Complet de la Peinture à l'Huile* , von F. GOUPIL .)

Zum ersten Entfernen von Verunreinigungen von einer Oberfläche empfiehlt MOGFORD , *Ochsengalle* mit einer weichen Bürste aufzutragen. Dieses ist in Shilling- oder Six-Penny-Flaschen bei Winsor & Newton oder jedem anderen Händler für Künstlerbedarf erhältlich. „Es ist", fügt er hinzu, „ein ausgezeichnetes Reinigungsmittel, das ohne Angst beliebig angewendet werden kann." Es muss jedoch gut mit reinem Wasser abgewaschen (*d* . h. abgewischt) werden, sonst hinterlässt es eine klebrige Schicht auf der Oberfläche, die das Trocknen des anschließend aufgetragenen Lacks verhindern kann. Es muss jedoch sorgfältig unterschieden werden zwischen *dem Abwaschen* mit Wasser und dem Einweichenlassen *in* ein Bild und dem einfachen Abwischen der Oberfläche mit einem feuchten Fensterleder oder Wildleder oder einem weichen *alten* Leinentaschentuch. Letzteres ist in der Tat das erste, was Sie tun müssen, bevor Sie die Oberfläche leicht mit der verdünnten Ochsengalle reinigen. Es ist sehr wichtig, dass der erfahrene Reiniger die Beschaffenheit von Lacken genau versteht, um zu wissen, womit er arbeiten soll. Dem Bild zufolge kann er daher „ Kaliumlikör , Weinsteinöl, Weingeist, reinen Alkohol, Ammoniak fortis, Naphtha, Äther, Soda und Ähren- oder Lavendelöl" verwenden. Allein die Nomenklatur dieser mächtigen Agenten zeigt sofort, wie groß die Gefahr ist, dass sie unüberlegt oder nachlässig eingesetzt werden."

Es ist sorgfältig darauf zu achten, dass sich nicht zu viel oder ungleich viel Reinigungsflüssigkeit an einer Stelle ansammelt. Deshalb sollten alle Bilder bei der Restaurierung flach hingelegt werden, da Ströme, beispielsweise von Ammoniak, sehr unregelmäßig in die Oberfläche einschneiden würden. Bei Bildern jeglichen Werts ist der Reinigungsprozess immer sehr heikel und erfordert viel Übung und eine sehr perfekte Kenntnis aller Prinzipien der Kunst.

Wenn die Lacke zart und dünn sind, wie zum Beispiel Mastix, empfiehlt MOGFORD die Verwendung von Weingeist; Um jedoch sicherzugehen, dass dadurch kein Schaden angerichtet werden kann, ist es wünschenswert, dass „der Spiritus, der normalerweise in einer Stärke von 58 Grad verkauft wird, mit einem Viertel Wasser oder dem gleichen Anteil rektifiziertem Spiritus verdünnt werden sollte." Terpentin, oder es kann unter Zusatz eines Sechstels Leinöl zum verdünnten oder reinen Spiritus verwendet werden." In jedem Fall muss die Mischung „vor der Einnahme gut geschüttelt" bzw. aufgetragen werden. Es sollte darauf geachtet werden, dass Öl die Farbe nicht aufweicht, was dazu führen kann. In der Regel ist es am besten, mit den hellsten oder hellsten Teilen eines Bildes zu beginnen – wie zum Beispiel dem Gesicht eines Porträts –, da diese Teile immer am schwierigsten sind. Beginnen Sie damit, die Oberfläche mit weißer Watte und Terpentin abzuwischen, beobachten Sie, ob sich Lack darauf ablöst, und wechseln Sie, sobald dies sichtbar ist, den Teil des verwendeten Gummis aus, sonst nehmen Sie weiterhin nur „Schmutz" von einer Stelle auf und es in ein anderes reiben. Dies wird an anderer Stelle in Bezug auf Reinigungstücher oder absorbierende Tinte erklärt, die wir ständig vom Boden abziehen und nicht wieder auf den Boden auftragen müssen.

„Terpentin ist ein Gegenmittel, das die Wirkung des Lösungsmittels augenblicklich hemmt." Wenn der gesamte Firnis auf diese Weise entfernt ist, kann das Ganze mit Terpentingeist abgewischt und dann, wenn es trocken ist, erneut lackiert werden, wenn nichts mehr erforderlich ist.

Reiben mit den Fingern, Pudern oder jede Art von chemischer Reinigung muss vermieden werden bzw. sollte mit größter Sorgfalt durchgeführt werden , da es zu einem sogenannten *Wolligkeitseffekt* führt, der sich nach einiger Zeit deutlich bemerkbar macht. Wenn ein Bild jedoch keinen Firnis hatte, kann es nur mechanisch gereinigt werden, beispielsweise mit Tripolis , Bimsstein oder Schlämmkreide. Diese Methode erfordert großes Geschick. Manchmal wird zum Verdünnen des Lacks vor der Verwendung von Terpentin ein sehr feiner Schaber oder ein Messer verwendet.

„Lösungsmittel", fügt Mogford hinzu, „sind nur zum Entfernen *von Lack erforderlich* ." Unlackierte Bilder werden am besten durch vorsichtiges, feuchtes, nicht *nasses* Abwischen mit Schwabbel- oder Sämischleder und etwas Puderputz gereinigt.

Wenn der Lack jedoch nicht auf einem Bild ist, kann er durch Reiben mit den Fingern, der Handfläche oder dem Leder, unterstützt durch Harzpulver oder Kolophonium, entfernt werden. Zu bestimmten Zwecken, um eine Klavierplatte gründlich für die Hitze zu konservieren und sie gewissermaßen zu emaillieren, wird eine Lackschicht aufgetragen und nach dem Trocknen mit Bimssteinpulver oder Harz glatt gerieben und dieser Vorgang durchgeführt wird viele Male wiederholt.

Werden Bilder in Öl direkt auf Leinwand ohne Untergrund gemalt, sinkt die Farbe zwischen die Fäden und legt sich dünn auf diese auf. Deshalb wird die Maserung der Leinwand beim Reiben auf der Oberfläche deutlich sichtbar. Wenn Ölfarbe direkt auf eine Holzplatte aufgetragen wird, schrumpfen die weichen Teile zwischen den harten Fasern , Linien oder Maserungen und ziehen die Farbe mit sich. Alte Künstler vermieden dies, indem sie eine feste Unterlage aus Gesso oder Gips mit Leim oder Eiweiß vermischten.

Die große Aufgabe bei der Reinigung besteht darin, die von Restauratoren aufgetragenen Neuanstriche bzw. Anstriche zu entfernen. Ich habe gesehen, wie der verstorbene Mr. MERRITT , DER VON RUSKIN empfohlen wurde und der erste und wahrhaft künstlerischste Restaurator seiner Zeit war, dies mit außergewöhnlichem Geschick getan hat. Ich kann mich erinnern, dass er das schönste Carpoccio , das ich je gesehen habe, und einen prächtigen Velasquez gereinigt hat, die beide immer wieder neu gestrichen worden waren und sich in einem so erbärmlichen Zustand befanden, dass selbst der Maler des letzteren sich geirrt hatte. Sie hatten im unberührten Zustand und danach in etwa das gleiche Verhältnis wie ein schmutziger alter Lappen zu einem prächtigen Kaschmirschal. „Ätzmittel, Seifenlauge, Kalilauge , reiner Alkohol und der Schaber", bemerkt MOGFORD , „sind die üblichen Mittel zum Entfernen von Neuanstrichen; Allesamt gefährliche Geräte, wenn sie nicht genau beobachtet und ohne Gewalt oder Nachlässigkeit verwendet werden."

Es empfiehlt sich, die Rückseiten alter Bilder sorgfältig auf Unterschriften, Datum oder Dokumente zu untersuchen, die manchmal mit anderem Papier oder Leinwand überklebt sind. Einmal fand ich in Florenz in einem kleinen Laden ein Porträt Karls I., das sich jedoch in vielerlei Hinsicht von allen unterschied, die ich je gesehen hatte. Ich sagte dem Besitzer, dass es von Vandyke sei, aber er beharrte darauf, dass es von einem Italiener mit einem Namen wie Guillermo oder Gillonio sei , bis ich vorschlug, dass wir die Rückseite untersuchen sollten, wo wir nach einiger Recherche den Namen fanden von Vandyke. Daraufhin erhöhte der Händler umgehend den Preis des Bildes von einhundert auf tausend Franken, und es war tatsächlich billig genug. Eine Dame, der ich den Vorfall erzählte, sagte: „Oh, warum haben Sie das Bild nicht gekauft, bevor Sie es dem Mann erzählt haben, der es gemalt hat?" Darauf antwortete ich: „Aus demselben Grund, aus dem ich im Laden keinen wertvollen Ring aus dem Etui gestohlen habe, als er ihm den Rücken gekehrt hatte." Es wird viel über die Klugheit von Antiquitätenhändlern gesprochen, aber es ist mir oft passiert, dass ich ihnen erklärt habe, dass die in ihrem Besitz befindlichen Gegenstände viel mehr wert seien, als sie sich vorgestellt hätten; während sie andererseits, weil sie vermuten, dass eine Sache viel wert sein *könnte , für etwas, das nur fünf Cent wert ist, eine furchtbare Summe verlangen* ; *zB* tausend Franken für das, was mit zehn wirklich teuer ist. Ich erwähne dies, damit der Leser erkennen kann (was nur wenige tun), welche Schnäppchen jemand machen kann, der sich mit Kunst auskennt, und insbesondere mit der bescheidenen Kunst des Reinigens, Ausbesserns oder Restaurierens, die uns in eine Welt eintauchen lässt Selbst in der hohen Kunst gibt es Geheimnisse, und das ist für einen Bildkäufer von größerem Nutzen als die ganze hochtrabende ästhetische Kultur in allen Werken aller Rhapsodisten der Zeit.

Die vorstehenden Bemerkungen zur *Reinigung* stammen hauptsächlich aus dem Handbuch von H. MOGFORD und meinen eigenen Erfahrungen. Ich füge denen von M. GOUPIL zum gleichen Thema hinzu. Der intelligente Führer wird keine Schwierigkeiten haben, daraus seine eigenen Schlussfolgerungen zu ziehen:

„Wenn das Bild tatsächlich in Öl ist, kann der Lack mit Dampf entfernt werden. Allerdings besteht die große Gefahr, dass sich das Gemälde vom Untergrund löst."

Wenn ein Bild jedoch nicht mit Firnis, sondern mit Eiweiß *glasiert wurde, haben wir einen Überzug, der im Alter weder durch Wasser noch durch Säuren aufgelöst werden kann;* Hierzu werden andere und besonders aufwendige Wasch- oder Reinigungsmittel eingesetzt. Es gibt wenige Stoffe, die mit der Zeit so hartnäckig hart werden wie das Eiweiß, ebenso wie das Eigelb beim Kochen.

Gewöhnlicher Lack kann, wenn er trocken und alt ist, durch mechanisches Schaben oder Reiben mit feinen, trockenen Pulvern, wie z. B. Harz, entfernt werden. Der Staub vom Lack selbst unterstützt den Vorgang. Dieser Vorgang ist langsam und mühsam, es ist jedoch oft ratsam, damit nach dem Waschen zu beginnen, da die Farben dadurch nicht beschädigt werden . Es versteht sich von selbst, dass es großes Geschick, Sorgfalt und Erfahrung erfordert, um nicht „in die Farbe einzuschneiden ".

Diesbezüglich sei angemerkt, dass wir in allen Fällen, in denen es Meinungsverschiedenheiten zwischen dem französischen und dem englischen Künstler gibt – wie bei der Verwendung von Wasser – bedenken müssen, dass beide in dieser Hinsicht Recht haben oder haben könnten bestimmte Arten von Bildern. Die Methoden der Maler sind so vielfältig, dass es mir weitaus klüger erscheint, verschiedene Methoden zu beschreiben, als sich an die unmögliche Aufgabe zu machen, unfehlbare Regeln aufzustellen.

„Lack kann mit *Spiritus entfernt werden* .“ Um dies zu erreichen, legen Sie das Bild auf einen Tisch und befeuchten Sie einen kleinen Teil davon mit Weingeist. Waschen Sie die Stelle nach einer Minute oder länger mit klarem Wasser und einem Schwamm ab. Reinigen Sie daher nach und nach die gesamte Oberfläche und achten Sie dabei darauf, die Farbe nicht zu beschädigen. Wenn sie ganz trocken ist, tragen Sie neuen Lack auf.“

Geübte Restauratoren, die durch Prüfung und Kenntnis der von Malern angewandten Methoden erkennen können, was sie wagen können, verwenden oft Reinigungsmittel, die das Bild ruinieren würden, wenn sie von einer Person ohne Erfahrung aufgetragen würden. Hierbei handelt es sich um alkalische Salze wie Holzasche oder Lauge, Perl- und Kaliasche oder Weinsteinsalze, die alle, mit Ausnahme der letzteren, für einen Tyrannen äußerst gefährlich sind. Weinsteinsalze können sicher verwendet werden, wenn wir mit einer schwachen Lösung beginnen, die nach und nach verstärkt werden kann.

Sehr fein gesiebte Holzasche wird auf der Vorderseite des Bildes verteilt und mit einem weichen Schwamm vorsichtig oder vorsichtig und leicht verrieben. Dieser muss sofort nach der Reinigung der Oberfläche sorgfältig abgewaschen werden.

Wenn andere Reinigungsmittel versagen, kann in Wasser gelöstes Borax verwendet werden. Das funktioniert langsam aber sicher; aber wie M. GOUPIL bemerkt, darf dieses *Lessiv* , wie Holzasche, nicht lange auf den Farben belassen werden , sondern muss sofort mit einem Schwamm abgewischt werden. Kalkwasser dient ebenso als Lösung von Borax.

Je nach Bildzustand werden zur Reinigung auch Seifen unterschiedlicher Qualität verwendet. An dieser Stelle sei noch einmal darauf hingewiesen, dass für eine Kunst, die speziell auf Können und Erfahrung beruht, keine genaue Regel gegeben werden kann. Der Anfänger sollte sich zunächst an ein paar gängigen alten Bildern versuchen.

Seife, die mit Wasser aufgeschäumt oder aufgeschäumt wird, reinigt im Allgemeinen eine Oberfläche, wie dunkel sie auch durch Rauch sein mag. Lassen Sie den Schaum vollständig absetzen und wischen Sie ihn anschließend mit einem feuchten Schwamm ab.

Ätherische Öle, insbesondere Terpentin oder solche aus Narde, Lavendel und Rosmarin – entweder aus zwei Teilen Weingeist oder einem Teil

Terpentin usw. – werden üblicherweise zum Reinigen von Bildern verwendet.

Nicht lackierte Bilder erfordern große Sorgfalt und Geschick bei der Reinigung. Hierzu wird *Hefe* mit Wasser oder mit Kalkwasser vermischtes Mehl verwendet; auch Spirituosen aus Wein oder Essig. Ammoniak wird ebenfalls verwendet. GOUPIL erwähnt, dass eines der gefährlichsten Medien für diesen Zweck der alte Urin ist und dass er niemals verwendet werden sollte.

Wenn die Leinwand eines Bildes sehr alt und morsch ist, kann sie durch einen Prozess ersetzt werden, der äußerste Sorgfalt erfordert. Wenn nur bestimmte Teile verletzt sind, reicht es aus, feine Leinwandstücke auf die Rückseite zu kleben.

Um das Gemälde vollständig zu übertragen, kleben Sie zwei Schichten weiches Papier auf die Oberfläche. Legen Sie es auf das Gesicht und entfernen Sie vorsichtig den alten Leinwandgrund. Dies geschieht , indem man jeden Faden anfeuchtet, bis er weich ist, und ihn dann abzieht. Außerdem werden ein Stück Bimsstein und eine Pinzette verwendet. Wenn alle Fasern entfernt sind, kleben Sie vorsichtig eine Leinwand auf und tragen Sie sie auf, indem Sie sie gut auf die Rückseite der Farbe drücken. Bevor es ganz trocken ist, drücken Sie das Bild mit einem warmen, nicht zu heißen Bügeleisen. Anschließend das Papier vorsichtig mit einem feuchten Schwamm und durch Abreißen entfernen.

Um ein Bild auf Holz zu übertragen, wird die Rückseite in viele kleine Dreiecke oder Quadrate zersägt, die sorgfältig nacheinander herausgemeißelt werden. Dann mit Feilen und Schabern an die Farbe herangehen, bis nur noch ein dünner Holzfilm übrig bleibt. Der letzte Rest wird mit einem Schwamm angefeuchtet und abgezupft oder abgekratzt. Tragen Sie zunächst Papier auf das Gesicht auf und restaurieren Sie es wie zuvor.

Ein großer Feind von Bildern ist Schimmel oder Mehltau, der Quasi-Äquivalente in Most, Hausschwamm, *Mucor* oder *Robigo hat* . Es wird von Goupil in scheinbare Erweichung und tatsächliche Erweichung oder Mehltau unterteilt. Ersteres ist Mehltau oder bloß oberflächlicher Schimmel ; *dh* eine leichte Vegetation, die sich an der Oberfläche durch Keime in der Luft ansammelt. Es lässt sich leicht abwischen und entsteht durch Feuchtigkeit. Bei längerer Wurzelbildung zerstört es manchmal den Lack, der ersetzt werden muss. Es gibt auch einen Schimmelpilz , der im eigentlichen Sinne verrottet oder eine radikale Zerstörung des Stoffes darstellt, für den es in der Tat keine Heilung gibt, außer durch die Erneuerung der Leinwand und die Retusche des Bildes.

Wenn ein Bild durch Lasieren gemalt wird, insbesondere wenn statt der Masse Lack aufgetragen wird, besteht die Gefahr, dass es wie ein Spinnennetz reißt oder sich in Fäden zieht. Mit der Zeit werden diese Unterteilungen in Flocken verschwinden. Für die leichten Risse wird in Terpentin gelöstes Wachs verwendet. Ablagerungen müssen durch vorsichtiges Aufweichen mit Öl und Andrücken eines warmen Bügeleisens behandelt werden. Die Oberfläche muss vor dem Bügeln mit Kreidepapier abgedeckt werden.

Es kommt manchmal vor, dass ein Bild übermalt wurde, und ich habe gesehen, wie es einem sehr angesehenen Restaurator gelang, die äußere Schicht zu entfernen. Dies erfordert große Kenntnisse über die chemischen Eigenschaften des Lacks; auch von Lösungsmitteln und den verschiedenen Methoden des Schabens, Absorbierens usw. Dennoch kann man es mit Geduld lernen. Auf diese Weise wurden außergewöhnliche Ergebnisse erzielt. Es ist oft vorgekommen, dass Männer mit geringen oder keinen Kenntnissen in der Malerei sich eingebildet haben , sehr wertvolle Bilder „reparieren" zu können, und sie deshalb bis zum völligen Ruin beschmiert haben.

Bevor Sie versuchen, ein altes Bild zu retuschieren, lassen Sie den Restaurator eine Kopie davon anfertigen. Wenn er dies sehr gut kann, ist er für seine Arbeit qualifiziert, und nicht anders. Dagegen mag die Bruderschaft der Bilderputzer und -ausbesserer protestieren; aber die große Menge – ich möchte sagen, der große Anteil, also die Mehrheit – guter Bilder, die durch schlechte Retusche verdorben sind, bestätigt die Richtigkeit meiner Behauptung.

In diesem Zusammenhang ist es erwähnenswert, dass nur sehr wenige Amateure, Ästheten oder sogenannte „Kenner" den Wert bloßer *Technik* oder praktischer Arbeit in der Kunst schätzen. Sie „schwärmen für das Ideal", und das ist alles. Die großen Meister waren klüger als das. Es würde viel nützen, wenn für Kopien großartiger Bilder jährlich sehr großzügige Preise in großem Umfang ausgezahlt würden. Und ich hätte besondere Belohnungen für Bilder erhalten, die mit Farben gemalt wurden, die die Künstler nach alten Rezepten aus chemisch reinen und unveränderlichen Materialien selbst hergestellt haben. Ich würde mir eine Gesellschaft wünschen, die sich aus Künstlern zusammensetzt, die solche Werke produzieren würden. Es würde sicherlich Käufer finden – und zwar mit der Zeit.

In den meisten Kuriositätenläden Italiens findet man Tafelbilder aus dem 14. Jahrhundert, früher oder später, mit Goldgrund, die in allen Preisklassen, schon ab wenigen Francs aufwärts, zu haben sind. Sie sind ohne Namen und haben keinen großen künstlerischen Wert, sind aber als antike Reliquien, die

„vor Öl" gemalt wurden und vom Geist des Mittelalters inspiriert sind, in der Tat sehr merkwürdig und interessant. Diese bedürfen in der Regel einer Restaurierung. Sie wurden auf Holz aller Art gemalt, sehr oft im Handel. Die Oberfläche wurde mit einer dünnen Schicht Gesso oder Gips bedeckt, mit Eiweiß vermischt, und darauf wurden die Vergoldung und die Farbe aufgetragen. Letzteres bestand aus Eiweiß und Feigensaft oder Enkaustik – das heißt aus Wachs und Eiweiß, was die älteste und haltbarste bekannte Methode ist; So sehr, dass die alten ägyptischen, römischen oder mittelalterlichen Bilder noch lange, nachdem jedes jemals ausgeführte Ölgemälde (wenn es sich selbst überlassen wurde) verschwunden ist, so frisch sein werden, als wären sie gestern entstanden.

Wenn ein Paneel verzogen oder gebogen ist, wird es durch Dämpfen der konkaven Seite und Anschrauben von Querstreben begradigt. Wenn der Boden verkrustet ist, versorgen Sie ihn mit pulverisiertem Gips, gemischt mit Gummiwasser. Die Nachbemalung kann mit Wasserfarben gemischt mit Eiweiß, *Gouache oder auch Öl in geringen Mengen* erfolgen , die eher eingerieben oder lasiert als in Masse aufgetragen werden sollten.

Ein gewöhnliches, mit Eiweiß bemaltes Tafelbild aus dem 14. und 15. Jahrhundert lässt sich gut mit Wasserfarbe oder *Gouache restaurieren* und anschließend lackieren. Allerdings *hält die* Farbe mit *Gouache-* Medium nicht gut, außer auf dem Gesso-Grund. Es lässt sich leicht von jeder glatten, harten Oberfläche ablösen. Daher ist es schwierig, sie durch Aufmalen der alten harten Glasur wiederherzustellen. Die meisten Medien, die zum Verstärken von Aquarellfarben verkauft werden – *z*. B. das Glasmedium von Winsor & Newton – führen dazu, dass die Farbe anhaftet.

Ein Untergrund für die Wachsmalerei auf porösen Substanzen wurde wie folgt hergestellt:

Weißes Wachs   10

Harz   5

Essenz von Terpentin 40

Schmelzen Sie das Wachs im *Wasserbad* , geben Sie die Lösung durch ein Leinensieb und tragen Sie es in aufeinanderfolgenden Schichten auf eine Wand auf, die zuvor in einem Handofen oder einer Kohlenpfanne erhitzt wird. Um Löcher in der Wand zu schließen, verwenden Sie einen Kitt aus Wachs, Gummi , Harz und Schlichte.

Farben werden für die Wachsmalerei vorbereitet, indem man sie mit Gluten vermahlt. Sie sind in ihrer Substanz die gleichen wie diejenigen, die für die Ölmalerei mit Öl vermischt werden. Das Gluten wird wie folgt hergestellt:

Ein härteres Gluten kann durch Ersetzen des Gummis durch Kopal hergestellt werden .

Es gibt ein weites Feld für gewinnbringende Arbeit bei der Reinigung und Restaurierung alter Bilder sowie von Antiquitäten aller Art, und Tausende junger oder sogar älterer Künstler, deren Leben ein mühsamer Kampf um Bekanntheit ist, täten gut daran, sich darum zu bemühen die Kunst der Wiederherstellung an ihren richtigen Platz zu heben, anstatt sich zu schämen, zu ihr herabzusteigen.

, *Lacke, Öle und Farben* sorgfältig zu studieren . Lassen Sie ihn lesen, welche zyklopädischen Artikel und Bücher er zu diesen Themen finden kann, und alle praktischen Fragen bei Herstellern und Händlern stellen. Wenn er die Kunst ernsthaft ausüben will , sollte er Chemie studieren. Ich kann mir keinen besseren Restaurator vorstellen als einen geschickten Analytiker. Über Farben gibt es noch viel zu lernen , und das meiste davon wird auf dem Weg der Chemie geschehen. Vieles wird jedoch tatsächlich wiederbelebt oder erscheint als neu, von der Schulung des „populären Auges" bis hin zu bisher ungewohnten Schattierungen, Tönungen und Tönen . Während des Mittelalters, als sich die Kultur in Kunst und Dekoration erschöpfte, gab es in dieser Hinsicht eine wunderbare Entwicklung, selbst in den feinsten Details, obwohl uns vieles davon heute so „laut" oder übertrieben vorkommt. Was gedämpfte Farben angeht, haben wir in den letzten Jahren viel von China und Japan gelernt . Es kann sein, dass, wie in der orientalischen Musik, selbst der zehnte Teil einer Note für das geübte Ohr so deutlich zu erkennen ist wie ein natürlicher Teil, so dass diese Mischungen und Unterteilungen von Farbtönen für Menschen genauso wahrnehmbar sind wie die normalen Farben . All dies sollte sowohl vom Restaurator als auch vom Maler sorgfältig studiert werden.

Die Wiederherstellung eines schönen Kunstwerks, das völlig verblasst, von tausend Linien zerknittert und möglicherweise völlig hässlich an Schönheit und Frische ist, gleicht so sehr einer Auferstehung oder Verklärung zu neuem Leben, Jugend und Schönheit. dass Dichter es nicht versäumt haben, es als Gleichnis für alles zu verwenden, was die Renaissance ausdrückt. So bemerkt Dean Hole in seinen Memoiren: „Wenn ein schönes Bild, das verborgen und vergessen wurde und im Kampf entfernt wurde, damit es nicht vom Feind zerstört werden sollte, nach vielen Jahren gefunden und sorgfältig und geschickt gereinigt wird. " wiederhergestellt, und das Auge erfreut sich an der sukzessiven Entwicklung von Farbe und Form, und das lebensechte Antlitz, die historische Szene, die sonnige Landschaft oder das mondbeschienene Meer kommen auf der Leinwand wieder zum Vorschein; So wurden in dieser großen Wiederbelebung der Religion, die vor mehr als einem halben Jahrhundert in England begann, die herrlichen Wahrheiten des Evangeliums wiederhergestellt." An sich betrachtet ist die Kunst, Schönheit wiederherzustellen, sowohl schön als auch edel und verdient es, als solche angesehen zu werden.

ALLGEMEINE REZEPTE

REZEPT. - *Das Wort. Eine Formel oder ein Rezept ist ein* Rezept, *abgeleitet vom lateinischen Wort „* recipe*", was „nehmen" bedeutet. Eine Empfangsbestätigung ist eine* Quittung *von* receptus *oder ein erhaltener Betrag. Eine Beschreibung der Materialien, die für die Herstellung einer Torte verwendet werden sollen, ist keine* Quittung, *sondern eine* Rezept. *– Bekannte Fehler.*

ZUM REINIGEN VON WOLLE TUCH. — Reiben Sie es mit Salmiak und Wasser ein, bis es sauber ist, und waschen Sie es dann mit reinem Wasser. Diese Flüssigkeit ist sehr nützlich, wenn ein Kleidungsstück mit Essig, Wein oder Zitrone befleckt wurde, um die ursprüngliche Farbe wiederherzustellen
.

Eine altmodische, aber ausgezeichnete Methode zum Reinigen von gefetteten Seidenbändern oder Stoffen ist wie folgt: Legen Sie das Band auf ein Bündel oder eine ebene Fläche aus Watte, streuen Sie darauf getrockneten Ton, kalzinierte Magnesia oder Schlämme und darüber eine weitere Schicht aus Watte. Legen Sie ein nicht zu warmes Bügeleisen darüber. Das Öl oder Fett wird von der Baumwolle absorbiert. Wiederholen Sie dies, bis die Heilung erfolgt ist . Wenn noch Flecken vorhanden sind, bestreichen Sie sie mit Eigelb, trocknen Sie das Zeug an einem Luftzug, und wenn es ganz ausgehärtet ist, entfernen Sie das Eigelb und waschen Sie es mit Wasser.

WEINFLECKEN KÖNNEN DURCH EINFACHES *Aufdrücken* mit mit kaltem Wasser angefeuchteten Pads entfernt werden . Diese Methode ist erfolgreich, wenn der Fleck durch Wischen nur verteilt wird. Es wird auch Salz allein verwendet.

Soße , Wein, Öl oder eine andere *leichte Flüssigkeit* verschüttet wurde , im Gegensatz zu Substanzen wie Farbe, Pech oder Teer, versuchen Sie nicht, wie es normalerweise der Fall ist, abzuwischen oder wasche es sauber. Legen Sie ein Leinentuch oder sogar schwammiges weißes Papier – bei Bedarf können Zeitungen verwendet werden – auf einen Tisch; Darauf verteilen Sie den verschmutzten Stoff sehr gleichmäßig. Legen Sie dann ein weiteres sauberes weißes Laken, ein weißes Musselintuch oder Servietten oder Handtücher auf die Oberseite und drücken Sie darauf, bis so viel Flüssigkeit wie möglich herausgesaugt wird. Durch Wechseln der weißen Tücher oder des Papiers und kontinuierliches Pressen kann der Stoff nahezu gereinigt werden. Anschließend gut mit kalzinierter Magnesia in Pulverform oder Schlämme bestäuben. Wo diese nicht zu haben sind, wird Kreide die Lösung sein. Dadurch werden im Allgemeinen alle Fettreste absorbiert." – *Notizen einer Haushälterin (MS.).*

„Sauberes, trockenes Löschpapier, das auf Fettflecken gelegt wird, eignet sich hervorragend zum Entfernen. Üben Sie mit einem Glätteisen oder einem Handroller, wie er für Brot verwendet wird, Druck aus. Es gibt Löschpapierrollen für Tinte, die sich gut für Reinigungstücher eignen; aber das Papier sollte weggeworfen werden, sobald es eingefettet ist; Andernfalls wird der Fleck nur verteilt und unauslöschlich gemacht, indem er in die Fasern der Fäden eingerieben wird. Auch ein guter weicher Schwamm wird ihm fast ebenbürtig sein." – *Notizen einer Haushälterin (MS.).*

ALTE KLEIDUNGSSTÜCKE AUS WOLLE ODER SEIDE lassen sich auf folgende Weise hervorragend erneuern : Sie werden in schwefelhaltige Kupfersäure (Kupfer- oder Blauvitriol), Bleioxid oder Wismutoxid oder einfach mit deren Metalloxiden getränkt und dann Dampf ausgesetzt , vermischt mit Schwefelsäuregas . Eine andere Methode besteht darin, die Stoffe einfach in einer Lösung aus Schwefelsäure und Kupfer oder Wismutoxid einzuweichen . Dieser wird langsam erhitzt, die Erhitzung muss jedoch entsprechend der Farbe der wiederzubelebenden Stoffe angepasst werden. Deren Anwendung erfordert große Sorgfalt und einige Kenntnisse bzw. Erfahrung.

Tinte zum Wiederherstellen von Inschriften auf Metallen jeglicher Art, Silber, Zink oder Messing: – Zu einem Teil kristallisierter Essigsäure, Kupferoxid, einem Teil Ammoniak und einem halben Teil Ruß aus Tannenholz. In einer Untertasse mit zehn Teilen Wasser vermischen. Dieses soll der Witterung sehr gut standhalten.

EIN SEHR WERTVOLLES HILFSMITTEL FÜR DEN RESTAURATOR ODER AUSBESSERER VON GERÄTEN , wenn es erhältlich ist, ist ROHLEDER . Dieses Material trocknet so hart wie jedes Holz und ist widerstandsfähiger als jedes Textilgewebe. Wenn man also ein zerbrochenes Rad oder irgendein Teil eines Fahrzeugs mit einem fest angezogenen Riemen aus rohem Leder festbindet, hält dieser beim Trocknen etwas zusammen und hält besser als Eisen. Rohe oder ungegerbte Ochsenhaut oder ähnliche Haut ähnelt im getrockneten Zustand tatsächlich Pergament und ähnelt wie dieses in seiner Härte Horn. Die stärksten Stämme der Welt werden in Amerika aus rohem Fell hergestellt. Wenn dieses Material zu kleinen Gegenständen wie Flaschen, Kisten, Hüllen oder tragbaren Tintenfässern verarbeitet wird, hat es oft der Abnutzung über Generationen hinweg standgehalten. Da es billig ist und sich leicht formen oder prägen lässt , ist es bemerkenswert, dass es nicht mehr so verwendet wird, wie es einmal war.

BLEISTIFT- ODER BUNTSTIFTZEICHNUNGEN können durch leichtes Waschen mit Gummi jeglicher Art, verdünntem Lack oder sogar Milch vor Abrieb geschützt werden. Letzteres ist in den meisten Fällen vorzuziehen.

Außerdem schützt es die Handschrift und verhindert wie alle Glasuren das Ausbleichen.

GRUNDLAGEN FÜR PERLEN und ähnliche Arbeiten können wie folgt hergestellt werden : Man nehme Perlmuttstaub, den man günstig in einem Drechsler kaufen kann, pulverisiere oder zerreibe ihn fein, vermische ihn mit der Hälfte der Masse feinen weißen Gerstenmehls und Füllen Sie es mit einer schwachen Lösung von Gummimastix auf. Nehmen Sie auch Schneckenhäuser oder die Glasur von großen, harten Meeresmuscheln und waschen Sie sie zunächst in starker Lauge, um sie zu reinigen. Pulverisieren und mit Eigelb und Alaun oder einem anderen feinen Bindemittel auffüllen. Das Gleiche kann mit Bergkristall oder reinem Feuerstein gemacht werden. Mahlen Sie es zu feinstem Pulver und vermischen Sie es mit einer gut eingearbeiteten Mischung aus Eiweiß und reinem Gummi arabicum . Dieses wird nach dem Trocknen steinhart und mit zunehmendem Alter immer wasserfester.

ZUM PULVERISIEREN GLAS. — Zuerst das Feuer erhitzen, bis es rotglühend ist, dann in kaltes Wasser fallen lassen und dann in einem Mörser zerkleinern. Das so hergestellte Glaspulver, gemischt mit fast jedem Zement, macht es extrem hart. Es wird auch mit Farbe vermischt.

BRÜNIERTER STAHL ODER EISENWAREN können vor Rost geschützt werden, indem man den Gegenstand mit Nelken- oder Lavendelöl einreibt; auch mit einer Mischung aus Terpentin, Lavendel- oder Nelkenöl und Petroleum. Quecksilbersalbe wird häufig für Waffen verwendet.

ROST LÄSST SICH VOM EISEN ENTFERNEN, INDEM MAN ES MIT EINEM Wolllappen mit Weinsteinöl (*Oleum Tartari*) einreibt .

MESSINGWAREN können, wenn sie stumpf oder rostig geworden sind, erneuert werden, sodass sie wie Gold aussehen. Nehmen Sie Salmiak und zermahlen Sie es in einem Mörser mit Speichel. reibe dies auf das Messing; Legen Sie es auf heiße Kohlen, um es gut zu trocknen, und tupfen Sie es mit einem Wolltuch ab . So sagt JOHANN WALLBERGER ; und fügte hinzu : „Mit dieser Kunst verdiente einst ein gewisser Mann in Rom viel Geld, indem er dadurch die Messinglampen der Kirchen und andere Dinge aus demselben Metall reinigte." Es gibt ein anderes Präparat für den gleichen Zweck, das noch goldähnlicher ist. Es besteht aus Schwefel , Kreide und dem Ruß von Holzfeuern. Da es jedoch bald verschwindet, sollte das Messing lackiert oder lackiert werden.

DER BESTE REINIGER FÜR MESSING, den ich kenne, ist ein deutsches Präparat der Firma BARKENTIN & KRALL , Regent Street, wo es auch erhältlich ist.

EIN SEHR STARKER UND GUT ZUM BEFESTIGEN GEEIGNETER ZEMENT kann hergestellt werden, indem in Spiritus gelöste Störblase mit feinstem pulverisiertem Feuerstein oder Sand kombiniert wird.

LEIM, in den durch Hitze gut Harz eingearbeitet wurde, bildet zusammen mit Sand, Asche oder Ton einen starken Zement, der für alle Arten grober Arbeiten geeignet ist.

EIN SEHR GUTER, STARKER ZEMENT wird wie folgt hergestellt : – Zu drei Achtel Pfund Wasser fügen Sie drei Achtel Pfund Spiritus und ein Viertel Pfund Stärke hinzu; Bereiten Sie außerdem zwei Unzen guten Leim in Wasser vor, vermischt mit zwei Unzen dickflüssigem Terpentin, und rühren Sie ihn gut in die erste Zusammensetzung ein. Dies ist ein sehr guter Buchbinderleim.

DER TUFFSTEIN ODER WEICHE STEIN, der in Italien und anderswo reichlich vorhanden ist, wird häufig verwendet, wenn er zu Pulver zerkleinert und für den Bau verbrannt wird. Es eignet sich auch als Zement. Ein alter Schriftsteller sagt, es könne in einem Mörser gemahlen werden, aber „es gibt viele, die, weil sie keinen Mörser haben, alte Taufbecken aus den Kirchen nehmen und statt eines Stößels den Klöppel einer Kirchenglocke benutzen ."

EINE MERKWÜRDIGE DEKORATION lässt sich herstellen, indem man Figuren – zum Beispiel von Tieren – mit Leim oder Gummi auf eine Wandoberfläche zeichnet und diese dann mit Stoffstaub geeigneter Farbe bestäubt . Diese Figuren können schabloniert werden .

Da die Reparatur und Wiederherstellung der *menschlichen Schönheit* das Wichtigste ist, kann es sich lohnen, hier einige Rezepte zu nennen, die sich seit Jahrhunderten bewährt haben :

DAMIT FALTEN UND SOMMERSPROSSEN VERSCHWINDEN. – Das ist möglicher, als allgemein angenommen wird, und ich habe eine Dame gekannt, eine große Schönheit, von der alle meine Leser gehört haben, die ihr Gesicht im Alter von fünfzig Jahren auf künstliche und wundersame Weise in vollkommener Glätte bewahrt hatte, was ich jedoch nicht tue wissen, mit welchen Mitteln. WALLBERGER gibt Folgendes an : „Nehmen Sie feines, reines Alaun, mischen Sie es vorsichtig mit dem frischen Eiweiß und kochen Sie es vorsichtig in einem Pipkin, wobei Sie es ständig mit einem Holzstab oder Löffel umrühren, bis eine weiche Paste entsteht." Tragen Sie es zwei bis drei Tage lang morgens und abends auf das Gesicht auf, und Sie werden bald feststellen, dass es frei von Falten und Sommersprossen ist und wunderbar hell und angenehm anzusehen ist. Leichtfertige Seelen können den sündhaften Missbrauch solcher Schönheit auf ihre eigene Rechnung schieben; die Tugendhaften fürchten alle solchen Taten" (*Zauberbuch* , 1760).

ZITRONENSAFT oder Zitronensalze oder Zitronensaft und Salz sind von großem Nutzen, um die Hände aufzuhellen und Sommersprossen verschwinden zu lassen.

IN SPIRITUS GELÖSTES BENZOEHARZ ist in jeder Apotheke erhältlich. Geben Sie ein paar Tropfen in ein Weinglas mit warmem Wasser und es entsteht eine milchweiße Emulsion, die ein perfektes und harmloses Kosmetikum für das Gesicht ist und als wunderbare Seife beim Waschen dient. Dies ist der *Lac Virginis*, der vor zwei Jahrhunderten so häufig verwendet wurde.

EAU DE COLOGNE eine weiße Emulsion, die jeder Seife für empfindliche Hände weit überlegen ist. Es bildet ein völlig harmloses Kosmetikum für das Gesicht. Schon ein paar Tropfen davon in einem Becken mit Wasser führen zu einem guten Ergebnis. Zu viel davon oder Waschmittel haben einen gegenteiligen Effekt und trocknen die Haut aus. Wird der Mund mit dieser Emulsion aus *Eau de Cologne und Wasser* gespült , reinigt sie den Atem, und das für lange Zeit, wenn man sie zum Gurgeln verwendet.

EINE STARKE MARKIERUNGSTINTE oder ein schwarzer Farbstoff, der viel Witterungseinflüssen standhält, wird wie folgt hergestellt: Man nehme 10 Pfund Gummi arabicum , 20 Flüssigunzen Scheitholzlauge (spezifisches Gewicht 1,37), bichromatisches Kali 2½ Unzen, mit ausreichend Wasser, um das Bichromat aufzulösen. Lösen Sie den Kaugummi in einer Gallone Wasser auf, geben Sie ihn ab, fügen Sie die Holzlauge hinzu, mischen Sie und lassen Sie die Mischung vierundzwanzig Stunden lang stehen. Dann rühre ich schnell die Bichromatlösung ein und füge etwas Eisennitrat und Fustinsäure hinzu. Wenn es zu dick ist, verdünnen Sie es mit lauwarmem Wasser.

EIN SEHR HARTER ZEMENT kann hergestellt werden, indem man Flussspat einige Zeit in Schwefelsäure aufschließt , Magnesiumsulfat hinzufügt und kalzinierte Magnesia in die Mischung einrührt.

EIN ROTER ZEMENT FÜR EISEN, STEIN ODER BEFESTIGUNG besteht aus Bleimennige und Litharge zu gleichen Teilen, gemischt mit konzentriertem Glycerin , bis die Konsistenz von weichem Kitt erreicht ist. Im trockenen Zustand ist es wasser- und feuerfest.

SILICO-EMAIL ist eine dünne, flüssige Glasur, feiner als Lack, die sich leicht auf alle polierten Metalle sowie andere Substanzen auftragen lässt. Es ist in Flaschen zum Preis von einem Schilling mit Pinsel bei der Silico Email Company, 97 Hampstead Road, London, NW erhältlich

HELLE HANDSCHUHE KÖNNEN GEREINIGT WERDEN , indem man Semmelbrösel darüberrollt; auch mit Kautschuk . Auch mittels Benzin. Mittlerweile werden mehrere Patentwaschmittel für diesen Zweck verkauft.

MARMOR REINIGEN . – „Wenn ,Bildhauer' etwas Wermutsalz nehmen und in warmem Wasser auflösen möchte, dann vermische es mit Wittling zu einer mäßigen Paste, trage es auf Stein oder Marmor auf und lasse es vierundzwanzig Stunden lang darauf einwirken – und wenn nicht." Wenn es beim ersten Mal erfolgreich war, wenden Sie es erneut an – es wird alle Flecken aus dem Marmor entfernen und alle Flechten aus Sandsteinen oder oolithischen Steinen entfernen. Waschen Sie den Stein gründlich mit einer starken Seife (z. B. Hudson's Seifenpulver Nr. 2) und lauwarmem Wasser und tragen Sie nach dem vollständigen Trocknen eine Schicht Schwefelöl auf. Er kann sein eigenes Öl herstellen. Kochen Sie in einem Bad einen Liter Leinöl eine Stunde lang, wobei Sie ein halbes Pfund Schwefelblüten vorsichtig und ständig umrühren. dann das Feuer abnehmen und abkühlen lassen; Dann gießt man Öl aus dem Sediment, indem man Öl auf den Stein aufträgt. Keine Flechte wird seinem Stein Schaden zufügen, wenn er der Luft ausgesetzt ist, denn der Regen wäscht jedes Mal alles sauber. Ich habe mehrere Statuen nur mit Hudson's Nr. 2 und Wasser gereinigt." – *Work, 2. April 1892.*

KALZINIERTE MAGNESIA oder kalziniertes und pulverisiertes Knochenmaterial, das eine Zeit lang auf einfach geölten oder gefetteten Marmor gelegt und zuvor gut mit Wasser und Seife gewaschen wurde, entfernt oft den Fleck. Für Tinte verwenden Sie Oxalsäure in schwacher Lösung mit Wasser.

GUMMIDEXTRIN ODER Gummiersatz wird aus geröstetem Mehl hergestellt. Mit Wasser vermischt bildet es einen Gummi, der dem Gummi arabicum nicht viel nachsteht , für das es, wie der Name schon sagt, ein Ersatzstoff ist. Es wird in vielen Herstellern sehr häufig verwendet und ist in jeder Apotheke erhältlich. Manchmal kommt es vor, dass es nach dem Trocknen zu spröde ist und nicht hält. Geben Sie in diesem Fall vier oder fünf Tropfen Glycerin zu einer Teetasse gelöstem Dextrin .

MUNDLEIM (MUNDLEIM) ODER FESTER ZEMENT. — Dies wird von Schreibwarenhändlern in dünnen, flachen Stäbchen oder Tabletten verkauft und durch Befeuchten und Reiben hauptsächlich für Papier verwendet. Für Etiketten wird wie folgt vorgegangen :

Die Blase des Störs 25

Zucker 12

Wasser 36

Karbolsäure

Zuerst wird die Blase des Störs aufgelöst, dann wird der Zucker hinzugefügt, außerdem ein paar Tropfen Karbolsäure, wodurch er fester wird und auch dem durch den Zucker verursachten Schimmel in Feuchtigkeit widersteht. Dieser Zement ist auf Glas, Holz oder Metall anwendbar. Wie die folgenden hat es den Vorteil, dass es immer gebrauchsfertig ist und kein Kochen erfordert. Wenn es zu hart wird, es frei zu verwenden, lassen Sie so viel davon wie nötig eine Zeit lang im Wasser ziehen. Viele glauben, dass es sich um einen sehr schwachen Klebstoff handelt, wenn man es nur im Mund anfeuchtet, wenn es hart ist, und es sofort verwendet, was ein Irrtum ist. Ein großer Teil der von den Schreibwarenhändlern verkauften Waren ist jedoch von sehr minderer Qualität und mit ganz gewöhnlichem Leim hergestellt.

MUNDKLEBER IN TABLETTEN :—

Transparenter Kleber Nr. 1 24

Zucker 13

Gummi arabicum 5

Wasser 50

Leim, Zucker und Gummi werden im Wasser gekocht, bis ein auf eine Platte fallender Tropfen hart wird. Anschließend wird es gerollt und in Fladen geschnitten.

ZUM REPARIEREN ODER HERSTELLEN VON MEERSCHAUMPFEIFEN . — Kasein in Soda-Silikat auflösen ; In den Zement feine kalzinierte Magnesia einrühren. Durch die Zugabe von Meerschaumpulver kann eine möglichst genaue Nachahmung des Meerschaums in der Masse erreicht werden.

TÜRKISCHER ZEMENT der stärksten Art, der zum Befestigen von Edelsteinen an Metall verwendet wird, wird wie folgt hergestellt:

Blasenzement des Störs 30

Mastix (am besten) 2

Gummi-Ammoniak 1

Spirituosen aus Wein 10

Die zerkleinerte Störblase wird an einem warmen Ort mit Weingeist aufgelöst; das Gummi wird ebenfalls in Spiritus aufgelöst und mit der Blase des Störs vermischt; Das Ganze muss dann vorsichtig und langsam zu einem Sirup aufgekocht werden. Mit einem Korken verschließen, da dieser fest verklebt.

UM KORKEN ZU VERBESSERN. — Wenn Flaschen Substanzen enthalten, die am *Korken haften* und *aushärten* , sollte dieser zunächst in Öl oder Vaseline eingeweicht oder in einer Mischung aus beidem gekocht werden.

ARMENISCHER ZEMENT. – Das ist ähnlich wie bei Diamanten und türkischen Zementen: –

ICH.

Die Blase des Störs 600

II.

Gummi-Ammoniak   6

Mastix   60

Die Blase des Störs wird getrennt in Weingeist aufgelöst, das Ammoniakharz und der Mastix ebenfalls, jedoch mit einem Minimum an Alkohol; die beiden werden dann kombiniert.

Ein Zement, der der Wirkung von Weingeist standhält, ist oft sehr wertvoll, beispielsweise wenn große Deckel an Gläsern befestigt werden sollen, die anatomische Präparate enthalten. Einer wird wie folgt hergestellt:

Gereinigtes Manganpulver 20

Lösliches Sodasilikat   10

Dieser muss frei genutzt werden, damit die Abdeckung haftet. Wenn es mit der Zeit spröde wird, bestreichen Sie es mit einer dicken Lösung aus Asphalt in Terpentin oder Petroleum.

UM FLASCHEN sehr sicher zu verschließen, rauen Sie die Öffnung oder den Mund mit einer Feile oder Glaspapier auf, treiben Sie einen harten Korken bis einen halben Zoll unter die Oberseite ein und verschließen Sie ihn dann mit Silikatnatron, gemischt mit Marmorstaub.

ZINKCHLORID bildet zusammen mit Natron und Zinkoxid einen sehr guten Zement, der den meisten Einflüssen standhält.

BROT mit etwas Glycerin ergibt eine bewundernswerte Substanz für künstliche Blumen, Abgüsse, Medaillons usw. Wenn wir mit Gummi arabicum und etwas Alaun, Dextrin oder gewöhnlichem Schleim arbeiten, erhalten wir das gleiche Ergebnis. Es kann auch mit dünnem Lack oder Guttaperchazement gearbeitet werden; auch mit verdünnter Schwefel- oder Salpetersäure zur Herstellung einer Hartsubstanz. Dabei ist zu beobachten, dass *Brot* für bestimmte Arbeiten Mehl oder Stärkebrei weit überlegen ist, da die Kombination mit *Hefe* eine Bildung von Zellgewebe bewirkt, wodurch eine festere und wachsartigere Substanz entsteht. Zu dieser Beobachtung gelangte ich zunächst nicht durch das, was ich über die Wirkung von Säuren auf Brot las, sondern durch die Beobachtung der Brotblumen, die von der italienischen Bauernschaft angefertigt wurden, um Heiligenbilder zu schmücken. Ich glaube, dass da etwas Essig beigemischt ist. Sie sind ziemlich wachsartig. Das verwendete Brot sollte weiches Haushaltsbrot sein , natürlich gut durchgeknetet mit der Säure und den Farben . Brotpaste würde sich in Lösung wahrscheinlich gut mit Kautschuk verbinden .

In jüngster Zeit haben deutsche Illustrierte Zeitungen Muster von kleinen Zierschalen aus Teig oder Brot veröffentlicht, die als Konserven für Obst und andere Esswaren gedacht sind, wobei die Schalen selbst nicht zum Verzehr gedacht sind.

Weiches Brot mit etwas Lack oder einem gewöhnlichen Gummi und etwas Glyzerin , gut verarbeitet, eignet sich hervorragend zum Füllen von Rissen im Holz. Kombiniert mit irgendeinem Gummi oder sogar mit Traganth, Pfirsich- oder Kirschgummi und Lampenruß (oder flüssiger Tusche) bildet es einen Zement, der Ebenholz ähnelt. Je gründlicher es mazeriert wird, desto schwieriger wird es. Damit hergestellte Abgüsse von Tafeln usw. sind wirklich wunderschön. Reiben Sie die Hand mit Öl ein, nachdem sie vollständig trocken ist. Fügen Sie der Lösung ein paar Tropfen Glyzerin und Alaun hinzu, um Risse zu vermeiden, oder besser ein *wenig* Indienkautschuk . Weiches Roggenbrot härtet zu einem etwas zäheren Zement aus als Weizenbrot. Brotzement eignet sich hervorragend als Untergrund für Vergoldungen oder Bemalungen. Mit Limette und Eiweiß mazeriertes Brot bildet eine sehr harte, elfenbeinartige Zusammensetzung. Brot, Leim und Glyzerin , *dito* .

ROSSKASTANIENPASTE . — Das nennt man Zement, aber es ist eigentlich eine Paste wie Mehl. Rosskastanien werden im Allgemeinen vernachlässigt, können aber gewinnbringend für Teig verwendet werden , der die gleichen Kombinationen wie Mehl zulässt.

ABFALLTEEBLÄTTER , aus denen der Tee gewonnen wurde, können mit Gummi mazeriert und wie Rosenblätter behandelt werden, um künstliches Ebenholz zu bilden. Trennen Sie alle harten Teile sorgfältig ab.

KAUGUMMI FÜR DEN ALLGEMEINEN GEBRAUCH , wie Gummi arabicum :—

Normaler Zucker nach Gewicht 12

Wasser   36

Getrockneter Kalk   3

Rühren Sie die Limette in die warme Lösung aus Zucker und Wasser ein.
Lassen Sie es eine Stunde lang kochen und rühren Sie es häufig um. Die
Flüssigkeit vom Hefesatz der Limette abgießen. Auch dieser Gummi lässt
Modifikationen zu. Eines davon ist das bekannte SYNDETIKON , das wie
folgt hergestellt wird : Zu fünfzehn Teilen der Zucker- und Kalklösung
werden drei Teile guten Leims hinzugefügt und vierundzwanzig Stunden lang
einweichen gelassen. Nach und nach erwärmen und häufig umrühren, bis
sich der Kleber aufgelöst hat. Anschließend einige Minuten kochen lassen.
Daraus ergibt sich ein guter einfacher Zement, der zum Verbinden von
Papier, Leder, Glas oder Porzellan dient. Es entstehen jedoch Flecken oder
Farbveränderungen im Papier usw.

EIN ALLGEMEINER ZEMENT , der zum Verbinden von Metall und Glas,
Stein, Fliesen usw. verwendet werden kann, wird folgendermaßen hergestellt:

Gips   21

Eisenspäne   3

Wasser   10

Eiweiß aus Eiern   4

DER ALLGEMEINE REPARATURZEMENT , der so häufig verkauft wird,
besteht aus nichts anderem als –

Gummi arabicum 1

Gips   3

Dieses muss bei der Verwendung mit Wasser gemischt werden. Allerdings
widersteht es der Einwirkung von heißem Wasser nicht.

EIN SÄUREBESTÄNDIGER ZEMENT wird wie folgt hergestellt: Kautschuk
wird in der doppelten Menge Leinöl aufgelöst und mit weißem Bolus zu
einem Teig geknetet. Sollte der Zement zu schnell aushärten, fügen Sie etwas
Litharge hinzu.

INDIARUBBER -ZEMENT FÜR CHEMISCHE APPARATE :—

Indienkautschuk 8

Talg   2

Leinsamenöl   16

Weißer Bolus   3

Dieses ist nicht temperaturbeständig, aber gut gegen Säuren.

SCHEIBLER'SCHER ZEMENT FÜR CHEMISCHE APPARATE :—

Guttapercha 2

Wachs   1

Schellack   3

SORELS ZEMENT. — Es besteht aus Zinkoxid in Kombination mit seinem Chlorid. Das Zinkchlorid liegt in schwerer, sirupartiger Form vor, die in Verbindung mit dem weißen Oxid sehr hart wird. Es wird hauptsächlich zum Füllen von Zähnen verwendet, kann aber auch zur Herstellung von Medaillons und anderen Kunstgegenständen verwendet werden. Für diesen letzteren Zweck wird es mit pulverisierter Kreide, pulverisiertem Glas usw. vermischt . Der Prozess der Zubereitung und Kombination der Bestandteile dieses Zements ist jedoch so langwierig, dass es höchst unwahrscheinlich ist, dass der gewöhnliche Reparateur die Lust hat, es zu versuchen; Dies gilt umso mehr, als es viele Präparate gibt, die ihm weit überlegen sind.

KLEBER FÜR Wandteppiche usw.:—

Mehlpaste   100

Alaunwasser   3

Dextrin -Paste   5

Dies kann auch auf viele Arten angewendet werden.

Zu LAUTENSTILLS usw.:—

Pulver einkleben 20

Mehl   10

Kleie   5

Gut mit Wasser vermischen.

Da Alaun durch Erdöl nicht angegriffen werden kann, wird es zur Befestigung von Ringen an Petroleumlampenfassungen verwendet. Diese sind mit durch Hitze geschmolzenem Alaun ausgekleidet. Geschmolzenes Alaun bildet einen starken Kitt für Glas und Metall.

KLEISTER FÜR TAPETEN . — Zehn Teile Mehl werden zu einer gewöhnlichen Paste verarbeitet; fügen Sie einen in heißem Wasser gekochten Leim hinzu; Fügen Sie dem Ganzen ein Zwanzigstel Eiweiß hinzu. Das hält sehr fest. Paste aus Mehl, Gummi arabicum usw. schimmelt nicht oder es wird sauer, wenn es mit ein paar Tropfen Nelkenöl oder Karbolsäure vermischt wird.

LEHMMÖRTEL . — Wo kein Kalk verfügbar ist, kann man einen sehr guten Mörtel für Schornsteine herstellen, indem man Ton mit gewöhnlicher Melasse mischt. Dieser soll nach LEHNER der Einwirkung von Hitze widerstehen, wenn er gut getrocknet ist.

Ein weiterer feuerfester Zement wird wie folgt hergestellt:

Ton   40

Feuersteinsand   40

Getrockneter Kalk   4

Borax   2

Dies wird mit sehr wenig Wasser vermischt. Es wird als Waschmittel verwendet und sollte nach dem Trocknen am Feuer erhitzt werden.

IN BLOCKHÜTTEN und Häusern aus Holz wimmelt es in Amerika oft von Ungeziefer in einem Ausmaß, das unglaublich erscheint. In allen solchen Fällen sollten die Fugen und Hohlräume gut verfüllt und mit Zement, wenn möglich mit Kalk, verputzt und anschließend weiß getüncht werden. Rattenlöcher sollten mit Steinen oder Kies verschlossen und anschließend zementiert werden.

ZEIODELETH . — Gefäße aus Holz, Eisen, Steingut oder aus geformtem Zement werden oft durch die Einwirkung von Säuren und Laugen zerfressen . Um dies zu verhindern , werden sie in Deutschland mit einer Zusammensetzung namens *Zeiodeleth überzogen* . In seiner einfachsten Form ist dies einfach Schwefel , gemischt mit *sehr fein* gesiebtem Feuersteinsand oder auch gemahlenem Glas, Porzellan oder Stein. Daraus werden auch dünne Platten hergestellt, um solche Gefäße zu beschichten oder sogar zu formen.

MERRICKS ZEIODELETH :—

Schwefel   20

Glaspulver 40

Böttgers Zeiodeleth (Lehner):—

Pulverisierter Feuerstein   90

Graphit   10

Schwefel   100

ICH.

Eine flüssige Paste wird hergestellt, indem man in ein Porzellangefäß 5 Kilogramm Kartoffelstärke mit 6 Kilogramm Wasser und Gramm weißer Salpetersäure gießt. Bewahren Sie das Ganze achtundvierzig Stunden lang unter häufigem Rühren an einem warmen Ort auf und kochen Sie es dann, bis es sirupartig und durchsichtig ist. Fügen Sie etwas Wasser hinzu, oder so viel, dass es flüssig genug ist, um durch ein dicht gewebtes Handtuch gefiltert zu werden.

II.

Lösen Sie 5 Kilogramm Gummi arabicum zu 1 Kilogramm Zucker in 5 Liter Wasser auf und fügen Sie 50 Gramm Salpetersäure hinzu; Zum Kochen bringen und dann Nr. I hinzufügen. Das Ergebnis ist ein perfekt flüssiger Klebstoff, der nicht schimmelt und mit einer Lasur auf dem Papier trocknet. Es eignet sich für Briefmarken, Markierungen auf Abdrucken und feines Briefpapier.

Haltbare Mehlpaste für Schreibwaren. — Nehmen Sie eine gute Mehlpaste und geben Sie unter kochendem Wasser ein Zehntel klaren flüssigen Leims hinzu, um ihn gut einzurühren. Fügen Sie ein paar Tropfen Karbolsäure oder Nelkenöl hinzu. Bewahren Sie es verschlossen in weithalsigen, großen Fläschchen auf.

Trockenzement oder Reisezement Kleber :-

Kleber 600 grms .

Zucker 250   ”

Der Leim muss von bester Qualität sein und wie üblich perfekt in Wasser geschmolzen und mit Zucker eingerührt werden. Anschließend wird er verdampft, bis er im kalten Zustand hart wird. Zur Verwendung legen Sie es in heißes Wasser, bis es sich sofort verflüssigt. Dies wird speziell für Papier verwendet.

Beschichtung zum Schutz von Bäumen vor Insekten :—

Kolophonium (Harz) 100

Gewöhnliche Seife   100

Teer   50

Walöl   25

Bestreichen Sie damit die Baumstämme. Es kann auch auf braunes Papier gelegt werden, um Fliegen zu fangen.

Zement zum Füllen. — Nehmen Sie frischen Quark (Kasein) und kneten Sie ihn mit Wasser zu einem Kitt. In diesem Zustand kann es für viele Zwecke verwendet werden. Um es stark zu härten, fügt man ein Zwanzigstel seines Gewichts an Kalk und mehr oder weniger einer gleichgültigen Substanz hinzu, wie etwa Kreide, kalzinierte Magnesia, Zinkoxid und Farbstoffe . Dieses härtet so hart aus, dass daraus Abgüsse oder viele kleine Kunstwerke hergestellt werden können.

Französische Kleber. — Zwei sehr ausgezeichnete Leime, die in Frankreich verwendet werden, sind der *Colle Forte de Flandre* und der von *Givet* . GOUPIL empfiehlt als besten Kleber, wenn ein sehr hochwertiger Artikel benötigt wird, einen, der aus gleichen Teilen beider besteht. Brechen Sie sie auf, lassen Sie die Stücke fünfzehn Stunden in Wasser liegen und kochen Sie sie dann zwei Stunden lang im *Wasserbad* oder Leimkessel. Nach einiger Zeit setzt sich der Kleber ab und wird klar. Bei Bedarf etwas Wasser aus dem *Wasserbad hinzufügen* .

Um Papier einen seidenmatten Glanz zu verleihen. — Malen Sie mit einem breiten, weichen Pinsel auf das Papier mit einer Lösung von Hyposulfit von Barium (chemisch dargestellt durch BaS_2O_3). Es kann allein aufgetragen oder mit einer Farbe vermischt werden . Es wird manchmal von Buchbindern verwendet. Dies kann bei Aquarellbildern auf die Imitation von Seide oder Satin angewendet werden .

Gomme laque oder Schellack, auch Gelatinekleber genannt, wird in dünnen Blättern verkauft. Um es zuzubereiten, geben Sie zwanzig Teile des Gummis zu einer der Schwefelblüten in ein *Wasserbad* , rühren Sie gut um und fügen Sie etwas lauwarmes Wasser hinzu. Es kann von Hand zu kleinen Riegeln verarbeitet werden; Lassen Sie sie abkühlen und erwärmen Sie sie bei Bedarf.

EIN SEHR GUTER ZEMENT , der laut FRED. DILLAYE ist sowohl feuer- als auch wasserdicht und wird wie folgt hergestellt: Man nehme ein halbes Pint Milch und die gleiche Menge Essig, vermische alles und entferne die Molke. Fügen Sie das Eiweiß von fünf Eiern zum Quark hinzu, vermischen Sie alles gut und fügen Sie so viel fein gesiebten Branntkalk hinzu, dass eine Paste entsteht.

SCHNECKENZEMENT . — Man sagt, dass Schnecken oder Nacktschnecken, wenn sie zerdrückt werden, einen starken und harten Kleber bilden. Das ist wahrscheinlich; auch, dass es sich mit pulverisiertem Branntkalk oder kohlensaurem Kalk in Pulverform verbinden würde, um sehr hart zu werden.

UM MARMOR ZU REPARIEREN, verwenden Sie Schellackblätter, gemischt mit weißem Wachs.

UM ALABASTER ZU REPARIEREN, verwenden Sie Gummi arabicum gemischt mit pulverisiertem Alabaster. Dies ist auch für viele andere Zwecke nützlich.

EIN für viele Zwecke nützlicher Zement, auch als Malgrund, wird wie folgt hergestellt: Man nimmt Gerste und weicht sie mehrere Tage lang in sechs Äquivalenten Wasser ein, oder bis die Gerste sich ausdehnt oder sprießt. Werfen Sie die Gerste weg, nachdem Sie sie gepresst haben. Dadurch entsteht eine klebrige Flüssigkeit, die in Kombination mit Pfeifenton und weißer Seife hart wird. Es wird durch die Zugabe von kalziniertem Knochenpulver verbessert. Gerstenwasser kann auch in vielen anderen Kombinationen verwendet werden. Stattdessen können Gummiarabikum und dünnflüssiger Leim, Dextrin und Fischleim verwendet werden .

EIN STARKER KITT FÜR HORN ODER SCHILDPATT : —

Kleber (flüssig)   1 ½

Süßigkeiten   3

Gummi arabicum   ¾

Die beiden letzteren werden in sechs Teilen Wasser gelöst.

EIN ANDERER FÜR DASSELBE : — Nehmen Sie starkes Kalkwasser; Kombinieren Sie es mit neuem Käse. Letzteres wird mit zwei Teilen Wasser vermischt, sodass eine weiche Masse entsteht. Gießen Sie das Limettenwasser hinein, aber achten Sie darauf, dass kein fester Käse darin ist. Dadurch entsteht eine Flüssigkeit, die als Zement verwendet werden kann.

KATZENDARM , der jedoch aus den Eingeweiden von Schafen usw. hergestellt wird, ist aufgrund seiner Festigkeit bei einigen Arten von

Reparaturen von großem Nutzen. Es kann zu einer sehr kleinen Schnur verarbeitet werden, die einen Mann trägt.

Sehr starke Schnüre für Fischer sollen auch hergestellt worden sein, indem man Seidenraupen kurz vor dem Spinnen nahm, sie aufschnitt und die Seide dann in einem festen, länglichen Klumpen vorfand, der künstlich in jede beliebige Form gezogen werden konnte. Es ist wahrscheinlich, dass die Seide in diesem Zustand verdünnt und in Kombination mit Fasern aufgetragen werden könnte, um brauchbare Ergebnisse zu erzielen. Es ist auch wahrscheinlich, dass dieser Stoff bzw. die Seide *in großen Mengen* zum Ausbessern von Seidenstoffen auf vielfältige Weise verwendet werden konnte. Es könnte sehr kostengünstig hergestellt werden, da der größte Aufwand bei der Herstellung von Seide das Aufspulen, Aufwickeln und Spinnen des Fadens ist.

Der *Ulmenwurm* spinnt eine unglaublich starke und brauchbare Seide , die überall dort, wo es Ulmen gibt, in beliebiger Menge gezüchtet werden kann. Dies wird in China sehr kultiviert, und es heißt, dass Kleidungsstücke aus chinesischer Seide vom Vater auf den Sohn übergehen. Sie ist um ein Vielfaches größer als die Seidenraupe und übersteht sogar die strengen Winter Kanadas. Es wäre viel einfacher zu züchten als die zarte *Bombyx* oder die gewöhnliche Seidenraupe. Es ist erwähnenswert, dass ein Mann problemlos fünfzig Meter Katzendarm- oder Ulmenwurmseidenschnur in seiner Tasche tragen kann, die stark genug ist, um sein Gewicht zu tragen, was für Reisende sehr nützlich ist, da es nützlich ist, Pferdegeschirr zu reparieren oder anzubinden .

MILDERN . — Dieses Material kann in heißem Wasser so weich gemacht werden, dass es sich biegt. Es erfordert langes Kochen. Laut Geissler kann ein Horn in Form gebracht werden, indem man das Horn zwei oder drei Tage lang in einem halben Kilogramm schwarzem Alicante , 375 Gramm frisch kalziniertem Kalk und 2 Litern (zwei vollen Quarts) heißem Wasser einweicht. Sollte die Mischung eine rötliche Farbe annehmen, ist das in Ordnung; Wenn nicht, fügen Sie mehr Alikant und Limette hinzu. Nachdem das Horn geformt wurde , trocknen Sie es in gut getrocknetem Kochsalz. Hornspäne und -späne werden zu einer Paste verarbeitet, die in einer starken Lösung aus Kali und gelöschtem Kalk aushärtet, in der sie gelartig wird und sich formen lässt . Dieser muss mit Druck beaufschlagt werden, um die Feuchtigkeit auszutreiben. Durch die Zugabe von etwas Glycerin wird die Sprödigkeit deutlich verringert.

KÜNSTLICHES KNOCHENWERK . — Reduzieren Sie den Knochen oder das Elfenbein zu einem sehr feinen, mehlähnlichen Pulver, vermischen Sie es sehr gründlich mit dem Eiweiß, so dass eine sehr harte und zähe Masse entsteht. Dieser kann gedreht und hochglanzpoliert werden. Diese wird in

Härte und Qualität verbessert, indem die Masse erneut gemahlen und Hitze
und Druck ausgesetzt wird (*Die Verarbeitung Hornes, &c.* , von Louis Edgar
Andés ; Wien, 1892).

UM KLEIDUNG RICHTIG ABZUSTAUBEN. — Der folgende Auszug über das
Reinigen von Kleidungsstücken stammt aus meiner bevorstehenden Arbeit
mit dem Titel „ *One Hundred Arts* ":—

„Der offensichtlichste Weg, Staub von einem Mantel zu entfernen – so wie
manche Kinder böse machen (*vide* NORTHCOTES *Fabeln*) – erfolgt durch
Auspeitschen oder Schlagen mit einem Stock. Dies hat zwar Auswirkungen
auf den Zweck, reißt aber schnell die Fasern des Stoffes. Daher wird in
Deutschland wie in Italien eine kleine aus gespaltenem Rohr oder Schilf
geflochtene *Fledermaus* eingesetzt, um den Staubdämon auszutreiben, der bei
den Chippeways als *Pāpākeewis bekannt ist* . Aber besser als das ist ein kleiner
Whip-Besen . Vor einem halben Jahrhundert war diese einfache Erfindung nur
in den Vereinigten Staaten und in Polen bekannt.

„Schlag das Kleidungsstück mit der *Seite* des weichen Schneebesens und
bürste ihn weg, während der Staub an die Oberfläche steigt. Wenn der Leser
dies an einem beliebigen Mantel versucht, so sauber er auch sein mag, wird
er erstaunt sein, wie viel Staub er aufsaugt oder aufwirbelt.

„Der gesamte Staub, der so im Stoff verborgen liegt, wirkt, wenn er an die
Oberfläche gelangt, unmerklich, aber sicher wie *Sand* oder Pulver und trägt
bei jeder Berührung dazu bei, die Oberfläche abzunutzen. Dass wir jedes Mal
Staub einsaugen, wenn wir das Haus verlassen, zeigt sich bei der Inspektion
eines Seidenhutes. Auch hier nimmt der Staub auf einem Mantel usw. jedes
Mal, wenn er mit der saubersten Hand gerieben wird, Fett auf, was mit der
Zeit dazu beiträgt, die Oberfläche zu verderben. Tatsächlich ist die Hälfte
der Abnutzung aller Textilien allein auf Staub zurückzuführen.

„Wenn wir unsere Kleidung daher jedes Mal, wenn wir sie ausziehen,
sorgfältig mit einem Flüsterer abstauben, sie sorgfältig falten und in eine
Schublade legen, halten sie viel länger als sonst. "Reine, staubfreie Luft ist
für das Wohlbefinden von Mänteln ebenso förderlich wie für das ihrer
Träger, und Dominie Sampson brachte mehr Wahrheit zum Ausdruck, als er
gedacht hatte, als er feststellte, dass die Atmosphäre in der Wohnung seines
Gönners in einzigartiger Weise den Schutz von Wollstoffen herbeiführte."

Als Beweis dafür kann man beobachten, dass, wie ein Sandstrahl
ausschließlich bestimmte Substanzen angreift, Staub oder Sand bestimmte

Stoffe schädigt und andere nicht, und dass letztere alle als die haltbareren
Stoffe bekannt sind.

DAS ENDE

FUSSNOTEN:

1 *Ceresa* ist die Einbettung von Glaspulver in verschiedenen Farben in ein Zementbett. Gerne werden Mosaikwürfel damit kombiniert.

2 *Sehen Sie sich* „Wood-Carving" von CHARLES GODFREY LELAND , FRLS, MA (London, Whittaker & Co., 5s.) für ein Kapitel zu diesem Thema an.

3 Für ausführlichere Informationen zur Behandlung von Horn kann der Leser *Die Verarbeitung des Hornes* usw. von LOUIS E. ANDÉS KONSULTIEREN , wo er auch ausführliche Informationen zum Färben von Elfenbein findet.

4 Die späte WW-GESCHICHTE , der Bildhauer und Literat.

5 „Handbook on the Preservation of Pictures" von HENRY MOGFORD ; zwölfte Auflage, überarbeitet. London: Winsor & Newton, 1s.